国家自然科学基金重点项目（U1904210）
国家自然科学基金面上项目（52374196、51774120）
河南省重点研发专项（2211113210005）

复杂条件下受限空间
瓦斯煤尘爆炸耦合机理及伤害模型

景国勋　贾智伟　程　磊　高志扬
段振伟　沈　玲　张瑞霞 / 著

U0337602

中国矿业大学出版社
· 徐州 ·

内 容 提 要

掌握爆炸火焰、冲击波及有毒气体的传播特性是有效控制瓦斯煤尘爆炸事故的重要基础,然而爆炸火焰、冲击波及有毒气体在传播过程中受到可燃物本身性质及巷网传播空间等多种因素的共同影响,爆炸火焰、冲击波及有毒气体的传播过程异常复杂,因此,需要完善复杂巷网内爆炸火焰、冲击波及有毒气体的传播理论,研究多种因素耦合作用下爆炸火焰、冲击波及有毒气体在不同结构类型受限空间内的时空演化规律。针对上述问题,采用试验研究、理论分析和数值模拟相结合的研究方法,对受限空间内瓦斯煤尘耦合爆炸火焰、冲击波及有毒气体传播规律及伤害模型进行了系统性的研究,进一步完善了瓦斯煤尘爆炸传播机理,为预防和控制煤矿瓦斯煤尘爆炸事故及灾后损失评估提供理论基础和科学依据。

本书可供各类工科高校和科研院所科技工作者、煤矿企业管理人员及职工阅读参考,也可作为安全工程专业、采矿工程专业的研究生和本科生以及安全管理人员、生产技术人员和研究人员的参考书。

图书在版编目(C I P)数据

复杂条件下受限空间瓦斯煤尘爆炸耦合机
型/景国勋等著. —徐州:中国矿业大学出版社,
2023.12

ISBN 978 - 7 - 5646 - 6117 - 5

Ⅰ. ①复… Ⅱ. ①景… Ⅲ. ①瓦斯爆炸—研究②煤尘
爆炸—研究 Ⅳ. ①TD712②TD714

中国国家版本馆 CIP 数据核字(2023)第 242178 号

书　　名	复杂条件下受限空间瓦斯煤尘爆炸耦合机理及伤害模型
著　　者	景国勋　贾智伟　程　磊　高志扬　段振伟　沈　玲　张瑞霞
责任编辑	王美柱
出版发行	中国矿业大学出版社有限责任公司
	(江苏省徐州市解放南路　邮编 221008)
营销热线	(0516)83885370　83884103
出版服务	(0516)83995789　83884920
网　　址	http://www.cumtp.com　E-mail:cumtpvip@cumtp.com
印　　刷	江苏淮阴新华印务有限公司
开　　本	787 mm×1092 mm　1/16　印张 12.25　字数 313 千字
版次印次	2023 年 12 月第 1 版　2023 年 12 月第 1 次印刷
定　　价	68.00 元

(图书出现印装质量问题,本社负责调换)

前　　言

研究井下受限空间特殊巷道结构内瓦斯煤尘爆炸火焰与冲击波的传播特性及伤害模型,对揭示拐弯、分叉巷道结构对瓦斯煤尘爆炸火焰、冲击波及有毒气体传播的影响作用规律具有重要的科学意义,同时对控制矿井瓦斯煤尘爆炸灾害的发展,以及优化现有阻隔爆技术,都具有重要的理论研究价值和实际指导作用。本书主要对复杂条件下受限空间瓦斯煤尘耦合爆炸火焰动力学及伤害模型进行相关研究,火焰动力学主要包括爆炸发生时燃烧反应区内的爆炸火焰、冲击波的发展与传播等方面的内容。管道内瓦斯煤尘耦合爆炸火焰及冲击波传播特性研究,将涉及燃烧理论(预混火焰)、气体动力学、传热学、化学动力学、安全工程学、动态测试技术等学科领域,该研究的开展将会加强这些学科之间的相互联系,推动学科交叉发展。通过本课题的研究,将获取复杂条件下受限空间瓦斯煤尘耦合爆炸火焰及冲击波传播规律。在研究瓦斯煤尘爆炸传播特性的基础上对瓦斯煤尘耦合爆炸伤害模型进行深入系统的研究,分别建立了瓦斯煤尘耦合爆炸冲击波超压、CO 气体和火焰热辐射对应的伤害率模型以及综合伤害模型,为减少煤矿爆炸伤亡事故以及事故应急救援提供了理论支撑。

本书由河南理工大学景国勋教授等著,撰写人员由来自河南理工大学具有丰富教学和科研经验的老师组成,具体分工为:第 1 章由景国勋教授撰写,第 2 章由景国勋教授、沈玲老师撰写,第 3 章由高志扬副教授、张瑞霞老师撰写,第 4、5、6 章由贾智伟副教授撰写,第 7 章由程磊教授、段振伟老师撰写,第 8、9 章由高志扬副教授撰写,第 10 章由段振伟老师、张瑞霞老师撰写,第 11 章由沈玲老师撰写,第 12 章由张瑞霞老师撰写。全书由景国勋教授统稿。

本书的研究工作得到了安全工程国家级实验教学示范中心(河南理工大学)、中原经济区煤层(页岩)气河南省协同创新中心的资助,在此表示感谢! 另外,本书的出版得到了中国矿业大学出版社的大力支持和帮助,在此对中国矿业大学出版社的支持和帮助表示由衷的感谢! 对有益于本书撰写的所有参考文献的作者们表示真诚的感谢!

本书涉及的内容在研究过程中,博士生郭绍帅、彭乐和硕士生张胜旗、吴昱楼、邵泓源、刘闯、孙跃参与了有关工作,在此一并表示感谢!

由于笔者的水平所限,书中不当之处在所难免,敬请读者批评指正!

著　者

2023 年 12 月

目　　录

第1章 绪 论

1.1 研究背景和意义

我国是世界上的产煤大国,煤炭的生产量巨大,在世界的煤炭产量排行榜上多年以来一直居于前列;除了煤炭产量巨大外,我国对煤炭的需求量也是巨大的,每年我国需要消耗掉大量的煤炭能源,多年以来煤炭一直是我国的支柱性能源,目前煤炭的消费量占我国一次能源消费量的 56% 左右,尽管近些年来,我国在鼓励使用其他清洁、可再生能源,但是煤炭作为我国主导能源的地位短时间内不可替代[1-4]。煤炭的开采方式有多种,有露天开采、井工开采,但是限于我国的煤层地质条件,我国目前大部分煤矿采用的开采方式是井工开采。随着多年以来的不断开采,埋深较浅的煤层逐渐被开采完,大部分煤矿开始向更深处开采煤炭;随着开采深度不断加大,煤层内的瓦斯赋存情况也在逐渐发生变化,大多表现为随着开采深度增加煤层瓦斯赋存量逐渐增加的态势,现在开采的矿井大多是高瓦斯矿井或瓦斯突出矿井,危险性高,事故多发[5]。根据资料统计,自中华人民共和国成立以来,我国的煤炭行业发生了很多大大小小的煤矿事故,2010—2019 年的煤炭行业事故统计表明,全国共发生煤矿生产安全事故 868 起,造成死亡人数 3 670 人,其中瓦斯事故发生次数最多,共发生了 223 次,造成死亡人数 1 707 人,瓦斯事故里面瓦斯爆炸或者瓦斯煤尘爆炸占据非常大的比例,瓦斯及瓦斯煤尘爆炸事故已成为煤矿事故中伤害最为严重的事故类型之一,瓦斯及瓦斯煤尘爆炸事故每年给社会造成严重的人员伤亡和巨大的财产损失[6-10]。

煤矿瓦斯煤尘爆炸事故频繁发生有多个方面的原因:煤矿企业管理方面有疏漏、煤矿井下工作人员工作时的安全意识淡薄与违规操作、煤矿井下没有严格的监管措施、对瓦斯煤尘爆炸事故没有执行有效的预防措施等这些方面都是煤矿瓦斯煤尘爆炸事故频繁发生的重要原因。除此之外,针对瓦斯煤尘爆炸所使用的阻隔爆技术也存在一定的问题,很多大型煤矿,为了应对瓦斯煤尘爆炸事故的发生,往往都会采取一定的阻隔爆措施,如在巷道内布设隔爆水袋、隔爆棚等,但是当瓦斯煤尘爆炸真实发生时,这些阻隔爆措施往往发挥不出其应有的作用,甚至失效,这从某种程度上说明,人们对瓦斯煤尘爆炸机理、火焰及冲击波传播特性等方面存在认识上的不足[11-13]。多年以来,人们在瓦斯煤尘爆炸方面做了大量的研究工作,人们对于瓦斯煤尘爆炸方面的研究方式主要分为两类:第一类是建立全尺寸或大尺寸模拟巷道;第二类是建立小尺寸试验管道。对于第一类研究手段,建立大尺寸或全尺寸的模拟巷道,这种巷道更贴近煤矿井下实际,所得的研究结果也更接近真实情况;但是这种方法也有很多弊端,如会受到资金、场地等方面的限制,此外,测点布置、现场测试也会存在一定的困难。基于以上这些因素,更多研究人员通过搭建小型的试验管道来进行瓦斯煤尘爆炸的相关研究,小型的试验管道虽然和真实的煤矿井下巷道有着明显的区别,但是小型试验管道内瓦斯煤尘爆炸火焰及冲击波的加速机制、传播特性与真实煤矿井下巷道是一致的,小型试验管道和真实井下巷道存在着一定的"尺寸效应",可以借助相似理论寻求两种情况下爆炸参数之间的关系[14]。实际矿井发生瓦斯煤尘爆炸时,煤矿井下有多种不同形式的诸如拐弯、分叉等特殊类型的巷道结构,这些巷道结构会不同程度地影响瓦斯煤尘爆炸火焰及冲击波的传播、发展情况。因此,研究井下受限空间特殊巷道结构内瓦斯煤尘爆炸火焰及冲击波的传播特性,对揭示拐弯、分叉巷道结构对瓦斯煤尘爆炸火焰及冲击波传播的影响作用规律具有重要的科学意义,同时对控制矿井瓦斯煤尘爆炸灾害的发展,以及优化现有阻隔爆技术,都具有重要的理论研究价值和实际指导作用。

本课题主要是对复杂条件下受限空间瓦斯煤尘耦合爆炸火焰动力学进行相关研究,火焰动力学主要包括爆炸发生时燃烧反应区内的爆炸火焰、冲击波的发展与传播等方面的内容。管道内瓦斯煤尘耦合爆炸火焰及冲击波传播特性研究,将涉及燃烧理论(预混火焰)、气体动力学、传热学、化学动力学、安全工程学、动态测试技术等学科领域,该研究的开展将会加强这些学科之间的相互联系,推动学科交叉发展。通过本课题的研究,将会完成获取复杂条件下受限空间瓦斯煤尘耦合爆炸火焰及冲击波传播规律的目的。本课题在国家自然科学基金项目"复杂条件下受限空间瓦斯煤尘爆炸耦合机理及伤害模型研究"基础上开展了一些研究工作,搭建了新的试验系统平台,丰富了相关研究内容,对复杂条件下受限空间瓦斯煤尘耦合爆炸火焰及冲击波的传播特性进行了系统性的研究。

1.2　国内外研究现状

瓦斯煤尘爆炸事故是煤矿生产过程中最主要同时也是造成危害最严重的事故类型之一,我国古代便已经对瓦斯煤尘爆炸事故有所记载,山西省《高平县志》对 1603 年(万历三十一年)山西省高平县唐安镇一矿井所发生的瓦斯爆炸事故做了相应的记录:"火光满井,极为熏蒸,人急上之,身已焦烂而死,须臾雷震井中,火光上腾,高两丈余",这是我国第一次详细记载的煤矿瓦斯爆炸事故[15-16]。国外也有历史文献对瓦斯煤尘爆炸事故进行过相应的记录,有文献记载了 1675 年发生在英国茅斯汀煤矿的煤矿瓦斯爆炸事故,这是国外关于瓦斯爆炸事故最早的记录,距今已有 300 多年历史。早期由于缺乏对瓦斯煤尘爆炸事故的预防、控制措施,瓦斯煤尘爆炸事故往往会造成非常严重的人员伤亡及巨大的财产损失。

由于瓦斯煤尘爆炸事故的多发性和严重性,各国研究人员不得不把越来越多的精力投入瓦斯煤尘爆炸研究方面,自 1857 年英国的瓦斯管道爆炸开始,德国、俄罗斯、美国、波兰等多数工业国家逐渐开展了关于瓦斯煤尘爆炸方面的研究。我国在瓦斯煤尘爆炸领域开展研究起步较晚,但管道气体或试验巷道粉尘爆炸试验系统在中国矿业大学、河南理工大学、北京理工大学、南京理工大学等高校已相继建立,国内多个研究机构的众多研究人员逐步投入瓦斯煤尘爆炸领域的研究工作中去。到目前为止,我国在瓦斯煤尘爆炸领域已经做了相当多的研究工作,且取得了丰硕的研究成果。

1.2.1　瓦斯爆炸相关研究现状

目前关于瓦斯爆炸的研究手段已经相当全面,研究人员大都会通过试验研究、理论分析和数值模拟等多种手段对瓦斯爆炸进行相关的研究。

Kundu 等[17]在一个 1 m^3 的球形爆炸室内进行了受限空间内甲烷-空气爆炸的研究,考察了湍流对爆燃指数、最大爆炸压力和燃烧速度等爆炸参数的影响,研究发现湍流的存在增加了最大爆炸压力,增大了爆燃指数和燃烧速度。Hibbard 等[18]开展了一系列的研究工作,主要对空气瓦斯预混气体爆炸所产生的气体成分和所产生火焰的传播速度二者之间的关系进行了研究。Hashimoto 等[19]针对氢气爆炸做了一系列的研究工作,发现点火室的体积会对爆炸产生一定的影响,此外,点火源的位置也会对爆炸产生一定的影响,并分别对其做了细致的分析。苏联研究人员萨文科等[20]采用管道内径为 125 mm 和 300 mm 的试验装置开展了一系列的试验研究,通过试验研究判定出巷道粗糙系数、断面尺寸等因素会影响爆炸的冲击强度。数值模拟是科学研究中非常常见且有效的研究手段,随着计算机技术的发展,越来越多的研究人员开始选择数值模拟的方法来研究科学问题。Spalding[21]、Fairweather 等[22]采用数值模拟的方法对爆炸现象进行了一系列研究,得到了关于爆炸现象的研究结论。Ferrara 等[23]采用数值模拟的方法对爆炸进行了相关的研究,针对管道长度对爆炸的影响进行了深入研究,此外,还对管道截面直径、爆炸的点火位置对爆炸的影响进行了相应的研究。瓦斯爆炸所产生的爆炸火焰往往会存在一定的不稳定性,此外还会有明显的加速效应。Moen 等[24]、Wagner[25]针对爆炸发生过程中爆炸火焰的加速效应和爆炸火焰的不稳定性进行了深入的研究。预混火焰的自身不稳定性主要存在三种不同类型的现象,即水力效应、体积效应和扩散热效应[26-32]。Bartknecht[33]、Swift[34]在研究瓦斯爆炸火焰传播过程中采用了全尺寸模拟的煤矿巷道。由于客观条件的限制,大多数研究人员均是在小型试验装置中开展的试验研究,但是小型试验装置跟实际煤矿巷道往往会存在一定的尺寸效应,采用全尺寸模拟巷道更贴近真实情况,所得到的试验结果也往往更具可靠性。Bartknecht、Swift 在全尺寸模拟巷道内开展相关研究,得到了瓦斯爆炸在煤矿巷道内的速度变化和压力变化曲线,并对被动和主动抑爆防爆装置是否有效及其影响特性进行了分析。一些研究人员对湍流火焰加速机理做了相关研究[35-36]。Yetter 等[37]采用试验和理论相结合的方式对甲烷-空气预混气体反应传播过程进行了相应的研究。瓦斯爆炸的传播会受到多方面因素的影响,障碍物便是影响瓦斯爆炸传播的一个重要因素。亨利奇[38]便对此展开了研究,他主要采用圆柱容器、短柱容器和管道对甲烷火焰在不同障碍物影响下的加速作用进行了研究。Frenklach[39]在长形管道内开展了一系列的试验研究,研究表明管道内障碍物存在对爆炸火焰的加速传播现象。

何学秋等[40]、王从银等[41]、杨艺等[42]针对瓦斯爆炸开展了一系列研究工作,建立了瓦斯爆炸火焰分形模型。孟祥卿[43]选取惰性气体 N_2 和 CO_2 为气相抑制剂,$NaHCO_3$、$NH_4H_2PO_4$ 和赤泥为粉体抑爆剂,对比了气/固两相抑制剂的实际抑爆效果与理论抑爆效果,并对预混气体爆炸的抑制规律及抑制机理进行了相应分析。林柏泉等[44-45]、翟成等[46]、高建康等[47]、菅从光等[48]、叶青[49]、李祥春等[50]制作了瓦斯爆炸的方形钢质试验腔体,在方形钢质试验腔体内开展了一系列试验,对瓦斯爆炸在爆炸腔体内的加速机理及传播规律进行了一系列深入分析、研究。许胜铭[51]采用试验研究和数值模拟相结合的研究方法,对一般空气区瓦斯爆炸冲击波、火焰、有毒有害气体的传播规律展开研究。陈卫[52]对密闭空间内甲烷爆炸产生的压力振荡特性与火焰振荡特性进行了分析,阐明了富氧条件下甲烷燃烧诱导快速相变的形成条件及本质特征。范宝春等[53-55]对爆炸火焰稳定性进行了相关的研究,发现爆炸火焰稳定性会受到障碍物的影响,并论证了火焰稳定性受障碍物影响的机理。谢溢月等[56]利用 FRTA 爆炸极限测试仪对甲烷爆炸的上下限进行了研究,发现甲烷爆炸上下限会受到爆炸场内气体湍流强度的影响。周心权等[57]、姚海霞等[58]、徐景德等[59-60]、余立新等[61]、陈先锋等[62]对瓦斯在密闭空间及半密闭空间内爆炸进行了大量的研究,得到了瓦斯爆炸在密闭空间及半密闭空间内的相关爆炸特性。邵昊等[63]对抑制瓦斯爆炸开展了一系列的研究工作,通过相关试验,分析了真空腔体积与真空腔抑制瓦斯爆炸性能的关系。贾智伟等[64]对管道截面变化对瓦斯爆炸冲击波超压的影响作用效果进行了分析、研究,此外,还对拐弯管道内瓦斯爆炸冲击波超压的发展、变化情况进行了相应的分析、研究。王发辉[65]对细水雾抑制管道内瓦斯爆炸的内在机理进行了深入研究,研究结论为添加了细水雾的低浓度瓦斯安全输送提供了一定的技术支撑。邓军等[66]利用 20 L 球形爆炸测量装置开展了一系列试验,对甲烷在静止及湍流两种不同初始状态下的爆炸特性进行了对比分析及研究。李润之等[67]对抑爆系统进行了一系列研究,研发出一套用以抑制瓦斯爆炸的水幕抑爆系统,该系统可以对瓦斯爆炸过程起到很好的抑制作用。冯长根等[68]、曲志明等[69]、宫广东等[70]、江丙友等[71]、林柏泉等[72]采用 AutoReaGas 软件对瓦斯爆炸进行了一系列的研究,得到了瓦斯爆炸的相关爆炸特性。余明高等[73]针对抑制瓦斯爆炸的抑爆粉体进行了一系列深入研究,分析、研究了不同类型抑爆粉体的热解特性、抑爆机理。赵军凯等[74]、胡铁柱[75]、司荣军[76]、都雪辰等[77]、马忠斌[78]利用 Fluent 软件对瓦斯爆炸在管道内发展、传播特性进行了一系列的研究,通过研究发现了瓦斯爆炸冲击波超压、爆炸火焰等在各类型管道内的发展、变化规律。唐建军[79]对细水雾对瓦斯爆炸的影响作用进行了研究,发现细水雾对瓦斯爆炸的温度及压力均有一定程度的影响,此外,还对瓦斯爆炸过程进行了细致的分析、研究。梁运涛等[81-82]、王连聪等[83]、刘玉胜等[84]、高娜等[85]利用 Chemkin 软件对瓦斯爆炸及其抑爆问题进行了一系列的数值模拟研究。韦双明[86]通过试验对超细水雾和二氧化碳两种抑爆剂对甲烷爆炸火焰的传播情况影响进行了一系列深入研究,分析了抑制火焰自加速的机理。贾宝山等[87]对一氧化碳及水蒸气对瓦斯爆炸的阻尼效应进行了一系列深入研究,并得到了一系列的研究结论。刘梦茹[88]采用试验研究和数值模拟相结合的方法,对超细水雾和多孔介质影响瓦斯爆炸传播特性的机理进行了深入的研究,研究所得结论可为改进瓦斯运输过程中的抑爆措施及装备提供一定的技术支撑。汪泉[89]开展了管道内甲烷-空气预混气体爆炸火焰传播的研究,采用试验分析和理论研究相结合的方法,较为系统地描绘了管道内火焰的传播现象。苏腾飞[90]通过理论和试验相结合的研究方法,对甲烷、氢气、空气预混气体燃烧诱导快速相变及超压振荡的规律和形成机理进行了深入的研究,研究结论对丰富和完善可燃气爆炸理论及防控可燃气安全事故具有一定的理论指导意义。

1.2.2 煤尘爆炸相关研究现状

关于粉尘爆炸方面的相关研究已经有了很长时间的历史,早在 130 年前,Weber 教授发表了一篇关于小麦粉可燃性和爆炸性方面的文章,在文章中对小麦粉的可燃性及爆炸性进行了一系列的讨论,并得到了一系列研究结论[91]。之后,各个国家的科研人员陆续开始了对于粉尘爆炸性的研究,所研究的粉尘有不同的种类,其中研究最多的是煤尘。我国在煤尘爆炸方面的研究起步相比其他国家较晚,但是同样做了大量的研究工作,1981 年我国在重庆建成了国内第一个大型的煤尘瓦斯爆炸试验站,该试验站可以对煤尘的爆炸机理以及各种爆炸参数进行研究,该试验站对我国的煤尘爆炸研究工作起到了一定的引领作用[92]。

Cashdollar[93]试验研究了煤尘的可爆性,测定了煤尘的爆炸极限,此外,还对煤尘爆炸最大压力等参数进行了测定。Krazinski 等[94]对煤尘爆炸火焰结构进行了一系列的深入研究,并且通过细致深入的研究对煤尘爆炸反应过程中的燃烧速率进行了预测。Pickles[95]采用线性理论对煤尘爆炸时爆炸压力波的产生问题进行了深入的研究。Lebecki[96]对煤尘爆炸的发生开展了相关的研究,此外还对煤尘爆炸过程中压力波的形成进行了详细、深入的研究。Pu 等[97]对粉尘爆炸开展了一系列深入的研究工作,对爆炸过程中爆炸火焰的加速机理进行了重点分析。

景国勋等[98-99]、段振伟等[100]、杨书召等[101]、宫广东等[102]对煤尘爆炸进行了一系列的深入研究,对煤尘爆炸时爆炸火焰、爆炸冲击波超压等的变化情况进行了细致的观察、分析,得到了煤尘爆炸火焰及冲击波的不同变化规律。刘天奇等[103]为了研究角联管网内煤尘爆炸的传播特性,基于 CFD 理论对角联空间内煤尘爆炸火焰、冲击气流及压力传播特性进行了数值模拟研究。张莉聪等[104]采用数值模拟的方法对煤尘爆炸进行了一系列的深入研究,但是煤尘爆炸跟瓦斯爆炸有很大的不同,煤尘爆炸受到很多因素的影响,其爆炸发生发展过程非常复杂,因此,最终的模拟结果跟实际有比较大的差别,今后应该对该方面进行进一步的完善。杨龙龙[105]对瓦斯煤尘爆炸反应动力学特征开展了一系列深入的研究工作,得到了不同爆炸腔体中煤尘的分散特征和爆炸传播特征。浦以康等[106]在实验室开展了一系列的试验,对烟煤的燃烧爆炸特性及传播特性进行了深入、具体的研究,得出了各个试验条件对烟煤爆炸特性的影响作用。张江石等[107]对煤尘粒径分散度对煤尘爆炸特性的影响做了深入的研究,结果发现煤尘粒径分散度不同情况下往往会呈现不同的煤尘爆炸特性。池田武弘等[108]在管道内针对煤尘爆炸开展了一系列的具体试验,研究了管道内煤尘浓度对煤尘爆炸火焰传播速度的影响规律。对煤尘爆炸产物的分析同样有着非常重要的研究价值。钱继发等[109]对煤尘爆炸产物进行了细致的研究,得到了一系列研究结果。王陈[110]开展了一系列的研究工作,深入研究了粒度不同的煤尘在管道拐弯条件下的爆炸特性。杨书召[111]采用试验测试、理论分析、数值模拟相结合的方法,对水平直管道内煤尘爆炸传播规律及事故伤害特性进行了系统性的研究。余申翰等[112]测定了几种不同种类煤尘云的爆炸下限浓度,此外,还对煤尘的粒度、甲烷以及岩粉等对爆炸下限浓度的影响做了典型的考察。李庆钊等[113]在实验室开展了一系列的试验研究,发现煤质变化对煤尘爆炸特性有一定的影响,并对具体影响效果进行了深入的分析。何朝远等[114]对煤尘挥发分的影响作用进行了一系列研究,发现煤尘中挥发分的含量对煤尘爆炸特性有一定的影响。

1.2.3 瓦斯煤尘耦合爆炸相关研究现状

瓦斯煤尘耦合爆炸相对单一的瓦斯爆炸或者煤尘爆炸,其爆炸过程更加复杂,因此,关于瓦斯煤尘耦合爆炸的研究难度更高。关于瓦斯煤尘耦合爆炸的研究相比单一瓦斯爆炸或者单一煤尘爆炸均较晚,目前关于瓦斯煤尘耦合爆炸的研究涉及很多个方面,归纳起来大致有三个方面:一是对于耦合爆炸特征参数的研究,比如爆炸火焰、爆炸压力、爆炸压力上升速率等特征参数;二是关于耦合爆炸过程中,瓦斯煤尘二者相互影响关系的研究;三是关于爆炸冲击波对煤尘的点火、卷扬作用影响等方面的研究。

Taveau 等[115]针对化学点火器进行了一系列的研究,发现化学点火器在点火过程中产生的高温会对周围未燃区的气体和粉尘产生一定的影响,使未燃区的气体和粉尘得到提前的预热,进而最终对气体粉尘的整体爆炸特性产生一定的影响。Cashdollar[116]开展了一系列的试验研究,发现煤尘的爆炸下限会受到多个方面的影响,比如煤尘的粒径、煤尘的成分、甲烷的加入等这些因素不同,煤尘的爆炸下限均会有不同的变化。Cloney 等[117]通过研究发现点火头会对粉尘的分布产生一定影响,点火头会驱动粉尘运动,进而对粉尘的整体分布产生一定的影响。Kundu 等[118]在球形管道容器中开展了瓦斯煤尘超压传播试验,结果表明当甲烷浓度一定时,爆炸压力上升幅度会因为煤尘的加入而逐渐减小,而且容器和管道内的压力均会因点火能量不同而受一定影响。Bayless 等[119]对煤尘的着火孕育时间进行了深入的研究,发现煤尘的着火孕育时间会受到很多方面的影响,甲烷气体的加入会极大地缩短煤尘的着火孕育时间。

司荣军等[120-124]、蔡周全等[125]、屈姣[126]在大型模拟试验系统中针对瓦斯煤尘爆炸做了大量的研究工作,对瓦斯煤尘的爆炸特性进行了细致的研究、分析。裴蓓等[127]从超压、火焰传播速度和火焰结构 3 个方面研究了 CO_2-超细水雾形成的气液两相介质对瓦斯、煤尘复合体系爆炸的抑爆效果,进而对 CO_2-超细水雾对瓦斯、煤尘爆炸抑制特性有了深入的了解。费国云[128]、李润之[129-131]、尉存娟等[132]、王磊等[133]、宋广朋[134]针对瓦斯爆炸引发沉积煤尘爆炸做了一系列的研究工作,得到了一系列的研究结论。黄子超等[135]针对大尺度断面巷道内的粉体云幕进行了相关的隔爆性能测试,进而对瓦斯煤尘爆炸的防治技术措施进行了相应探索。魏嘉等[136-137]采用数值模拟的方法对甲烷煤尘爆炸特性开展了研究。李振峰等[138]模拟煤矿井下的实际环境搭建了小尺寸的试验平台,依据试验平台开展了一系列的试验研究,重点对细水雾抑制管道混合物爆炸的有效性进行了相应的分析。刘义等[139-140]、姜海鹏[141]对甲烷煤尘耦合爆炸进行了系统性的研究,并通过改变反应物的各项基本参数对煤尘的爆炸下限进行了深入的研究,得到了煤尘爆炸下限的相关变化规律。李杰[142]将单一抑爆剂作用时瓦斯煤尘复合体系爆炸的衰减特性和 CO_2-超细水雾共同作用时瓦斯煤尘复合体系爆炸的衰减特性进行了仔细的对比研究,通过对比得到了单一抑爆剂和 CO_2-超细水雾共同作用时其抑爆效果的区别,此外,还对其中的抑爆机理进行了深入的探讨。许航[143]、侯万兵[144]、刘贞堂[145]利用水平管道和爆炸球体对爆炸火焰的相关特性进行了研究,此外,还对爆炸压力的相关参数进行了研究。

1.2.4 爆炸伤害研究现状

关于爆炸毁伤效应的文章可追溯至 1868 年,但当时人们对爆炸伤害的认知尚不完善。为深入了解爆炸伤害机理,英国和美国先后开展冲击波对动物损伤的试验研究,以及将动物试验结果推导到人的可靠性研究。随着科学技术的发展,各国专家学者对爆炸伤害的研究范围逐渐扩大,研究手段从试验逐渐拓展到计算机仿真技术。自 20 世纪 80 年代以来,我国专家学者逐渐开展爆炸伤害方面的研究,主要包括冲击波超压伤害、火焰热辐射伤害和有毒有害气体伤害等内容。

Busche 等[146]分析城市气体爆炸伤害事故,发现与甲烷爆炸有关的烧伤死亡率受烧伤面积和烧伤程度等因素的影响。Rezaei 等[147-148]提出初生冲击伤生物力学分析的计算模型,研究不同爆炸空间(包括开放环境、半封闭环境和受限环境)中大脑对力学参数的响应,由于间接冲击波向头部传递了更多的损伤能量,受限空间比开放空间和半封闭空间更能增加初次爆炸损伤的风险。Chanda 等[149]在全尺度人体模型上重建真实的爆炸场景并模拟效果,研究爆炸对身体各部分(眼睛及耳朵、神经系统、胸腔、四肢、内脏器官和骨骼系统)的影响。Voort 等[150]通过试验和数值模拟方式发现对于正相持续时间较长的冲击波,站在自由场中的人承受的载荷为侧面超压和动态压力之和。Xu 等[151]将超压与概率法相结合,对海上无约束装置气体爆炸进行定量评估,划分出四个不同受损程度的伤害区域,并可以计算每个区域人员伤亡和结构损坏的概率。

Roth[152]建立了一个胸腔的生物力学有限元模型,并在环境中设置爆炸冲击波,通过模拟发现,对于给定的爆炸,尽管压力峰值的数量级几乎相同,但正面冲击的压力峰值持续时间明显长于侧面冲击,人员与冲击波的相对位置对冲击波损伤具有重要影响。严重的肺损伤是爆炸受害者死亡的主要原因,为研究爆炸肺损伤的机制,Liu等[153]、Chang等[154]和Tong等[155]通过模拟手段建立肺部模型,模拟肺受到冲击波影响后的变化,发现肺部损伤与距离、超压和压力持续时间有关。

Yue等[156]通过模拟手段对比分析液化天然气泄漏后不同类别灾害事故的危险区域,结果表明蒸气云爆炸事故的危害范围最大。Wang等[157]将大气传输速率引入初始的火球动力学模型中,研究天然气运输发生爆炸事故时火球热辐射伤害模型,并根据热辐射损伤判据预测死亡半径和安全区域。Wang等[158]针对开放空间可以强化爆炸火球热损伤效应的现象,优化火球参数预测模型,模拟火球对人体的热危害和破坏半径并预测高致死率范围。Ding等[159-160]综合考虑协同效应和事故过程中的热量积累,建立一种基于协同效应的多米诺效应风险分析法,该方法可以有效地模拟事故的时空演化。Shan等[161]利用FLACS软件建立了天然气管道三维射流火灾事故场景模型,提出了一种确定射流火的热辐射冲击距离的方法,该方法可以根据射流火的内部压力、管径和风速来确定射流火的热辐射冲击距离。

李玉民等[162]阐述了冲击波对生物损害的理论,以家兔为研究对象进行空气冲击波损伤试验,得出家兔无损超压值,通过类比法得出井下作业人员无损超压值约为0.015 MPa,远低于空爆的人员安全标准。宇德明等[163-167]论述了火灾烟气的毒理作用、降低能见度和高温热辐射伤害作用以及冲击波超压对人员和建筑的破坏作用,建立了炸药爆炸事故后果综合模型,研究表明伤害距离随着暴露时间的延长而增加。李铮[168]通过试验研究伤亡程度与超压和作用时间的关系,当人员受到的伤害程度一样时,正压作用时间越长,对应的超压阈值越小。孙艳馥等[169]在冲击波压力经验公式的基础上,建立了爆炸冲击波破坏作用计算模型,空气冲击波超压随距离增加呈指数衰减,由此说明个人防护中距离控制最重要,头部远离爆源可大大减少冲击波造成的损伤。余建星等[170]对蒸气云爆炸后人员风险进行定量化计算,确定了以爆炸蒸气云体积为自变量的爆炸事故中人员伤害半径计算公式,得到了爆炸人员伤害率模型,提出伤害半径和伤害率共同评估的流程,绘制了超压-伤害率曲线和人员风险曲线图。田辉[171]建立了开放空间和有约束条件下爆炸冲击波的计算方法,分析了影响爆炸冲击伤害范围的因素,开发了能够计算爆炸冲击波压力和伤害范围的程序。

由于煤矿巷道属于受限空间,其爆炸伤害效应与管道燃气泄漏爆炸和地面自由空间爆炸伤害效应存在极大差异,有专家学者专门针对煤矿瓦斯煤尘爆炸毁伤效应进行研究。张甫仁等[172]研究了矿井瓦斯爆炸事故的伤害,建立了以冲量为自变量的头部致死计算公式。景国勋等[173-174]基于气体动力学理论推导出不同体积瓦斯爆炸后冲击波后气流伤害模型,并计算出最小伤害距离;研究了煤尘爆炸超压对井下作业人员的伤害,基于超压准则计算出不同程度伤害对应的距离。杨书召[111]基于菲克定律,建立煤尘爆炸后有毒有害气体传播模型,并划分出死亡、重伤和轻伤三区。乔奎红[175]结合煤矿井下实际情况对蒸气云爆炸伤害模型的参数进行改进,得到瓦斯爆炸高温火球热辐射伤害距离公式和超压伤害距离公式,同时研究了巷道不同突变情况对爆炸冲击波超压及伤害距离的影响。吕鹏飞等[176-177]通过数值模拟方法建立不同曲率弯曲巷道爆炸模型,发现随着巷道弯曲角度的增大,损伤范围整体表现为先增加后减小的变化趋势,而损伤严重程度整体逐渐减小。

沈虎[178]基于 TNT 当量法建立了瓦斯煤尘爆炸火焰伤害距离公式、超压伤害距离公式和有毒有害气体伤害距离公式。王海宾等[179-180]将小白鼠放入密闭管道内进行瓦斯爆炸试验,对比小白鼠肺、脾和肝受损程度,结果表明肺部对冲击波超压最为敏感,且在密闭环境中反射波比入射波的危害更大,更加致命;利用蒸气云爆炸模拟公式,对巷道内甲烷爆炸进行了不同程度伤害区域的划分与计算。许浪[181]在研究瓦斯爆炸冲击波形成机理及衰减规律的基础上,得到了安全距离与甲烷聚集量之间关系的计算公式,绘制了不同巷道粗糙程度和不同瓦斯量爆炸后和安全距离相对应的诺模图。

1.2.5 存在问题

由于瓦斯煤尘爆炸过程十分复杂,是物理过程、化学过程、热力学过程、传热传质过程的强烈耦合。国内外学者虽然开展了瓦斯煤尘爆炸特性参数以及爆炸过程中火焰、冲击波传播规律等方面的试验研究、理论研究、数值模拟研究,且取得了大量成果,但仍存在以下问题:

(1) 瓦斯煤尘爆炸相关方面的研究大多是在直管道或者球形爆炸测量装置中开展的,但是实际煤矿井下除了常见的直管道外,还有很多类似于拐弯、分叉等类型的特殊巷道,这些类型巷道内瓦斯煤尘爆炸的发展、传播往往具有一定的特殊性。目前,对这些类型巷道内瓦斯煤尘爆炸所开展的研究还较为欠缺。

(2) 瓦斯煤尘耦合爆炸的反应过程相比单一瓦斯爆炸或者单一煤尘爆炸其爆炸过程更加复杂,且影响因素众多,目前关于瓦斯煤尘耦合爆炸的耦合效应、影响因素、传播特性等方面研究还不够深入。

(3) 在拐弯管道、分叉管道等特殊类型管道内所开展的瓦斯煤尘爆炸传播规律研究较少,大多是对一般空气区内冲击波传播情况进行分析,对拐弯管道、分叉管道燃烧反应区内火焰、冲击波传播方面还缺乏比较系统性的研究。

(4) 瓦斯煤尘耦合爆炸传播特性的研究主要以冲击波压力和火焰传播为主,并已取得一定的成果,但关于瓦斯煤尘耦合爆炸后生成的 CO 气体浓度随距离变化的特性以及该传播特性对爆炸伤害产生的影响有待深入研究。

(5) 瓦斯煤尘耦合爆炸伤害的研究以死亡、重伤和轻伤距离为主,关于瓦斯煤尘耦合爆炸冲击波超压、火焰热辐射和 CO 气体造成的煤矿作业人员伤害率等方面的研究还不够深入。

(6) 瓦斯煤尘耦合爆炸对作业人员造成伤害时,往往是多种伤害形式综合作用的结果,但目前爆炸伤害的研究多以单项伤害分析为主,关于多种伤害综合作用的后果有待进一步深入研究。

总之,虽然人们在瓦斯煤尘耦合爆炸方面进行了较多的研究,但复杂条件下受限空间瓦斯煤尘耦合爆炸燃烧反应区内火焰及冲击波发展、传播特性方面的研究尚处于初级阶段,随着今后试验条件的改善和理论的进一步完善,此项研究必定会取得丰硕的成果,从而丰富瓦斯煤尘耦合爆炸理论,对控制矿井瓦斯煤尘爆炸灾害的发展,以及优化现有阻隔爆技术都具有重要的理论研究价值和实际指导作用。

第 2 章　瓦斯煤尘耦合爆炸特点及影响因素

2.1　引　　言

瓦斯煤尘耦合爆炸是指在点火源作用下,瓦斯、空气、煤尘混合物产生的剧烈化学反应,是煤矿井下比较常见的重大灾害之一。相比一般的单一瓦斯爆炸或者单一煤尘爆炸,瓦斯煤尘耦合爆炸在爆炸传播过程中通常具有更强的伤害和破坏作用,会给煤矿企业及社会带来巨大的人员伤亡和财产损失。

本章主要对瓦斯煤尘耦合爆炸火焰及冲击波的发展、传播特性及其影响因素进行研究,为后续开展瓦斯煤尘耦合爆炸特性及爆炸火焰、冲击波传播规律研究提供理论依据。

2.2　瓦斯煤尘耦合爆炸灾害特点

与单一的瓦斯爆炸相比,瓦斯煤尘耦合爆炸不仅整体爆炸威力更强,且相对更容易发生,其主要原因为:由于反应物中有煤尘的参与,瓦斯的爆炸下限会有一定程度的下降,爆炸的极限也会发生变化,此外,爆炸所需要的点火能量以及点火温度也更容易达到。

与单一的煤尘爆炸相比,瓦斯煤尘耦合爆炸同样整体爆炸威力更大,爆炸也更容易发生,其原因与上面的相似,由于爆炸系统中有瓦斯的参与,爆炸的极限会发生改变,除此之外,爆炸的点火能量和点火温度更加容易达到,煤尘能量的传递速率会得到一定程度的提升,从而使得瓦斯煤尘耦合爆炸的整体爆炸威力产生显著的提升。

通过以上的分析可以发现,瓦斯煤尘耦合爆炸相比单一的瓦斯爆炸或者煤尘爆炸,显著的变化主要体现在两个方面:① 瓦斯煤尘耦合爆炸相比单一瓦斯爆炸或单一煤尘爆炸,其爆炸都更加容易发生;② 相较单一瓦斯爆炸或单一煤尘爆炸,瓦斯煤尘耦合爆炸的整体爆炸威力均有一定程度的提升。

瓦斯煤尘耦合爆炸是煤矿井下经常发生且造成伤害较为严重的一类事故,会造成大量的人员伤亡和财产损失,其主要伤害对象是井下的作业人员及矿井设备,造成伤害的因素主要体现在以下三个方面。

(1) 冲击波伤害

瓦斯煤尘耦合爆炸发生时,会在周围形成高压气体进而形成空气冲击波。这种冲击波主要是空气温度的骤然升高产生的,瓦斯煤尘耦合爆炸会使得周围空气的温度骤然升高,温度升高会使得空气的压力急剧增大,进而便形成冲击波。这种冲击波一般称为直接冲击波,冲击波可使爆源附近的气体以非常快的速度向外传播,进而对传播过程中涉及的井巷、设备及人员带来巨大的伤害。除了常规的直接冲击波外,爆炸源附近还会有反向冲击波产生。

爆炸发生后,爆炸源附近由于直接冲击波的影响,空气变得稀薄,且此处温度也会迅速下降,多方面因素共同作用使得此处形成低压区,进而会形成反向冲击波,这种反向冲击波会对井下人员及设备造成更大的伤害。

(2) 火焰锋面高温灼烧

瓦斯煤尘耦合爆炸会产生高温火焰,这种高温火焰的温度可以达到 2 000 ℃以上,这种高温与人体直接接触的话,会使得人员被烧伤。而实际煤矿井下发生瓦斯煤尘耦合爆炸后,因爆炸所产生的高温并不会对井下作业人员造成致命的伤害,这是因为瓦斯煤尘耦合爆炸的整个过程是非常短暂的,爆炸所产生的高温火焰与井下人员身体接触的时间也非常短暂,并不会造成致命的伤害。但是瓦斯煤尘耦合爆炸往往会引发煤矿井下火灾,井下火灾会产生大量的烟气和热量,大量的高温烟气会借助煤矿井下的通风网络迅速传播到更大的区域,进而使得这些区域的作业人员受到高温的伤害。

(3) 有毒有害气体伤害

除了上面所提到的爆炸冲击波及爆炸产生的高温灼烧之外,有毒有害气体伤害也是瓦斯煤尘耦合爆炸的一个非常重要的伤害类型。瓦斯煤尘耦合爆炸所产生的有毒有害气体有多种,其中对人伤害最大的是一氧化碳气体,一氧化碳气体对人体的伤害非常严重,吸入不同浓度的一氧化碳气体人体会产生不同的反应,具体情况如表 2-1 所示。

表 2-1　不同浓度 CO 对人体的影响

CO 浓度/%	人体反应
0.01	数小时内影响不大
0.04	轻微中毒、喘息、心率加快
0.04~0.1	重度中毒、失去自由活动能力
0.2~0.3	失去知觉、痉挛
0.4~1	4 min 致命

瓦斯煤尘耦合爆炸还会产生大量的二氧化碳气体,空气中的二氧化碳气体在含量少的时候对人体没有什么影响,但是当空气中的二氧化碳气体增加到一定浓度时,便会对人体产生不同程度的影响。当空气中二氧化碳气体浓度达到 10% 时,井下人员的呼吸会变得极为困难,并且会进入昏迷状态;当空气中二氧化碳气体浓度继续增加时,井下人员便会失去知觉,有生命危险。因此,我们一般把空气中二氧化碳气体浓度达到 10% 作为人生存的上限值。空气中不同二氧化碳气体浓度对人体的影响情况见表 2-2。

表 2-2　不同浓度 CO_2 对人体的影响

CO_2 浓度/%	人体反应
0.44	数小时内影响不大
1~2	轻微不适
3	呼吸系统不适、血压升高
4	头痛、耳鸣、目眩、心跳加速

表 2-2（续）

CO_2浓度/%	人体反应
5	呼吸困难
6	呼吸急速、极度难受
8～10	数分钟内失去知觉、死亡

2.3　爆炸火焰传播特性及其影响因素

2.3.1　瓦斯煤尘耦合爆炸过程分析

可燃气体爆炸具有非常快的反应速度,且可燃气体爆炸一般不在复杂介质中进行,一般都是在单一的介质中发生反应。一般可以对整个反应区域进行一定的区域划分,发生燃烧的部分称为燃烧气体区域,还未发生燃烧的区域称为未燃气体区域,燃烧气体区域和未燃气体区域的分割界限一般为燃烧过程中的燃烧阵面。爆炸过程中会产生冲击波和燃烧波,两者共存于燃烧区域内。冲击波的传播速度要大于燃烧波,因此,冲击波不仅会使得未燃气体区域的气体燃烧速度得到提升,还会提升爆炸火焰的传播速度。从时间上来讲,爆炸包含两个过程,分别是爆燃和爆轰[182]。爆燃一般发生在爆炸的起始阶段,这个时候爆炸的整体反应速率相对较慢,且爆炸所产生的燃烧波及冲击波的传播速度均较慢;随着爆炸的持续发展,燃烧阵面会因火焰加速而与压力阵面重合,最终形成爆轰波。

和单纯的气体爆炸相比,粉尘爆炸的整体过程较为复杂,粉尘爆炸和气体爆炸之间存在一些类似的地方,但是也存在很多较为显著的差异,主要表现在两个方面,即粉尘的物理性质和粉尘云的产生。当粉尘发生爆炸时,其整个过程相比单纯的气体爆炸要复杂很多。对粉尘云进行点火,点火能量会以热辐射及热传导等方式传递给粉尘粒子表面,粉尘粒子表面发生热量积聚,温度急剧上升;当粉尘粒子表面的温度达到蒸发或者加速分解的温度时,粉尘粒子便会分解出气体及产生粉尘蒸气,这些物质与空气中的氧气混合后便会发生气相点火,进而引发爆炸反应;此外,周边粒子也会因粒子内部气化熔融产生新的微小火花而获得点火源,进而使得粉尘爆炸的整体威力得到进一步提升。煤尘爆炸作为粉尘爆炸中非常重要的一个类别,其爆炸过程同样是非常复杂的,一般我们将煤尘爆炸划分为两个部分,即固定碳的非均相燃烧和析出挥发分气体的均相燃烧。此外,煤尘爆炸的爆炸反应过程也是比较复杂的,点火之后,煤尘表面会吸收热量,当热量达到一定程度时,便会从煤尘内部析出可燃性挥发分,可燃性挥发分便会引燃,进而使得热量释放过程进一步加剧,此外还会使得传热加强和温度升高,进而加热残留焦炭并促使其燃烧,引燃更多的煤粉,火焰达到整个分布有煤粉的区域。煤尘爆炸反应的整个过程如图 2-1 所示。

可燃气体和粉尘的共同爆炸反应,我们称其为气体粉尘的复合爆炸。气体和粉尘的复合爆炸相比单一的气体爆炸或者粉尘爆炸,其爆炸的剧烈程度和爆炸的影响范围均有明显的增加。气体和粉尘在一起发生复合爆炸反应时,气体和粉尘的爆炸通常不是同时发生的,这是因为气体的爆炸条件相比粉尘的爆炸条件更容易达到,一般情况下,气体爆炸反应会先于粉尘爆炸发生,粉尘爆炸会显著增加爆炸的能量,进而使得气体粉尘复合爆炸产生更大的爆炸强度。

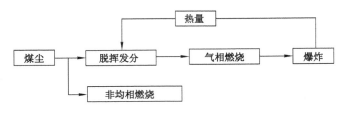

图 2-1 煤尘爆炸过程

2.3.2 管道内瓦斯煤尘耦合爆炸火焰传播影响因素

煤矿井下生产过程中产生的瓦斯煤尘是否容易发生爆炸,以及爆炸的强烈程度等这些特质会受到很多因素的影响,进而会影响管道内瓦斯煤尘耦合爆炸火焰的传播,影响因素中有反应物的内在因素,也有周围巷道及周围环境因素,不同内在及外在因素条件下,瓦斯煤尘耦合爆炸火焰发展、传播特性往往会有很大程度的不同。

(1)反应物内部因素

① 瓦斯含量及浓度

瓦斯的含量及浓度是影响瓦斯煤尘耦合爆炸特性的一个非常重要的反应物内部因素,其数值对瓦斯煤尘耦合爆炸火焰传播特性有着非常显著的影响,不同含量和不同浓度瓦斯条件下,瓦斯煤尘耦合爆炸火焰传播特性有着明显的区别。瓦斯爆炸相比煤尘爆炸,其爆炸反应更容易发生,爆炸所需条件更容易达到,因此,通常情况下瓦斯会先于煤尘发生爆炸反应,且在相同的条件下,瓦斯爆炸相比煤尘爆炸通常具有更强烈的爆炸威力。在瓦斯含量较低、瓦斯浓度较低的情况下,爆炸威力会随着瓦斯含量或瓦斯浓度的增加而增大;而当瓦斯含量或浓度达到一定值后,气体成分中氧气的含量便变得相对少一些,此时便会导致燃烧不充分,爆炸威力进而减弱,此外,爆炸所释放的热量一部分还会被多余的煤尘和瓦斯吸收,从而进一步降低其整体爆炸强度,影响瓦斯煤尘耦合爆炸火焰的传播特性。

② 煤尘含量及浓度

煤尘含量及浓度同样是瓦斯煤尘耦合爆炸过程中非常重要的一个基本反应物参数,其数值同样会对瓦斯煤尘耦合爆炸的火焰发展、传播特性产生不同程度的影响。但是同瓦斯含量及浓度对瓦斯煤尘耦合爆炸特性的影响机制不同,煤尘含量及浓度对瓦斯煤尘耦合爆炸特性的影响机制比较复杂,会受到多方面因素的影响,比如瓦斯的浓度、煤尘的粒径、煤尘的成分等均会对其影响机制产生不同程度的影响。因此,分析煤尘含量及浓度对瓦斯煤尘耦合爆炸火焰发展、传播特性的影响机制需要综合考虑多方面的因素。

③ 煤尘的成分

煤尘的物理性质比较复杂,煤尘中含有多种成分,其中主要有固定碳、挥发分、水分、灰分等。煤尘中这些成分的组成不同,也会对瓦斯煤尘耦合爆炸的火焰发展、传播特性产生不同程度的影响。因此,在研究煤尘成分对瓦斯煤尘耦合爆炸火焰发展、传播特性的影响机制时,要对每组成分进行细致的考察、分析。煤尘内的多种成分中,影响瓦斯煤尘耦合爆炸性能的主要成分通常是煤尘中的可燃性挥发分,煤尘中的可燃性挥发分可以直接参与爆炸反应,且爆炸性比较强,通常可以根据煤尘中的挥发分含量来评判一种煤尘的爆炸性强弱,煤尘中挥发分含量越高,煤尘的爆炸性越强,此外,煤尘中挥发分含量越高,也会使得煤尘更容易发生爆炸,所产生的最大爆炸压力越大,压力上升速率越快[183]。除了煤尘中的挥发分外,煤尘中的其他成分也会对瓦斯煤尘耦合爆炸的爆炸火焰发展、传播特性产生不同程度的影响,如煤尘中的灰分、水分主要对煤尘爆炸性起到一定的抑制效果,煤尘中的灰分及水分含量越高,通常煤尘的爆炸性会变得越弱,进而影响瓦斯煤尘耦合爆炸火焰的发展、传播特性。

④ 煤尘粒度及形状

煤尘的粒度和形状也是煤尘粒子的基本物理参数,这两个基本参数亦会对瓦斯煤尘耦合爆炸的火焰发展、传播特性产生不同程度的影响。煤尘粒度主要指煤尘的颗粒大小,煤尘的颗粒大小会直接影响煤尘粒子的悬浮性能及外表面积,这两个参数是影响瓦斯煤尘耦合爆炸特性的重要参数。一般情况下,煤尘粒度越小,煤尘的悬浮性能越好,单位质量煤尘的粒度越小,煤尘粒子的总外表面积越大。煤尘的形状同样会对煤尘爆炸产生一定的影响[183],煤尘的形状对瓦斯煤尘耦合爆炸特性的影响作用机制主要体现在其对煤尘外表面积的影响方面,同样质量条件下,煤尘的形状不同,其外表面积通常也是不同的。当煤尘呈规则的圆球状时,其比表面积最小,反应相对其他形状的煤尘会更加困难,瓦斯煤尘耦合爆炸火焰的发展、传播也会受到一定抑制。

⑤ 煤尘云的分散度

煤尘云作为粉尘爆炸一个特有的外在反应物分布形式,其分布特性不同,便会对瓦斯煤尘耦合爆炸的火焰发展、传播特性产生不同程度的影响。煤尘不像气体那样可以很容易、很均匀地分散在一定的空间内,煤尘容易发生一定的积聚,且积聚程度也有很大程度不同,有些空间的煤尘比较分散,有些地方的煤尘积聚现象比较严重,这些情况均会对瓦斯煤尘耦合爆炸的整体爆炸特性产生很大的影响。一般情况下,煤尘发生积聚越少,煤尘的分散效果越好,瓦斯煤尘耦合爆炸的效果便会越好,进而对瓦斯煤尘耦合爆炸火焰的发展、传播起到不同程度的促进效果。

(2)外界因素

① 点火位置

点火位置是瓦斯煤尘耦合爆炸过程中一个基础的参数,点火位置不同,会对瓦斯煤尘耦合爆炸的火焰发展、传播特性产生非常重要的影响。常见的点火位置设置方式主要有两种,一种方式是在巷道的一端点火,点火之后,由于点火点靠近封闭端口,因此无法向该方向有太多的传播、发展,爆炸主要向另一侧端口发展,在爆炸的整个发展过程中,压力波、火焰波在传播过程中相互作用,进而便会起到增大爆炸压力峰值及延长传播距离的效果;另一种方式为点火点设置在中间位置,此时爆炸可以向相反的两个方向同时发展、传播,如果有一端的端口是封闭的,那么爆炸在向该侧端口发展、传播的过程中,爆炸压力波和火焰波的传播都会受到封闭端口的影响,进而爆炸火焰的传播距离和爆炸的能量减小。

② 壁面粗糙度

管道壁面粗糙度也是影响瓦斯煤尘耦合爆炸火焰发展、传播特性的一个重要外界因素。管道壁面粗糙度对瓦斯煤尘耦合爆炸的影响效果主要体现在两个方面:一方面,管道壁面粗糙度不同会使得爆炸传播的阻力发生变化,管道壁面越粗糙,管道对爆炸的总阻力便会越大;另一方面,管道壁面粗糙度在一定程度上会使得管道内部的流场更容易发生湍流效应,从而提升瓦斯煤尘耦合爆炸的整体反应速率,进而起到提升爆炸整体强度的效果。因此,在对管道壁面粗糙度对瓦斯煤尘耦合爆炸的影响效果进行分析时,应该综合考虑其激励因素及抑制因素两个方面的综合作用效果。

③ 环境条件

瓦斯煤尘耦合爆炸发生时,周围的环境条件不同,其爆炸的火焰发展、传播特性也会有一定的差别,环境条件是影响瓦斯煤尘耦合爆炸整体爆炸特性的一个重要因素。对瓦斯煤尘耦合爆炸起到影响作用的外界环境条件有很多方面,比如所处环境的温度、湿度、巷道内水袋与岩粉棚的设置、是否充填有惰性气体等这些环境条件均会对爆炸产生不同程度的影响。

④ 障碍物

障碍物是影响瓦斯煤尘耦合爆炸火焰发展、传播特性的一个重要因素,传播路径上障碍物的存在,可以使得反应区域形成较强烈的湍流效应,进而起到提高爆炸反应速率、增强爆炸强度的作用。

⑤ 巷道结构形式

煤矿井下的巷道有多种结构形式,除了常见的直巷道外,还存在一些特殊结构形式的巷道,比如巷道会发生拐弯、分叉、截面突变等情况,这些特殊结构会对爆炸火焰的发展及传播产生显著的影响,具体影响效果会因巷道结构形式的不同而有所区别。

2.4 爆炸冲击波传播特性及其影响因素

2.4.1 瓦斯煤尘耦合爆炸过程冲击波的反射过程分析

瓦斯煤尘耦合爆炸过程中,在爆炸的初始阶段,在点火点附近会形成传播形式为球面波的冲击波,所形成的球面冲击波在传播过程中,其波阵面会逐渐增宽增大,并最终与管道壁面发生接触,在管道壁面上会发生波的反射现象。刚开始由于冲击波与两侧壁面刚接触,冲击波和壁面形成的入射角较小,此时冲击波在壁面上可以发生规则的反射现象;随着冲击波的波阵面继续发展、扩大,冲击波的波阵面与两侧壁面所形成的入射角会不断扩大,但是仍然会产生规则的反射现象;之后波阵面继续发展、扩大,当达到临界状态时会出现一个与管道壁面垂直的新波阵面,称其为马赫杆,马赫杆会同时出现在上下两个壁面上;随着冲击波的继续发展,两侧的马赫杆会逐渐扩大范围,最终冲击波演变为平面波。爆炸冲击波的发展变化过程如图2-2所示。

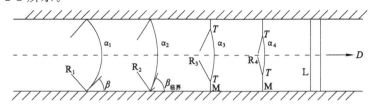

R_1、R_2、R_3、R_4—反射波;α_1、α_2、α_3、α_4—入射波;β—入射角;$\beta_{临界}$—临界入射角;
M—马赫杆;D—平面冲击波速度;T—三波点;L—平面空气冲击波。

图 2-2 爆炸冲击波由曲面波发展成平面波过程

2.4.2 瓦斯煤尘耦合爆炸过程冲击波的结构

瓦斯煤尘耦合爆炸冲击波在发展、传播的过程中,会有着比较复杂的内部能量变化过程,其中主要包括压缩气体耗能、燃烧膨胀补充能量两个过程,压缩气体耗能、燃烧膨胀补充能量两者之间的关系会对爆炸冲击波的强度起到决定性的作用。当燃烧膨胀补充能量大于压缩气体耗能时,爆炸冲击波便会得到持续的加强;当燃烧膨胀补充能量小于压缩气体耗能时,爆炸冲击波的整体强度便会逐渐减弱;当燃烧膨胀补充能量等于压缩气体耗能时,爆炸冲击波的强度不发生变化。在空间上,瓦斯煤尘耦合爆炸的整个区域可以划分为燃烧区和一般空气区,当爆炸冲击波起初在燃烧区时,瓦斯煤尘耦合爆炸反应会给爆炸冲击波提供能量补充,使得爆炸冲击波得到加强,但是,爆炸冲击波也会受到多方面因素影响而使自身能量持续损耗,当爆炸反应为爆炸冲击波所提供的能量小于爆炸冲击波的能量损耗时,爆炸冲击波便会呈现衰减态势。当爆炸冲击波传播至一般空气区时,由于完全失去了爆炸反应所带来的能量补充,爆炸冲击波整体处于衰减态势。此外,爆炸冲击波在经过一些特殊的巷道或者管道结构时,比如拐弯、分叉或者截面的突然缩小,由于巷道或者管道特殊结构的影响,爆炸冲击波在局部区域会出现增强的现象,但是经过一段距离后,爆炸冲击波的强度整体上仍然是下降的。

爆炸冲击波波阵面所到之处会产生状态参数的突变间断面,比如会发生温度、密度、压力等参数的突然变化。爆炸区域的气体会因为剧烈的膨胀效应而形成高压气体,高压气体在压力梯度的作用下会向外运动,进而形成压缩波,很多道压缩波在一块相互叠加最终便形成了冲击波。峰值超压会在冲击波波阵面到达的一瞬间发生骤降效应,当压力降到零以下时便形成了负压区,负压区的形成主要受气体体积膨胀惯性作用的影响;在冲击波向前传播过程中,波阵面的能量会因压缩波前气体、管道摩擦等因素而降低,受压缩气体自身会产生膨胀现象,在其体积膨胀到一定程度时,气体的压力会和周围的未被扰动气体的压力相同,但是此时受压缩气体并不会立马停止膨胀,其会在惯性的作用下继续膨胀,进而会使气体的压力进一步下降,形成负压区。空气冲击波的波形如图 2-3 所示。

图 2-3　空气冲击波波形

2.4.3　瓦斯煤尘耦合爆炸冲击波传播影响因素

在瓦斯煤尘耦合爆炸燃烧区和一般空气区影响爆炸冲击波强度的因素是不一样的。在燃烧区,爆炸冲击波和爆炸火焰同时存在,爆炸冲击波传播影响因素也和爆炸火焰传播影响因素基本一致,爆炸火焰传播影响因素在上一节已做分析,因此本节只讨论一般空气区瓦斯煤尘耦合爆炸冲击波传播影响因素。

在一般空气区(也可以称为非火焰燃烧区),瓦斯煤尘耦合爆炸反应已经结束,此阶段只有爆炸冲击波向前传播,爆炸冲击波失去了能量补充来源,因此在该区域,爆炸冲击波的传播整体处于衰减阶段,但是其衰减速度或快或慢,影响其衰减速度的因素主要有以下几个方面:

(1) 管道水力直径、冲击波传播距离

管道的水力直径和冲击波传播距离是影响爆炸冲击波传播的两个基本因素,在一般空气区,爆炸冲击波处于整体的衰减阶段,在此阶段我们研究爆炸冲击波在管道或者巷道内的传播规律时,通常会将管道水力直径(d_B)、冲击波传播距离(R)加以处理,变为无量纲量 R/d_B,而且随着 R/d_B 增大,冲击波强度开始减小。因此,管道的水力直径和冲击波传播距离是影响爆炸冲击波传播的两个基本因素。

(2)冲击波初始强度

在一般空气区,瓦斯煤尘耦合爆炸的冲击波失去了能量的补充,完全依靠初始强度向前传播。因此,爆炸冲击波的传播特性受到爆炸冲击波初始强度的重要影响。

(3)管道变形

爆炸冲击波的传播还受到管道变形的影响,管道变形主要包含管道拐弯、管道分叉、管道截面突变等情况,这些情况均会对管道内爆炸冲击波的传播情况产生不同的影响。

(4)管道壁面上能量损耗

管道壁面上能量损耗也是影响管道内爆炸冲击波传播情况的一个重要因素。当处于燃烧区时,管道壁面上能量损耗就会对爆炸冲击波的传播产生一定的影响,但是由于爆炸反应的猛烈发展,管道壁面上能量损耗影响较小;而当处于一般空气区时,此时没有了能量的持续补充,管道壁面上能量损耗对管道内爆炸冲击波传播的影响作用便显得尤为显著,从而严重影响管道内爆炸冲击波的传播特性。

第 3 章 瓦斯煤尘耦合爆炸特性研究

3.1 引 言

　　煤尘浓度、煤尘粒径、瓦斯浓度等这些参数均会对瓦斯煤尘耦合爆炸的爆炸特性、爆炸火焰及冲击波在管道内的传播规律等产生不同程度的影响。因此,本章通过开展不同瓦斯浓度、不同煤尘浓度、不同煤尘粒径条件下瓦斯煤尘耦合爆炸试验,来确定瓦斯浓度、煤尘浓度、煤尘粒径这些基本参数对瓦斯煤尘耦合爆炸特性的影响作用规律,进而为后续第 4 章、第 5 章在不同角度拐弯管道及不同角度分叉管道平台上开展试验研究时选定合理的反应物参数提供依据。

3.2 试验系统及试验步骤

3.2.1 试验系统

　　瓦斯煤尘耦合爆炸试验系统主要包括爆炸传播管道系统、配气系统、点火系统、压力数据采集系统、高速摄像系统和同步控制系统。

　　(1) 爆炸传播管道系统

　　爆炸传播管道包括水平直管道、拐弯管道、分叉管道 3 种类型,考虑火焰传播研究需要,试验管道统一采用有机玻璃材质,为保证试验安全性,有机玻璃管道需要有一定的抗压强度,统一采用 20 mm 壁厚的有机玻璃,可以承受 2 MPa 压力冲击。3 种类型的爆炸传播管道内截面均为 80 mm×80 mm 的正方形截面。爆炸传播拐弯管道由分叉管道改装而成,因此这里仅展示爆炸传播直管道和分叉管道。试验管道具体如图 3-1 至图 3-4 所示。

图 3-1 爆炸传播管道连接实物图　　　　　　图 3-2 爆炸传播直管道

图 3-3　爆炸传播分叉管道

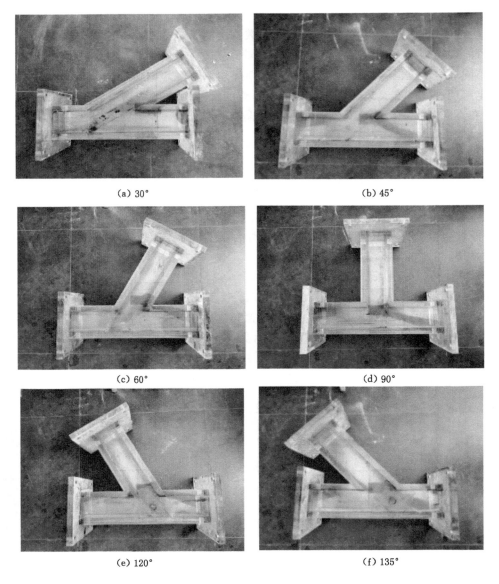

图 3-4　爆炸传播管道 7 组不同角度分叉管段

（g）150°

图 3-4（续）

（2）配气系统

配气系统由一个甲烷气瓶、一台空气压缩机和两个气体流量控制器三个主要部分构成。两个气体流量控制器的量程分别为 0～5 L/min、0～20 L/min，分别用来控制甲烷及空气的进气速度，进而配置试验所需浓度的甲烷-空气预混气体。气体流量控制器如图 3-5 所示。

（3）点火系统

点火系统主要由高能点火器、点火杆、点火线缆、外触发开关组成。采用的是 BWKT-Ⅱ型可调式点火器，该点火器火花能量分两挡，一挡输出能量为 35 mJ，二挡输出能量为 1～20 J，点火频率为 4～20 Hz。点火杆直径为 5 mm，最高耐温为 1 300 ℃。点火器触发方式分为手动触发和外触发两种。手动触发时，可通过旋钮调整点火时间在 10～3 000 ms 之间；外触发由固态继电器实现，固态继电器由同步控制器同步控制。BWKT-Ⅱ型可调式点火器如图 3-6 所示。

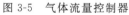

图 3-5　气体流量控制器　　　　　　　图 3-6　BWKT-Ⅱ型可调式点火器

（4）压力数据采集系统

压力数据采集系统由 NI-9220 型多功能数据采集卡和 MD-HF 型高频压力传感器两部分构成。NI-9220 型多功能数据采集卡是一款同步采样的多功能采集卡，可同时采集 16 路通道的信号，每路通道最高采集频率可达 100 ks/s。NI-9220 型多功能数据采集卡如图 3-7 所示。

MD-HF 型高频压力传感器量程为−0.1～0.1 MPa,最大采集频率可达 20 ks/s。MD-HF 型高频压力传感器如图 3-8 所示。

 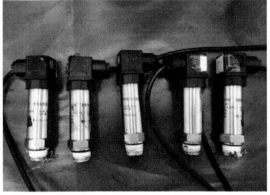

图 3-7　NI-9220 型多功能数据采集卡　　　图 3-8　MD-HF 型高频压力传感器

（5）高速摄像系统

用于拍摄高速动态爆炸火焰的设备是 High Speed Star 4G 型高速摄像机。该高速摄像机主要由 CCD 摄像头、服务器、控制盒和 Davis7.2 采集软件组成。该摄像机通过高感光度的百万像素 CMOS 传感器进行高速拍摄,最大拍摄速度可达 10 万幅/s,最小帧间隔 2.3 μs。试验中以 2 000 帧/s 的速度拍摄火焰传播过程,分辨率为 1 024 像素×1 024 像素,用于捕捉爆炸火焰的形状与火焰前锋的位置。高速摄像机如图 3-9 所示。

图 3-9　高速摄像机

（6）同步控制系统

同步控制系统是课题组根据试验需求委托日本欧姆龙公司设计组装的。该系统可以准确控制点火系统、压力数据采集系统、高速摄像系统工作的先后顺序、间隔时间、工作持续时间。相比原始的人工手动控制试验平台各个分系统启停,该系统更加精准、便捷,可有效地提高试验数据测试的可靠性。同步控制装置如图 3-10 所示。

3.2.2　试验步骤

（1）铺设试验管道,连接配气系统、点火系统、压力数据采集系统、高速摄像系统和同步控制系统。

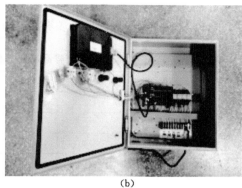

(a)　　　　　　　　　　　(b)

图 3-10　同步控制装置

（2）标定压力传感器,安装压力传感器、图像采集设备等相关装置,然后对测试系统进行调试与校准。

（3）在试验管道左端距点火点 200 mm 处管道水平中心位置铺设预先设定浓度的煤尘。

（4）对远离点火点一侧管道端口使用 PVC 薄膜进行弱封闭,对靠近点火点一侧管道端口使用与管道同样规格的有机玻璃板进行强封闭。

（5）打开进气、排气阀门,打开空气压缩机、甲烷储气瓶,打开空气及甲烷气体流量控制器并调节至预先计算值,开始对整个管道进行计时充气,为保证充填甲烷-空气预混气体的浓度达到预先设定浓度,充气量为 4 倍管道体积。

（6）充气完成,同时关闭空气及甲烷气体流量控制器、试验管道进排气阀门,之后立即关闭空气压缩机、甲烷储气瓶阀门。

（7）将压力数据采集系统及高速摄像系统调至准备状态,通过同步控制器控制点火起爆,同时进行压力数据及图像数据的采集。

（8）检查试验数据,保存试验数据。

（9）拆卸并清洗试验管道,启动空气压缩机,打开进气阀门向腔体内吹入高压空气,清除爆炸腔体内的残留粉尘和反应产物气体,准备进行下一组试验。

3.3　试验条件及测点布置

瓦斯煤尘耦合爆炸冲击波超压是对其爆炸强度最直接的反映,本节利用爆炸管道试验系统,测试不同工况条件下瓦斯煤尘耦合爆炸冲击波超压相关参数,研究爆炸冲击波超压沿管道传播方向的变化规律,进而为后续瓦斯煤尘耦合爆炸在拐弯管道及分叉管道内的试验研究确定爆炸反应物基础参数提供依据。

3.3.1　试验条件

试验中煤粉组分不同,所得到试验结果往往会有非常大的区别。本研究为了保证试验结果的准确性,统一使用同一种煤尘。为了得到所用煤粉的确切组分构成,对试验所用煤粉进行了标准的工业分析。参照《煤的工业分析方法》(GB 212—2008)分别测定了试验用煤样的灰分、水分、挥发分、固定碳等成分。试验采用的煤尘样品工业分析结果如表 3-1 所示。本研究所用瓦斯为纯度 99.99％ 的甲烷气体。试验环境温度为 20～25 ℃，环境湿度为 50％ 左右。

表 3-1　煤尘样品工业分析结果

工业分析结果	百分含量/％
灰分（A_{ad}）	13.10
水分（M_{ad}）	1.25
挥发分（V_{ad}）	27.34
固定碳（FC_{ad}）	58.31

3.3.2　测点布置

管道总长度为 2 000 mm，为了可以全面地研究爆炸管道全段的爆炸压力相关参数的变化情况，对爆炸管道采用全管段等间距布置测点，测点 1 距点火点距离为 100 mm（点火点距离管道左端口 50 mm），之后每隔 370 mm 布置一个测点，共计 5 个测点，分别记为测点 1、测点 2、测点 3、测点 4、测点 5，测点具体布置情况如图 3-11 所示。

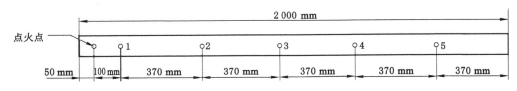

图 3-11　测点布置示意图

3.4　瓦斯浓度对瓦斯煤尘耦合爆炸压力的影响

3.4.1　试验设计

本组试验共设置 5 个瓦斯浓度，分别为 5.5％、7.5％、9.5％、11.5％、13.5％，煤尘浓度设置为 100 g/m³，煤尘粒径为 48～75 μm（200～300 目），按照所设置条件进行了相应的试验。

瓦斯煤尘耦合爆炸属于气体与粉尘的气固两相爆炸反应，相比单相瓦斯爆炸，其试验反应过程更加复杂，各种影响条件较多，试验可重复性较差。因此，为保证试验结果的可靠性，每组试验均进行 3 次及以上次数，依据科学统计原则，每个水平取 3 组有效数据作为试验最终数据，试验后对 3 组数据取平均值进行各项分析。

3.4.2　试验结果及分析

将试验结果数据进行整理，分别绘制成单相瓦斯爆炸及瓦斯煤尘耦合爆炸最大爆炸压力在水平直管道内的分布曲线，具体如图 3-12 和图 3-13 所示。

对图 3-12 和图 3-13 中数据进行分析可以发现，不同浓度单相瓦斯及瓦斯煤尘耦合爆炸，其试验管道内部冲击波超压分布呈现出较为一致的发展规律。单相瓦斯爆炸，爆炸冲击波超压自位于点火点附近的测点 1 至位于试验管道出口附近的测点 5，始终处于逐渐下降态势。瓦斯煤尘耦合爆炸，其爆炸冲击波超压在 2 号测点处有一个比较显著的上升，这是由

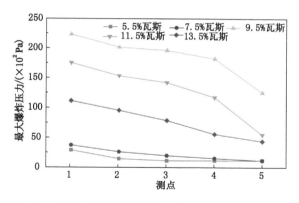

图 3-12 不同浓度瓦斯爆炸最大压力在管道内分布曲线

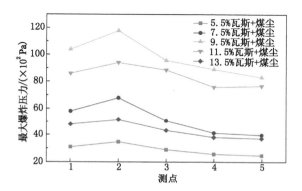

图 3-13 不同浓度瓦斯与煤尘耦合爆炸最大压力在管道内分布曲线

于煤尘开始参与反应使爆炸压力出现了一定程度的增强;测点 2 之后,爆炸冲击波超压同单相瓦斯爆炸一样,呈逐渐下降态势。

图 3-14 所示为不同浓度单相瓦斯及瓦斯煤尘耦合爆炸最大压力对比曲线。对图中曲线进行分析可以发现,当瓦斯浓度为 5.5%、7.5% 时,煤尘的加入对瓦斯爆炸起到一定的促进作用,一定程度增加了爆炸冲击波超压;当瓦斯浓度为 9.5%、11.5%、13.5% 时,煤尘的加入对瓦斯爆炸起到一定的抑制作用,降低了爆炸冲击波超压。本书主要对煤尘对瓦斯爆炸的促进效果进行研究,瓦斯浓度为 5.5%、7.5% 符合要求,但是瓦斯浓度为 5.5% 时所产

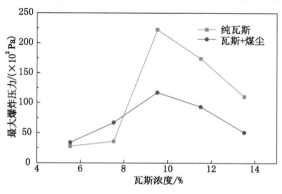

图 3-14 不同浓度单相瓦斯及瓦斯煤尘耦合爆炸最大压力对比曲线

生的爆炸强度过于微弱,瓦斯浓度为 7.5% 时所产生的爆炸强度适中,便于对相关爆炸参数进行采集及分析,因此,后续拐弯管道试验及分叉管道试验选定 7.5% 作为试验中瓦斯的标定浓度。

3.5 煤尘浓度对瓦斯煤尘耦合爆炸压力的影响

3.5.1 试验设计

本组试验煤尘浓度共 5 个水平,分别为 100 g/m³、200 g/m³、300 g/m³、400 g/m³、500 g/m³,煤尘粒径为 48~75 μm(200~300 目),瓦斯浓度为 7.5%,按照所设置条件进行了相应的试验。为保证试验结果的可靠性,每组试验均进行 3 次及以上次数,依据科学统计原则,每个水平取 3 组有效数据作为试验最终数据,试验后对 3 组数据取平均值进行各项分析。

3.5.2 试验结果及分析

将试验结果数据进行整理,绘制不同工况条件下瓦斯煤尘耦合爆炸最大爆炸压力在水平直管道内的分布曲线,具体如图 3-15 所示。

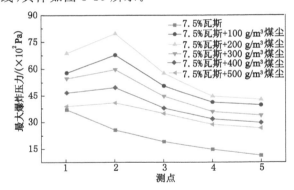

图 3-15 7.5% 瓦斯与不同浓度煤尘耦合爆炸最大压力
在管道内分布曲线

对图 3-15 中数据进行分析可以发现,加入不同浓度煤尘之后,瓦斯煤尘耦合爆炸相比单相瓦斯爆炸管道内不同测点处的最大爆炸压力均有不同程度的提升。不同煤尘浓度条件下的瓦斯煤尘耦合爆炸,其在水平直管道内的整体压力分布情况呈现相同态势,均在测点 2 处达到最大值,之后处于一直下降状态,直至管道出口。

图 3-16 所示为 7.5% 瓦斯与不同浓度煤尘耦合爆炸最大压力点的压力情况。对管道最大压力点的压力进行分析可以发现,单相瓦斯爆炸的最大爆炸压力最小;之后随着加入 100 g/m³ 煤尘,其爆炸压力出现了显著的提升;当煤尘浓度增加到 200 g/m³ 时,瓦斯煤尘耦合爆炸压力进一步提升,达到最大值;继续增加煤尘浓度,瓦斯煤尘耦合爆炸的爆炸压力呈现下降趋势,在所试验的几组煤尘浓度中,500 g/m³ 煤尘浓度时爆炸压力最小。通过以上分析可以发现,瓦斯煤尘耦合爆炸的爆炸压力并不会随着添加煤尘浓度的增加而一直增大,当煤尘浓度低于 200 g/m³ 时,瓦斯煤尘耦合爆炸的爆炸压力随煤尘浓度增加而增大;当煤尘浓度高于 200 g/m³ 时,瓦斯煤尘耦合爆炸的爆炸压力随煤尘浓度增加而减小。100 g/m³ 煤

尘与 7.5％瓦斯的耦合爆炸相比单相瓦斯爆炸,其爆炸强度有一定程度提升,且其爆炸强度适中,比较适合进行分析、研究,因此选定煤尘浓度 100 g/m³作为后续拐弯管道试验及分叉管道试验中煤尘的标定浓度。

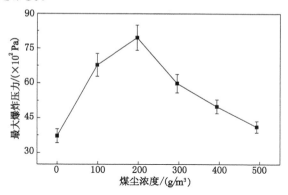

图 3-16　7.5％瓦斯与不同浓度煤尘耦合爆炸最大压力点的压力情况

3.6　煤尘粒径对瓦斯煤尘耦合爆炸压力的影响

3.6.1　试验设计

本组试验选用粒径为 75～106 μm(150～200 目)、48～75 μm(200～300 目)、0～48 μm(＞300 目)3 种粒径的煤样,煤尘浓度为 100 g/m³,瓦斯浓度设定为 7.5％,按照所设置条件进行了相应的试验。为保证试验结果的可靠性,每组试验均进行 3 次及以上次数,依据科学统计原则,每个水平取 3 组有效数据作为试验最终数据,试验后对 3 组数据取平均值进行各项分析。

3.6.2　试验结果及分析

将试验结果数据进行整理,绘制不同工况条件下瓦斯煤尘耦合爆炸最大爆炸压力在水平直管道内的分布曲线,具体如图 3-17 所示。

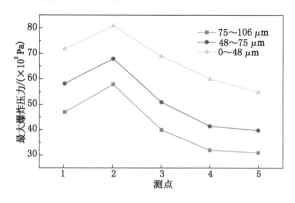

图 3-17　不同煤尘粒径条件下瓦斯煤尘耦合爆炸最大压力
在管道内分布曲线

对图 3-17 中数据进行分析可以发现,不同煤尘粒径条件下的瓦斯煤尘耦合爆炸,其爆炸最大压力在水平直管道内的整体分布情况一致,但是,最大爆炸压力具体数值呈现出显著的不同。煤尘粒径为 75～106 μm 时,瓦斯煤尘耦合爆炸所产生的最大爆炸压力是三组煤尘粒径条件下最低的,在测点 2 达最大爆炸压力 5.821×10^3 Pa。煤尘粒径减小,瓦斯煤尘耦合爆炸的最大爆炸压力逐渐增大,在煤尘粒径为 0～48 μm 时,其爆炸压力达到三组煤尘粒径条件下的最高值,在测点 2 达最大爆炸压力 8.156×10^3 Pa,相比煤尘粒径为 75～106 μm 时,最大爆炸压力提升了 40.11%。可以看出,煤尘粒径对瓦斯煤尘耦合爆炸的爆炸压力有相当大的影响效果,整体表现为,煤尘粒径越小,瓦斯煤尘耦合爆炸所产生的爆炸压力越大。48～75 μm 是煤矿井下比较常规的煤尘粒径范围,且该煤尘粒径条件下,瓦斯煤尘耦合爆炸所产生的爆炸压力比较适中,便于对相关爆炸参数进行研究及分析。因此,选定粒径 48～75 μm 的煤尘进行后续拐弯管道及分叉管道的相关试验。

第 4 章　瓦斯煤尘耦合爆炸在拐弯管道内的传播特性研究

4.1　引　　言

在煤矿井下实际环境中,汇集了各种类型的巷道,纵横交错的巷道组成了复杂的矿井网络。爆炸事故就在由多种类型井巷所组成的复杂网络内传播。目前对于直管道内瓦斯、煤尘爆炸机理、爆炸火焰及冲击波传播规律及相关影响因素的研究较多,但对于矿井复杂网络内的传播及其影响因素的研究还较少。课题组人员在以往的研究中对拐弯、分叉等特殊类型管道内的爆炸传播情况进行了部分研究,但是所做研究多为单一瓦斯或者单一煤尘爆炸,且研究对象多为非火焰区冲击波传播,而对于瓦斯煤尘耦合爆炸在燃烧反应区其爆炸火焰及冲击波传播情况还缺乏系统性的研究。本章及第 5 章将分别对拐弯管道、分叉管道内瓦斯煤尘耦合爆炸在燃烧反应区其爆炸火焰及冲击波的发展、传播特性进行系统性的试验研究及分析。

第 3 章我们通过在水平直管道内进行不同浓度瓦斯、不同浓度煤尘、不同煤尘粒径条件下瓦斯煤尘耦合爆炸的相关试验研究,发现了瓦斯浓度、煤尘浓度、煤尘粒径等反应物参数均会对瓦斯煤尘耦合爆炸产生一定的影响作用,并且为本章及第 5 章的瓦斯煤尘耦合爆炸在不同角度拐弯管道及不同角度分叉管道内进行爆炸火焰及冲击波传播特性研究确定了合理的反应物基本参数。本章将在第 3 章所做研究的基础上,利用爆炸管道试验系统,测试试验管道不同拐弯角度条件下瓦斯煤尘耦合爆炸在燃烧反应区其爆炸火焰、冲击波的相关参数,研究爆炸火焰、冲击波在拐弯管道内的发展、传播规律。

4.2　试验系统及试验步骤

4.2.1　试验系统

图 4-1 所示为本章所用拐弯管道试验系统的示意图。试验系统主要由爆炸传播管道系统、配气系统、点火系统、压力数据采集系统、高速摄像系统和同步控制系统六部分构成。各个系统的具体构成及设备装置与第 3 章相同,此部分不再进行具体介绍。

4.2.2　试验步骤

(1)铺设试验管道,连接配气系统、点火系统、压力数据采集系统、高速摄像系统和同步控制系统。

(2)标定压力传感器,安装压力传感器、图像采集设备等相关装置,然后对测试系统进行调试与校准。

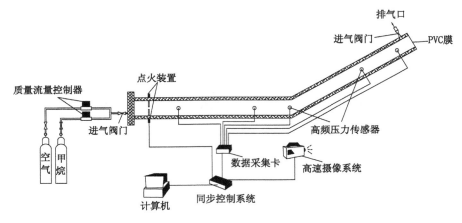

图 4-1 试验系统示意图

（3）在试验管道左端距点火点 200 mm 处管道水平中心位置铺设预先设定浓度的煤尘。

（4）对远离点火点一侧管道端口使用 PVC 薄膜进行弱封闭，对靠近点火点一侧管道端口使用与管道同样规格的有机玻璃板进行强封闭。

（5）打开进气、排气阀门，打开空气压缩机、甲烷储气瓶，打开空气及甲烷流量控制器并调节至预先计算值，开始对整个管道进行计时充气，为保证充填甲烷-空气预混气体的浓度达到预先设定浓度，充气量设为 4 倍管道体积。

（6）充气完成，同时关闭空气及甲烷气体流量控制器、试验管道进排气阀门，之后立即关闭空气压缩机、甲烷储气瓶阀门。

（7）将压力数据采集系统及高速摄像系统调至准备状态，通过同步控制器控制点火起爆，同时进行压力数据及图像数据的采集。

（8）检查试验数据，保存试验数据。

（9）拆卸并清洗试验管道，启动空气压缩机，打开进气阀门向腔体内吹入高压空气，清除爆炸腔体内的残留粉尘和反应产物气体，准备进行下一组试验。

4.3　试验条件及测点布置

4.3.1　试验条件

瓦斯浓度、煤尘浓度、煤尘粒径均按照第 3 章确定值进行设定，即瓦斯浓度为 7.5%，煤尘浓度为 100 g/m³，煤尘粒径为 48～75 μm。所用瓦斯为纯度为 99.99% 的甲烷气体，所用煤尘的工业分析结果如表 3-1 所示。试验环境温度为 20～25 ℃，环境湿度为 50% 左右。

4.3.2　测点布置

爆炸火焰数据是通过高速摄像机全程拍摄获取的，因此这里只针对压力传感器进行测点布置。测点具体布置情况如图 4-2 所示。

如图 4-2 所示，点 P 为点火点，距离左侧端口 100 mm，测点 1 位于点火点 P 右侧 200 mm 处，测点 2 位于管道拐弯中心点前 200 mm 处，测点 1 距离测点 2 处 400 mm，测点 3 位于管道拐弯中心位置（直管段中心线与斜管段中心线交点），测点 4 位于管道拐弯中心

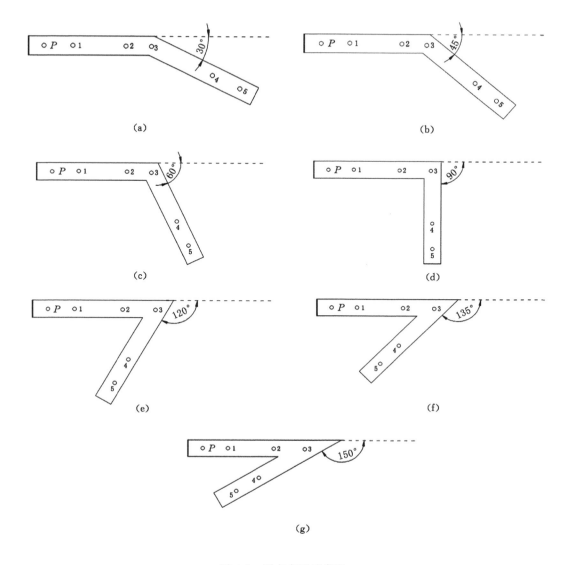

图 4-2　测点布置示意图

点后 500 mm 处,测点 5 位于测点 4 后方 200 mm 处。

4.4　爆炸火焰锋面速度变化规律分析

4.4.1　爆炸火焰锋面速度的变化规律

通过试验得到大量的爆炸火焰图像和爆炸压力数据,对爆炸火焰图像进行整理,得到不同时刻爆炸火焰锋面速度的相关数据,并绘制出单相瓦斯爆炸及瓦斯煤尘耦合爆炸的爆炸火焰锋面速度随时间的变化曲线,如图 4-3 和图 4-4 所示。

对单相瓦斯爆炸进行分析,由图 4-3 可以看出,单相瓦斯爆炸其爆炸火焰锋面速度随时间变化曲线呈现一定的规律性,在爆炸的初始阶段,爆炸火焰锋面速度呈现平稳发展趋势。

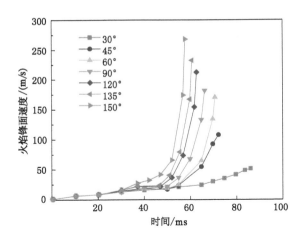

图 4-3　不同拐弯角度单相瓦斯爆炸火焰锋面速度曲线

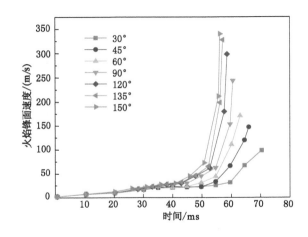

图 4-4　不同拐弯角度瓦斯煤尘耦合爆炸火焰锋面速度曲线

随着爆炸火焰持续发展,当时间发展至 50～55 ms 时,爆炸火焰锋面速度开始呈现比较明显的上升趋势,随后,爆炸火焰锋面速度急速上升,直至传播至试验管道出口。图 4-5 所示为爆炸火焰自点火点传播至管道出口总传播时间曲线,拐弯角度 30°、45°、60°、90°、120°、135°及 150°条件下爆炸火焰由点火点传播至管道出口处所用时间分别为 86.5 ms、72.5 ms、71 ms、66.5 ms、63 ms、61 ms、58 ms,随拐弯角度增加,爆炸火焰传播总时间逐渐缩短。

　　对瓦斯煤尘耦合爆炸火焰锋面速度进行分析,从图 4-4 中可以看出,瓦斯煤尘耦合爆炸与单相瓦斯爆炸具有相似的火焰锋面传播趋势。在爆炸发展初期,其爆炸火焰锋面速度呈现均匀发展趋势,具体数值相比单相瓦斯爆炸略有增加;随着爆炸火焰的持续发展传播,在爆炸进行至 45～50 ms 时,爆炸火焰锋面速度开始呈现比较明显的上升趋势;随后,爆炸火焰锋面速度急速上升,直至传播至试验管道出口。相比单相瓦斯爆炸,爆炸火焰锋面速度急速发展阶段有所提前。由图 4-5 可知,拐弯角度 30°、45°、60°、90°、120°、135°及 150°条件下爆炸火焰由点火点传播至管道出口处所用时间分别为 71 ms、66.5 ms、63.5 ms、61 ms、

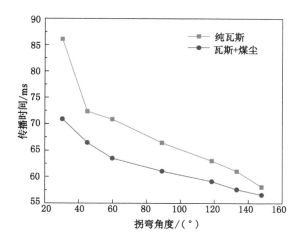

图 4-5　爆炸火焰自点火点传播至管道出口总传播时间曲线

59 ms、57.5 ms、56.5 ms,相比单相瓦斯爆炸,爆炸火焰自点火点传播至管道出口处的总传播时间均有一定程度减小。

　　由爆炸火焰锋面速度可以很明显地看出,随着拐弯角度的增大,无论是单相瓦斯爆炸还是瓦斯煤尘耦合爆炸,其爆炸火焰锋面速度都呈现逐渐增大的态势,拐弯角度的增加对爆炸火焰锋面速度的发展起到显著的促进效果。如图 4-6 所示为不同拐弯角度单相瓦斯及瓦斯煤尘耦合爆炸最大火焰锋面速度对比曲线,从图中可以看出,单相瓦斯爆炸和瓦斯煤尘耦合爆炸的最大火焰锋面速度均随着管道拐弯角度的增加而增大。单相瓦斯爆炸,其爆炸火焰锋面速度在传播管道出口处达到最大值,30°、45°、60°、90°、120°、135°及 150°拐弯角度管道内爆炸火焰锋面速度分别达到 50.57 m/s、107.71 m/s、135.86 m/s、182.243 m/s、213.35 m/s、233.67 m/s、269.55 m/s。瓦斯煤尘耦合爆炸,其爆炸火焰锋面速度同样在传播管道出口处达到最大值,30°、45°、60°、90°、120°、135°及 150°拐弯角度管道内爆炸火焰锋面速度分别达到 97.92 m/s、147.61 m/s、171.86 m/s、245.49 m/s、300.74 m/s、330.74 m/s、361.28 m/s,相比单相瓦斯爆炸,传播速度均有一定幅度的提升。

　　随着管道拐弯角度的增加,单相瓦斯爆炸及瓦斯煤尘耦合爆炸其爆炸火焰锋面速度均呈现逐渐增大态势,这主要与爆炸火焰传播时管道内的湍流效应密切相关。爆炸火焰经过管道拐弯处时,主流区气流被管道壁面反弹,增强了管道拐弯区域的湍流效应,此外,还会在拐弯区域形成漩涡。这样可造成爆炸火焰锋面发生扭曲,从而增大火焰锋面面积以及火焰与未燃气体接触面积,进而提高燃烧反应速率,增大火焰传播速度。此外,火焰锋面传播至未燃气体漩涡时将被卷入其中,与未燃气体漩涡发生耦合,形成湍流火焰,进而增大火焰传播速度。除此之外,当煤尘参与爆炸反应时,管道拐弯处产生的湍流效应还会促进煤尘的分散,进而起到增大爆炸反应速率的效果,爆炸火焰锋面速度得到提升。随着管道拐弯角度的增大,这种由管道拐弯引起的湍流效应会逐渐增强,进而使得管道拐弯点后的爆炸火焰锋面速度进一步提升。

4.4.2　爆炸火焰锋面速度突变系数

　　针对管道拐角处进行重点分析,更深入地探究管道拐弯对瓦斯煤尘耦合爆炸火焰传

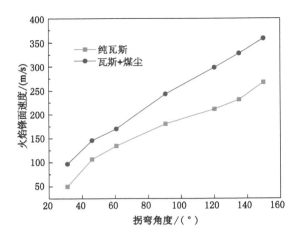

图 4-6　不同拐弯角度单相瓦斯爆炸及瓦斯煤尘耦合爆炸
最大火焰锋面速度对比曲线

播速度的影响效果。为了科学准确地进行分析,采用突变系数对管道拐弯对火焰传播的影响效果进行标定。将火焰在拐弯处的突变系数定义为:拐弯后的火焰锋面速度/拐弯前火焰锋面速度。本研究中,拐弯前火焰锋面速度取拐弯点前 200 mm 处火焰锋面速度,所选位置记为测点 A;在拐弯后火焰锋面速度测点选取上,为排除弯道对火焰反射扰动影响,选取拐弯点后方 500 mm 处作为拐弯后火焰锋面速度测点位置,所选位置记为测点 B,测点位置如图 4-7 所示。根据式(4-1)计算出爆炸火焰锋面速度在不同拐弯角度条件下的突变系数 λ_1。

$$\lambda_1 = \frac{v_B}{v_A} \tag{4-1}$$

式中,λ_1 为爆炸火焰锋面速度在不同拐弯角度条件下的突变系数;v_A、v_B 分别为测点 A、B 处的爆炸火焰锋面速度,m/s。

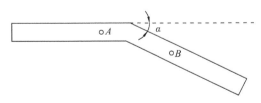

图 4-7　测点布置示意图

在具体试验中,由于煤尘爆炸过程十分复杂,影响因素甚多,即使在起爆条件完全相同的情况下,每次管道拐弯前的初始火焰锋面速度也有一定差别,但这并不影响对整体变化趋势的判断。根据前期对爆炸火焰图像数据的处理得到火焰到达测点 A、测点 B 时的火焰锋面速度,并根据测点 A 及测点 B 处的火焰锋面速度求得火焰锋面速度的突变系数 λ_1,具体如表 4-1 所示。

表 4-1　爆炸火焰锋面速度的突变系数 λ_1

序号	管道拐弯角度 /(°)	反应物	测点 A 火焰锋面速度/(m/s)	测点 B 火焰锋面速度/(m/s)	突变系数 λ_1	λ_1 均值
No 1-1			19.35	44.52	2.300 8	
No 1-2		瓦斯	19.99	44.56	2.229 1	2.330 4
No 1-3	30		19.73	48.56	2.461 2	
No 1-4			29.85	67.80	2.271 4	
No 1-5		瓦斯＋煤尘	29.69	61.78	2.080 8	2.195 9
No 1-6			30.52	68.23	2.235 6	
No 2-1			20.96	89.24	4.257 6	
No 2-2		瓦斯	20.60	89.45	4.342 2	4.254 7
No 2-3	45		21.38	89.03	4.164 2	
No 2-4			32.61	107.67	3.301 7	
No 2-5		瓦斯＋煤尘	30.41	124.82	4.104 6	3.758 1
No 2-6			30.43	117.70	3.867 9	
No 3-1			24.40	115.38	4.728 7	
No 3-2		瓦斯	23.98	118.40	4.937 4	4.855 3
No 3-3	60		24.34	119.26	4.899 8	
No 3-4			33.58	139.89	4.165 9	
No 3-5		瓦斯＋煤尘	31.50	140.49	4.460 0	4.341 3
No 3-6			32.08	141.09	4.398 1	
No 4-1			24.09	130.26	5.407 2	
No 4-2		瓦斯	26.41	140.43	5.317 3	5.233
No 4-3	90		26.58	132.22	4.974 4	
No 4-4			34.54	154.86	4.483 5	
No 4-5		瓦斯＋煤尘	33.98	156.30	4.599 8	4.597 3
No 4-6			33.75	158.92	4.708 7	
No 5-1			25.72	160.72	6.248 8	
No 5-2		瓦斯	28.16	140.32	4.983 0	5.480 7
No 5-3	120		27.91	145.42	5.210 3	
No 5-4			34.37	163.21	4.748 6	
No 5-5		瓦斯＋煤尘	33.86	164.56	4.860 0	4.891 4
No 5-6			33.98	172.13	5.065 6	

表 4-1（续）

序号	管道拐弯角度/（°）	反应物	测点 A 火焰锋面速度/（m/s）	测点 B 火焰锋面速度/（m/s）	突变系数 λ_1	λ_1 均值
No6-1	135	瓦斯	29.77	165.32	5.553 2	5.556 3
No6-2			30.30	165.85	5.473 6	
No6-3			29.20	164.75	5.642 1	
No6-4		瓦斯＋煤尘	35.25	173.49	4.921 7	5.048 9
No6-5			33.63	171.87	5.110 6	
No6-6			33.60	171.84	5.114 3	
No7-1	150	瓦斯	30.83	187.09	6.068 4	5.644 1
No7-2			33.28	169.02	5.078 7	
No7-3			32.73	189.35	5.785 2	
No7-4		瓦斯＋煤尘	34.56	179.45	5.192 4	5.200 4
No7-5			34.07	174.95	5.135 0	
No7-6			34.15	180.10	5.273 8	

通过对表 4-1 中数据进行处理，绘制单相瓦斯爆炸及瓦斯煤尘耦合爆炸火焰锋面速度在管道拐弯处的突变系数随拐弯角度变化曲线，如图 4-8 所示。

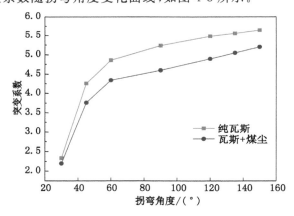

图 4-8　爆炸火焰锋面速度突变系数随拐弯角度变化曲线

对单相瓦斯爆炸进行分析，由图 4-8 可以看出，随着拐弯角度的增加，单相瓦斯爆炸受管道拐弯影响，其爆炸火焰锋面速度突变系数呈现上升趋势，但上升幅度呈逐渐减小趋势。在拐弯角度为 30°时，突变系数 λ_1 数值为 2.330 4，结合前文中对爆炸火焰锋面速度的分析可以发现，单相瓦斯爆炸所产生的爆炸火焰在经历管道拐弯之后，其传播速度迅速提升，拐角后 500 mm 处火焰锋面速度约为拐角前 200 mm 处火焰锋面速度的 2 倍，可见管道拐角对于爆炸火焰的发展具有显著的影响。随着拐弯角度由 30°增加为 45°，爆炸火焰锋面速度突变系数增加至 4.254 7，管道拐角对于爆炸火焰的影响更加显著。之后，随着拐弯角度继续加大，爆炸火焰锋面速度突变系数继续加大，但是增加幅度明显降低。当管道拐弯角度由 30°增加至 150°时，爆炸火焰锋面速度突变系数受管道拐角影响整体处于 2.330 4～5.644 1

范围。

对瓦斯煤尘耦合爆炸进行分析,由图 4-8 可以看出,瓦斯煤尘耦合爆炸火焰受管道拐角影响,其爆炸火焰锋面速度的突变系数整体发展趋势与单相瓦斯爆炸相似,同样呈现随拐弯角度增大而增加的趋势,且增加幅度呈现逐渐减小态势。在拐弯角度为 30°时,爆炸火焰锋面速度突变系数最小,为 2.195 9,相比单相瓦斯爆炸,突变系数略有减小。之后随着拐弯角度增加,突变系数逐渐增大。当拐弯角度为 150°时,爆炸火焰受拐弯角度影响,火焰锋面速度突变系数达到最大值 5.200 4。

随着管道拐弯角度的增加,单相瓦斯爆炸及瓦斯煤尘耦合爆炸其爆炸火焰锋面速度突变系数均呈现逐渐增大态势,这主要与爆炸火焰传播时管道内的湍流效应密切相关。如前面对单相瓦斯爆炸及瓦斯煤尘耦合爆炸其爆炸火焰锋面速度分析时所述,管道拐弯会引起管道内气流产生强烈的湍流效应,进而使得爆炸火焰锋面速度得到提升。随着管道拐弯角度的增加,管道内爆炸火焰锋面速度提升效果越加显著,且爆炸火焰锋面速度的提升主要发生在管道拐弯点之后,拐弯点之前爆炸火焰锋面速度变化幅度较微弱。因此,随着管道拐弯角度的增大,管道拐弯点之后 B 点处的火焰锋面速度与拐弯点之前 A 点处的火焰锋面速度的比值逐渐增大,即爆炸火焰锋面速度突变系数随着管道拐弯角度增大而逐渐增大。

4.5 爆炸火焰持续时间变化规律分析

4.5.1 爆炸火焰持续时间的变化规律

在对爆炸火焰进行综合分析时,爆炸火焰持续时间同样是一个非常重要的分析指标。由于单相瓦斯爆炸所产生的爆炸火焰持续时间非常短,且火焰亮度非常低,不便于精确观测及界定火焰消失时间,因此,这一节主要针对瓦斯煤尘耦合爆炸火焰的持续时间进行深入的分析。由于煤尘铺设点(距左端点火点 200 mm)之前管段内爆炸火焰亮度较低,不便于分析,且通过观测发现其对管道内火焰持续时间整体分布规律无明显影响,因此本节研究对象为煤尘铺设点至管道出口管段。通过对爆炸火焰图像数据进行整理,得到瓦斯煤尘耦合爆炸火焰在管道不同位置处的持续时间数据,依据数据绘制不同拐弯角度条件下爆炸火焰持续时间曲线,如图 4-9 所示。此外,绘制管道内爆炸火焰最长持续时间随拐弯角度变化曲线及最短持续时间随拐弯角度变化曲线,分别如图 4-10 和图 4-11 所示。

对图 4-9 中曲线进行分析可以看出,拐弯管道内爆炸火焰持续时间呈现一定的规律性,由煤尘铺设点至试验管道出口处,爆炸火焰持续时间呈现逐渐缩短趋势。爆炸火焰具体持续时间方面,不同拐弯角度呈现出一定的差别。如图 4-10 和图 4-11 所示,30°、45°、60°、90°、120°、135°及 150°拐弯管道内爆炸火焰均在煤尘铺设点处持续最长时间,分别为 240.5 ms、224.67 ms、191.5 ms、115 ms、79.67 ms、71.33 ms、64.17 ms,在管道出口处持续最短时间,分别为 18.5 ms、13 ms、7.33 ms、5.67 ms、3.83 ms、3 ms、2 ms,可以看出,随着拐弯角度的变化,管道内爆炸火焰持续时间整体上呈现一定的规律性,拐弯角度越大,爆炸火焰的整体持续时间越短。

随着管道拐弯角度的增加,瓦斯煤尘耦合爆炸其爆炸火焰持续时间呈现缩短的态势,该现象的产生主要缘于管道拐弯点区域气流的湍流效应。管道内火焰消失主要是由于此处瓦斯煤尘因某些因素无法继续进行反应或者反应物已经消耗完。本试验中,管道拐弯点区域

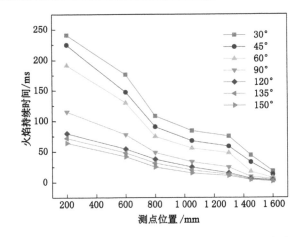

图 4-9　不同拐弯角度管道内爆炸火焰持续时间曲线

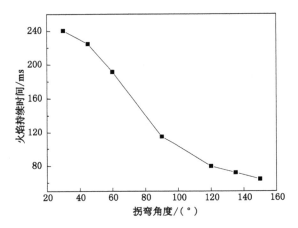

图 4-10　管道内爆炸火焰最长持续时间随拐弯角度的变化曲线

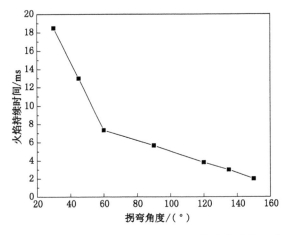

图 4-11　管道内爆炸火焰最短持续时间随拐弯角度的变化曲线

气流的湍流效应使得瓦斯及煤尘的反应速率加快,从而使得瓦斯、煤尘、氧气等反应物得以迅速消耗,进而使得爆炸火焰的持续时间缩短。且随着管道拐弯角度的增加,管道内湍流效应越加显著,从而使得管道内反应物反应效率进一步加快,爆炸火焰的持续时间进一步缩短。此处分析结论与前文爆炸火焰锋面速度分析结论一致。

4.5.2 爆炸火焰持续时间突变系数

为了更加深入地研究管道拐弯对爆炸火焰持续时间的影响,这里针对管道拐角前后的爆炸火焰持续时间进行重点分析、研究。为了可以进行科学的分析、研究,同样选取爆炸火焰持续时间在管道拐角前后的突变系数作为分析指标,测点选取管道拐角前 200 mm 处(记为测点 A)和管道拐角后 500 mm 处(记为测点 B),测点布置情况如图 4-12 所示。根据式(4-2)计算出爆炸火焰持续时间突变系数 λ_2。

$$\lambda_2 = \frac{t_B}{t_A} \tag{4-2}$$

式中,λ_2 为爆炸火焰持续时间突变系数;t_A、t_B 分别为测点 A、B 处的爆炸火焰持续时间,ms。

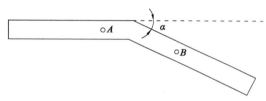

图 4-12　测点布置示意图

对试验所得火焰图像进行整理,得到爆炸火焰在测点 A 及测点 B 的持续时间,并根据测点 A 及测点 B 处爆炸火焰持续时间求得爆炸火焰持续时间突变系数 λ_2,具体如表 4-2 所示。

表 4-2　爆炸火焰持续时间突变系数 λ_2

序号	管道拐弯角度 /(°)	测点 A 火焰持续时间/ms	测点 B 火焰持续时间/ms	突变系数 λ_2	λ_2 均值
No 1-1		180.0	78.5	0.436 1	
No 1-2	30	179.5	82.0	0.456 8	0.425 8
No 1-3		169.0	65.0	0.384 6	
No 2-1		136.5	57.5	0.421 2	
No 2-2	45	156.5	55.0	0.351 4	0.398 9
No 2-3		148.5	63.0	0.424 2	
No 3-1		126.0	45.0	0.357 1	
No 3-2	60	128.0	49.5	0.386 7	0.368 9
No 3-3		135.0	49.0	0.363 0	
No 4-1		75.0	25.0	0.333 3	
No 4-2	90	80.0	24.5	0.306 2	0.318 5
No 4-3		77.5	24.5	0.316 1	

表 4-2（续）

序号	管道拐弯角度/(°)	测点 A 火焰持续时间/ms	测点 B 火焰持续时间/ms	突变系数 λ_2	λ_2 均值
No 5-1		53.0	17.5	0.330 2	
No 5-2	120	54.5	13.5	0.247 7	0.283 5
No 5-3		55.0	15.0	0.272 7	
No 6-1		49.0	14.0	0.285 7	
No 6-2	135	48.0	13.0	0.270 8	0.273 2
No 6-3		47.5	12.5	0.263 2	
No 7-1		44.0	11.5	0.261 4	
No 7-2	150	39.5	10.0	0.253 2	0.259 9
No 7-3		41.5	11.0	0.265 1	

通过对表 4-2 中数据进行处理，绘制瓦斯煤尘耦合爆炸火焰持续时间在管道拐角点前后突变系数 λ_2 随管道拐弯角度的变化曲线，如图 4-13 所示。

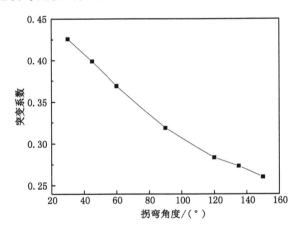

图 4-13 爆炸火焰持续时间突变系数 λ_2 随管道拐弯角度的变化曲线

对图 4-13 中曲线进行分析可以看出，随着管道拐弯角度由 30°逐渐增加至 150°，管道内拐角前后爆炸火焰持续时间突变系数呈现逐渐下降趋势。在管道拐弯角度为 30°时，拐角前后爆炸火焰持续时间突变系数达到最大值 0.425 8；随着拐弯角度逐渐增大，爆炸火焰持续时间突变系数逐渐减小，在拐弯角度为 150°时，爆炸火焰持续时间突变系数达到最小值 0.259 9。

随着管道拐弯角度的增加，瓦斯煤尘耦合爆炸火焰持续时间突变系数呈现逐渐减小态势，该现象的产生主要缘于管道拐弯点区域气流的湍流效应。如前文对瓦斯煤尘耦合爆炸火焰持续时间随管道拐弯角度变化规律所述，随着管道拐弯角度的增大，管道内湍流效应加剧，爆炸火焰整体持续时间随之逐渐缩短；但是管道不同位置处爆炸火焰持续时间缩短情况有一定的区别,受管道拐弯影响,管道拐角点后湍流效应更加明显,因此管道拐角点后区域爆炸火焰持续时间缩减幅度更加显著,而拐角点前区域爆炸火焰持续时间缩减幅度相对较小,从而使得拐角点后 B 点处爆炸火焰持续时间与拐角点前 A 点处爆炸火焰持续时间的比值变小,即随着管道拐弯角度的增加,瓦斯煤尘耦合爆炸火焰持续时间突变系数 λ_2 逐渐减小。

4.5.3　爆炸火焰持续时间变化与火焰锋面速度变化的关系

爆炸火焰的传播速度和爆炸火焰的持续时间为分析爆炸火焰传播的两个重要指标,除了对两个指标进行必要的单独分析外,也有必要对两者之间的变化关系进行一定的分析、研究,进而可以对拐弯管道内爆炸火焰的生成、发展、衰减、结束有一个更清晰的了解。根据前文所得数据,将拐弯管道内不同角度条件下爆炸火焰锋面速度突变系数及持续时间突变系数随管道拐弯角度的变化曲线绘制在一幅图里,以便于进行对比研究,具体如图 4-14 所示。

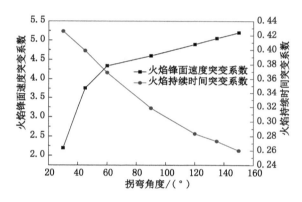

图 4-14　爆炸火焰锋面速度突变系数与爆炸火焰持续时间突变系数对比曲线

对图 4-14 中曲线进行分析、研究可以发现,整体趋势上,爆炸火焰锋面速度突变系数随管道拐弯角度变化情况与爆炸火焰持续时间突变系数呈现出截然相反的变化趋势。爆炸火焰锋面速度突变系数随管道拐弯角度增加呈现逐渐上升趋势,而爆炸火焰持续时间突变系数随管道拐弯角度增加呈现逐渐下降趋势。

具体数值方面,爆炸火焰锋面速度突变系数在管道拐弯角度由 30° 逐渐增加至 60° 时,增加幅度较为明显;继续增加拐弯角度,突变系数增大趋势变缓,管道拐弯角度由 30° 增加至 150°,爆炸火焰锋面速度突变系数由 2.195 9 增加至 5.200 4,增幅为 136.82%,可见管道拐弯角度的增加对管道内爆炸火焰锋面速度突变系数影响作用效果显著。反观爆炸火焰持续时间突变系数随管道拐弯角度变化情况,可以看到随着管道拐弯角度由 30° 增加至 150°,爆炸火焰持续时间突变系数由最大值 0.425 8 下降至最小值 0.259 9,下降幅度为 38.96%,相较爆炸火焰锋面速度突变系数的变化情况,其变化幅度较小。管道拐弯角度对爆炸火焰持续时间在管道拐角点前后突变系数影响程度小于对爆炸火焰锋面速度在管道拐角点前后突变系数的影响程度。

4.6 爆炸冲击波超压变化规律分析

4.6.1 爆炸冲击波超压的变化规律

通过试验得到了大量的单相瓦斯爆炸及瓦斯煤尘耦合爆炸冲击波超压数据,对试验数据进行整理,得到反映单相瓦斯爆炸及瓦斯煤尘耦合爆炸冲击波超压在试验管道内分布情况的最大爆炸压力分布曲线,如图 4-15 和图 4-16 所示。此外,绘制不同拐弯角度条件下单相瓦斯爆炸与瓦斯煤尘耦合爆炸管道内压力最大点及压力最小点爆炸压力对比曲线,如图 4-17 和图 4-18 所示。

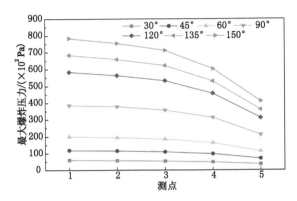

图 4-15 单相瓦斯爆炸最大爆炸压力分布曲线

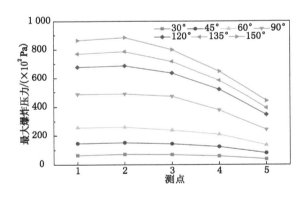

图 4-16 瓦斯煤尘耦合爆炸最大爆炸压力分布曲线

对单相瓦斯爆炸冲击波超压整体发展趋势进行分析,由图 4-15 可知,30°、45°、60°、90°、120°、135°及 150°拐角管道其内部爆炸冲击波超压分布情况呈现相似的规律,在管道拐角之前管道段内,爆炸冲击波超压呈现比较平缓的发展趋势,前半段呈现水平趋势,在接近管道拐角处出现一定的下降,通过管道拐角之后,冲击波超压迅速下降,直至传播至管道出口处。对冲击波超压具体数值进行分析,在管道拐弯角度为 30°时,管道各个部位的冲击波超压数值均较小,最大冲击波超压产生在测点 1 处,平均冲击波超压为 6.009×10^3 Pa。随着拐弯角度逐渐增大,管道内各部位冲击波超压也随着增大,在拐弯角度为 150°时,测点 1 处冲击

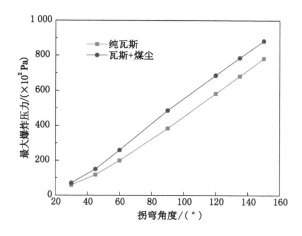

图 4-17　不同拐弯角度单相瓦斯爆炸与瓦斯煤尘耦合爆炸
管道内最大压力点处压力对比曲线

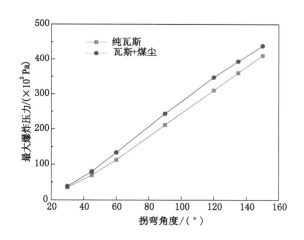

图 4-18　不同拐弯角度单相瓦斯爆炸与瓦斯煤尘耦合爆炸
管道内最小压力点处压力对比曲线

波超压达最大值 7.8337×10^4 Pa。

　　对瓦斯煤尘耦合爆炸冲击波超压在拐弯管道内的分布情况进行分析,由图 4-16 可以发现,在冲击波超压整体分布上,瓦斯煤尘耦合爆炸与单相瓦斯爆炸具有相似特征,同样呈现拐角前冲击波超压平缓发展态势,通过管道拐角之后,冲击波超压迅速下降,直至传播至管道出口处。如图 4-17 和图 4-18 所示,对冲击波超压具体数值进行分析,同单相瓦斯爆炸一致,在管道拐弯角度为 30°时,管道各个部位的冲击波超压数值均较小,最大冲击波超压产生在测点 2 处,平均冲击波超压为 7.071×10^3 Pa,相比单相瓦斯爆炸,其超压增加了 17.67%,最小值产生在测点 5 处,平均冲击波超压为 3.853×10^3 Pa,相比单相瓦斯爆炸超压 3.568×10^3 Pa 同样有一定程度的提升,提升幅度为 7.99%。随着管道拐弯角度的逐渐增加,冲击波超压逐渐增大,在管道拐弯角度为 150°时,冲击波超压达到最大。管道拐弯角度为 150°时,冲击波超压在测点 2 处达最大值,平均冲击波超压为

$8.840\ 3×10^4$ Pa,最小值产生在测点 5 处,平均冲击波超压为 $4.394\ 4×10^4$ Pa,相较单相瓦斯爆炸,冲击波超压最大值及最小值均有一定程度提升。

拐弯管道内发生单相瓦斯爆炸或者瓦斯煤尘耦合爆炸,管道拐角对爆炸压力的影响作用主要有两个方面。一方面,管道拐角会使得管道内部产生显著的湍流效应,湍流效应会显著增大管道内部反应物的反应效率,进而提升爆炸冲击波超压,且管道拐弯角度越大,爆炸冲击波超压越大。另一方面,冲击波发展至管道拐弯处时,与管道壁面作用发生剧烈的发射,产生复杂的流场,冲击波的部分能量消耗在管道壁面的反射上。管道拐弯角度越大,所产生的反射区域越大,冲击波产生的湍流效应越显著,消耗在管道壁面反射上的能量就越大。以往的研究多为在非火焰区进行的试验研究,非火焰区内已经没有反应物发生反应,爆炸冲击波失去能量补充来源,冲击波只受管道拐弯第二个方面的影响:管道拐弯使得冲击波与壁面发生剧烈反射,产生复杂流场,从而削弱了冲击波的强度。本试验中,研究区域为瓦斯爆炸及瓦斯煤尘耦合爆炸的火焰区,爆炸冲击波在管道内传播过程中,反应物在持续进行反应,管道内爆炸冲击波受到管道拐弯两个方面的共同作用,既存在激励效应又存在抑制效应。试验结果表明,管道拐弯对管道内爆炸冲击波的激励效应更加显著,从而使得管道内冲击波超压呈现随管道拐弯角度增加而增大的整体态势。

4.6.2　爆炸冲击波超压突变系数

为了更深入地研究管道拐弯对爆炸冲击波超压的影响,针对管道拐弯前后的冲击波超压变化进行重点分析、研究。为了科学地进行分析、研究,同样选取爆炸冲击波超压在管道拐弯前后的突变系数作为分析指标。试验管道侧方安设 5 个压力传感器测点(前文已进行说明),这里选取 2 号传感器、4 号传感器的超压数据作为冲击波超压计算参数,2 号传感器、4 号传感器布设位置如图 4-19 所示。根据式(4-3)计算出拐弯管道内拐角前后的冲击波超压突变系数 λ_3。

$$\lambda_3 = \frac{P_4}{P_2} \tag{4-3}$$

式中,λ_3 为冲击波超压突变系数;P_2、P_4 分别为测点 2、4 处的冲击波超压,Pa。

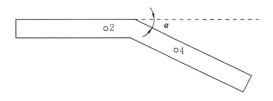

图 4-19　测点布置示意图

对试验所得冲击波超压数据进行整理,得到 2 号传感器和 4 号传感器的冲击波超压数据,并根据 2 号传感器和 4 号传感器的冲击波超压数据求得爆炸冲击波超压在管道拐角点前后的突变系数 λ_3,具体如表 4-3 所示。

通过对表 4-3 中数据进行处理,绘制爆炸冲击波超压在管道拐角点前后的突变系数随管道拐弯角度的变化曲线,如图 4-20 所示。

表 4-3　爆炸冲击波超压突变系数 λ_3

序号	管道拐弯角度/(°)	反应物	2 号传感器冲击波超压/($\times 10^2$ Pa)	4 号传感器冲击波超压/($\times 10^2$ Pa)	突变系数 λ_3	λ_3 均值
No 1-1		瓦斯	52.949 5	44.505 0	0.840 5	
No 1-2		瓦斯	58.826 9	51.183 9	0.870 0	0.853 0
No 1-3			57.868 7	49.096 8	0.848 4	
No 1-4	30		71.284 5	59.292 3	0.831 8	
No 1-5		瓦斯＋煤尘	74.606 5	61.102 0	0.819 0	0.827 2
No 1-6			66.237 6	55.023 6	0.830 7	
No 2-1			118.495 3	100.628 6	0.849 2	
No 2-2		瓦斯	119.006 4	99.032 0	0.832 2	0.846 7
No 2-3	45		109.232 0	93.795 2	0.858 7	
No 2-4			162.320 3	134.228 5	0.826 9	
No 2-5		瓦斯＋煤尘	141.685 5	113.091 9	0.798 2	0.813 6
No 2-6			147.243 5	120.102 8	0.815 7	
No 3-1			195.412 6	163.894 0	0.838 7	
No 3-2		瓦斯	194.071 1	165.415 8	0.852 3	0.838 8
No 3-3	60		195.093 2	161.040 6	0.825 5	
No 3-4			259.297 4	202.873 2	0.782 4	
No 3-5		瓦斯＋煤尘	273.863 2	219.605 3	0.801 9	0.801 1
No 3-6			247.031 6	202.298 5	0.818 9	
No 4-1			381.956 3	319.961 3	0.837 7	
No 4-2		瓦斯	368.412 7	295.156 0	0.801 2	0.825 2
No 4-3	90		384.320 0	321.597 6	0.836 8	
No 4-4			507.706 6	397.412 2	0.782 8	
No 4-5		瓦斯＋煤尘	486.098 1	371.668 2	0.764 6	0.776 9
No 4-6			468.296 4	366.873 9	0.783 4	
No 5-1			558.351 0	449.193 4	0.804 5	
No 5-2		瓦斯	568.229 7	459.186 4	0.808 1	0.812 8
No 5-3	120		562.108 4	464.132 9	0.825 7	
No 5-4			683.488 4	513.983 3	0.752 0	
No 5-5		瓦斯＋煤尘	687.367 1	519.787 0	0.756 2	0.753 9
No 5-6			691.245 8	520.922 8	0.753 6	

表 4-3(续)

序号	管道拐弯角度/(°)	反应物	2号传感器冲击波超压/(×10² Pa)	4号传感器冲击波超压/(×10² Pa)	突变系数 λ_3	λ_3 均值
№6-1	135	瓦斯	663.477 5	536.288 9	0.808 3	0.806 8
№6-2			661.788 6	534.659 0	0.807 9	
№6-3			648.922 9	521.798 9	0.804 1	
№6-4		瓦斯+煤尘	791.114 9	589.222 4	0.744 8	0.743 1
№6-5			789.426 0	587.569 8	0.744 3	
№6-6			776.560 3	574.732 3	0.740 1	
№7-1	150	瓦斯	748.351 0	594.789 4	0.794 8	0.800 6
№7-2			758.229 7	604.688 2	0.797 5	
№7-3			753.108 4	609.565 9	0.809 4	
№7-4		瓦斯+煤尘	872.488 4	632.205 1	0.724 6	0.732 3
№7-5			887.367 1	652.126 1	0.734 9	
№7-6			892.245 8	658.031 2	0.737 5	

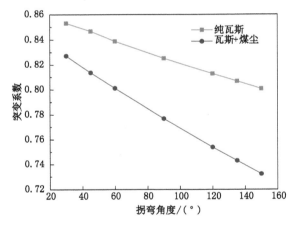

图 4-20　爆炸冲击波超压突变系数随管道拐弯角度的变化曲线

对单相瓦斯爆炸冲击波超压突变系数变化情况进行分析,由图 4-20 中曲线可以看出,随着管道拐弯角度的增加,冲击波超压突变系数呈现逐渐下降的趋势,但是整体下降幅度并不大。在拐弯角度为 30°时,冲击波超压突变系数达最大值 0.853,在拐弯角度为 150°时达最小值 0.800 6,下降幅度仅为 6.1%,可以看出,拐弯角度对单相瓦斯爆炸冲击波超压在管道拐角点前后的突变系数有一定的影响,但是影响程度较小。

对瓦斯煤尘耦合爆炸冲击波超压突变系数进行分析,由图 4-20 中曲线可以发现,瓦斯煤尘耦合爆炸同单相瓦斯爆炸具有相似的冲击波超压突变系数变化情况,同样呈现随着管道拐弯角度增加,冲击波超压突变系数逐渐减小的整体趋势。在拐弯角度为 30°时冲击波超压突变系数达最大值 0.827 2,在拐弯角度为 150°时冲击波超压突变系数达最小值 0.732 3,相比单相瓦斯爆炸,冲击波超压突变系数整体偏小。冲击波超压突变系数下降幅度同样偏小,但是相比单相瓦斯爆炸,下降幅度有所增加。

如前文所述,由于管道拐弯对爆炸冲击波超压的影响作用,爆炸管道内爆炸冲击波超压的整体水平得以提升,且随着管道拐弯角度的增大,提升效果越加明显。但是,拐弯管道内不同区域爆炸冲击波超压受管道拐弯的影响程度并不完全一样,随管道拐弯角度增大,管道拐角点前方区域爆炸冲击波超压提升幅度更加显著,管道拐角点后方区域爆炸冲击波超压提升幅度较弱,从而使得拐角点后方 4 号测点冲击波超压与拐角点前方 2 号测点冲击波超压的比值变小,即随着管道拐弯角度的增加,爆炸冲击波超压突变系数呈现逐渐减小的整体变化态势。

4.6.3　爆炸冲击波超压变化与火焰锋面速度变化的关系

爆炸火焰的传播速度和爆炸冲击波超压分布为分析瓦斯煤尘耦合爆炸传播特性的两个重要指标,除了对两个指标进行必要的单独分析外,也有必要对两者之间的变化关系进行一定的分析、研究,从而可以对拐弯管道内瓦斯煤尘耦合爆炸火焰及冲击波传播有一个更清晰的了解。根据前文所得数据,将拐弯管道内不同角度条件下爆炸火焰锋面速度突变系数及爆炸冲击波超压突变系数随管道拐弯角度的变化曲线绘制在一幅图里,以便于进行对比研究,具体如图 4-21 和图 4-22 所示。

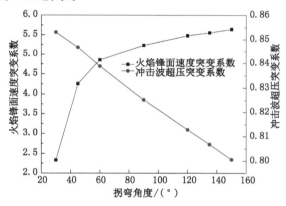

图 4-21　单相瓦斯爆炸火焰锋面速度突变系数 λ_1 与
冲击波超压突变系数 λ_3 对比曲线

对图 4-21 和图 4-22 中曲线进行分析可以发现,整体趋势上,爆炸火焰锋面速度突变系数随管道拐弯角度变化情况与爆炸冲击波超压突变系数截然相反,爆炸火焰锋面速度突变系数随管道拐弯角度增加呈现逐渐上升趋势,而爆炸冲击波超压突变系数随管道拐弯角度增加呈现逐渐下降的趋势。

具体数值方面,管道拐弯角度由 30°增加至 150°,单相瓦斯爆炸火焰锋面速度突变系数由 2.330 4 增加至 5.644 1,增幅为 142.19%;瓦斯煤尘耦合爆炸火焰锋面速度突变系数由 2.195 9 增加至 5.200 4,增幅为 136.82%。可见,无论是单相瓦斯爆炸还是瓦斯煤尘耦合爆炸,管道拐弯角度的增加对管道内爆炸火焰锋面速度突变系数的影响效果都非常显著。反观爆炸冲击波超压突变系数随管道拐弯角度变化情况,单相瓦斯爆炸冲击波超压突变系数最大值为 0.853、最小值为 0.800 6,瓦斯煤尘耦合爆炸冲击波超压突变系数最大值为 0.827 2、最小值为 0.732 3。可见,无论是单相瓦斯爆炸还是瓦斯煤尘耦合爆炸,管道内爆炸冲击波超压突变系数受管道拐弯角度的影响都较为微弱。

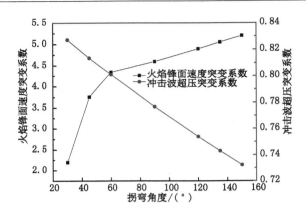

图 4-22 瓦斯煤尘耦合爆炸火焰锋面速度突变系数 λ_1 与
冲击波超压突变系数 λ_3 对比曲线

第 5 章 瓦斯煤尘耦合爆炸在分叉管道内的传播特性研究

5.1 引 言

同拐弯巷道一样,分叉巷道同样是煤矿井下一种常见的巷道结构形式。分叉管道内爆炸火焰及冲击波传播情况相较直管道有一定的特殊性,且往往会产生更强的破坏性,研究瓦斯煤尘耦合爆炸在分叉管道内的传播特性具有重要的理论价值与实际意义。本章将在第 3 章所做研究的基础上,利用爆炸管道试验系统,测试试验管道不同分叉角度条件下瓦斯煤尘耦合爆炸在燃烧反应区其爆炸火焰、冲击波等相关参数,研究爆炸火焰、冲击波在分叉管道内的发展、传播特性。

5.2 试验系统及试验步骤

5.2.1 试验系统

图 5-1 所示为本章所用分叉管道试验系统的示意图。试验系统主要由爆炸传播管道系统、配气系统、点火系统、压力数据采集系统、高速摄像系统和同步控制系统六部分构成。各个系统的具体构成及设备装置同第 3 章,此部分不再进行具体介绍。

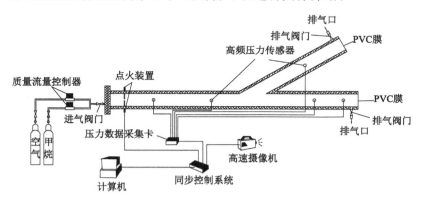

图 5-1 试验系统示意图

5.2.2 试验步骤

(1)铺设试验管道,连接配气系统、点火系统、压力数据采集系统、高速摄像系统和同步控制系统。

（2）标定压力传感器，安装压力传感器、图像采集设备等相关装置，然后对测试系统进行调试与校准。

（3）在试验管道左端距点火点 200 mm 处管道水平中心位置铺设预先设定浓度的煤尘。

（4）对远离点火点一侧的两个管道端口使用 PVC 薄膜进行弱封闭，对靠近点火点一侧管道端口使用与管道同样规格的有机玻璃板进行强封闭。

（5）打开进气、排气阀门，打开空气压缩机、甲烷储气瓶，打开空气及甲烷气体流量控制器并调节至预先计算值，开始对整个管道进行计时充气，为保证充填甲烷-空气预混气体的浓度达到预先设定浓度，充气量设为 4 倍管道体积。

（6）充气完成，同时关闭空气及甲烷气体流量控制器、试验管道进排气阀门，之后立即关闭空气压缩机、甲烷储气瓶阀门。

（7）将压力数据采集系统及高速摄像系统调至准备状态，通过同步控制器控制点火起爆，同时进行压力数据及图像数据的采集。

（8）检查试验数据，保存试验数据。

（9）拆卸并清洗试验管道，启动空气压缩机，打开进气阀门向腔体内吹入高压空气，清除爆炸腔体内的残留粉尘和反应产物气体，准备进行下一组试验。

5.3 试验条件及测点布置

5.3.1 试验条件

瓦斯浓度、煤尘浓度、煤尘粒径均按照第 3 章确定值进行设定，即瓦斯浓度为 7.5%、煤尘浓度为 100 g/m³、煤尘粒径为 48～75 μm。所用瓦斯为纯度 99.99% 的甲烷气体，所用煤尘的工业分析结果如表 3-1 所示。试验环境温度为 20～25 ℃，环境湿度为 50% 左右。

5.3.2 测点布置

爆炸火焰数据是通过高速摄像机全程拍摄获取的，因此这里只针对压力传感器进行测点布置。测点具体布置情况如图 5-2 所示。

如图 5-2 所示，点 P 为点火点，距离左侧端口 100 mm，测点 1 位于点火点 P 右侧 200 mm 处，测点 2 位于管道分叉点前 200 mm 处，测点 1 距离测点 2 距离为 400 mm，测点 3 位于管道分叉点后 500 mm 位置，测点 4 位于测点 3 后 200 mm 处，测点 5 位于管道分叉点后 500 mm 位置。

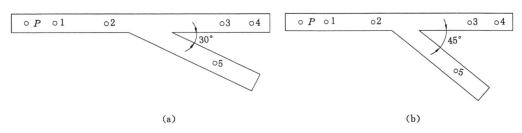

(a)　　　　　　　　　　　　　　　(b)

图 5-2　测点布置示意图

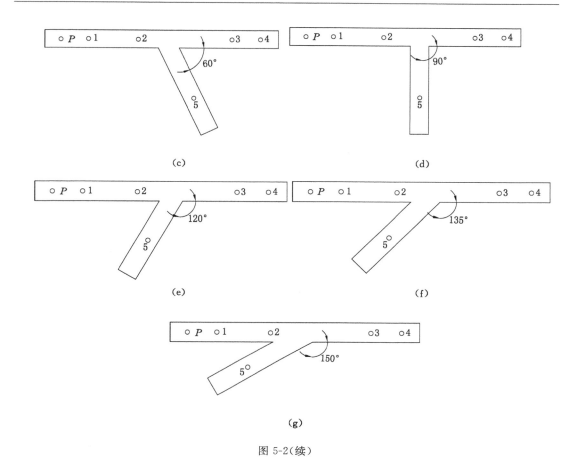

图 5-2(续)

5.4　爆炸火焰锋面速度变化规律分析

5.4.1　爆炸火焰锋面速度的变化规律

　　通过试验得到大量的爆炸火焰图像数据,对爆炸火焰图像数据进行整理,可以得到爆炸火焰锋面速度随时间的变化数据。随着时间的推移,分叉管道内的爆炸火焰锋面速度处于不断加速状态,直至传播至管道出口,即在管道出口处达到最大爆炸火焰锋面速度。图 5-3 和图 5-4 所示为单相瓦斯爆炸及瓦斯煤尘耦合爆炸在分叉管道直管段及斜管段出口处的爆炸火焰锋面速度曲线。图 5-5 和图 5-6 所示为不同分叉角度条件下直管段及斜管段内爆炸火焰自点火点传播至管道出口所用时间曲线。

　　通过对图 5-3 所示不同分叉角度条件下直管段内爆炸火焰锋面速度曲线进行分析发现,在分叉角度为 30°时,单相瓦斯爆炸及瓦斯煤尘耦合爆炸均达最小爆炸火焰锋面速度,分别为 40.47 m/s、49.36 m/s;在分叉角度为 150°时,单相瓦斯爆炸及瓦斯煤尘耦合爆炸均达最大爆炸火焰锋面速度,分别为 136.21 m/s、301.86 m/s。可以看出,无论是单相瓦斯爆炸还是瓦斯煤尘耦合爆炸,随着管道分叉角度的增加,管道内最大爆炸火焰锋面速度均呈现显著的上升趋势,且相同分叉角度条件下,瓦斯煤尘耦合爆炸所产生的爆炸火焰锋面速度始终大于单相瓦斯

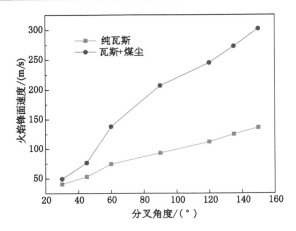

图 5-3 不同分叉角度条件下直管段内爆炸火焰锋面速度

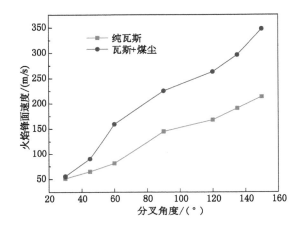

图 5-4 不同分叉角度条件下斜管段内爆炸火焰锋面速度

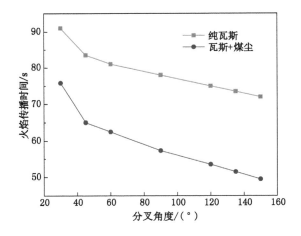

图 5-5 不同分叉角度条件下直管段内爆炸火焰自点火点
传播至管道出口所用时间

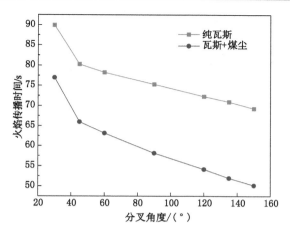

图 5-6　不同分叉角度条件下斜管段内爆炸火焰自点火点
传播至管道出口所用时间

爆炸火焰锋面速度。通过对图 5-4 所示不同分叉角度条件下斜管段内爆炸火焰锋面速度曲线进行分析发现,其整体分布规律与直管段内爆炸火焰锋面速度随分叉角度的变化情况一致,即随着管道分叉角度的增加,单相瓦斯爆炸及瓦斯煤尘耦合爆炸在管道内的爆炸火焰锋面速度呈现显著的上升趋势,且相同分叉角度条件下,瓦斯煤尘耦合爆炸所产生的爆炸火焰锋面速度大于单相瓦斯爆炸火焰锋面速度。此外,对比图 5-3 与图 5-4 可以发现,相同分叉角度条件下,斜管段内爆炸火焰锋面速度大于直管段内爆炸火焰锋面速度。

　　除了爆炸火焰锋面速度可以反映爆炸火焰的传播特性外,爆炸火焰在管道内的传播时间也是反映爆炸火焰在分叉管道内传播特性的一个重要参数。通过对图 5-5 所示不同分叉角度条件下直管段内爆炸火焰自点火点传播至管道出口所用时间曲线进行分析发现,与爆炸火焰锋面速度在不同分叉角度条件下的变化情况不同,在分叉角度为 30°时,单相瓦斯爆炸及瓦斯煤尘耦合爆炸其爆炸火焰自点火点传播至管道出口所用时间为所有分叉角度中的最大值,分别为 91 ms、75.83 ms;在分叉角度为 150°时,单相瓦斯爆炸及瓦斯煤尘耦合爆炸其爆炸火焰自点火点传播至管道出口所用时间是所有分叉角度中的最小值,分别为 72 ms、49.5 ms。可以看出,无论是单相瓦斯爆炸还是瓦斯煤尘耦合爆炸,随着管道分叉角度的增加,管道内爆炸火焰自点火点传播至管道出口所用时间均呈现持续的下降趋势,且相同分叉角度条件下,瓦斯煤尘耦合爆炸所产生的爆炸火焰自点火点传播至管道出口所用时间始终小于单相瓦斯爆炸时的情况。通过对图 5-6 所示不同分叉角度条件下斜管段内爆炸火焰自点火点传播至管道出口所用时间曲线进行分析可以发现,其整体分布规律与直管段内爆炸火焰传播时间随分叉角度的变化情况一致,即随着管道分叉角度的增加,管道内爆炸火焰自点火点传播至管道出口所用时间均呈现持续的下降趋势,且相同分叉角度条件下,瓦斯煤尘耦合爆炸所产生的爆炸火焰自点火点传播至管道出口所用时间始终小于单相瓦斯爆炸时的情况。此外,对比图 5-5 与图 5-6 可以发现,相同分叉角度条件下,斜管段内爆炸火焰自点火点传播至管道出口所用时间略短于直管段内爆炸火焰自点火点传播至管道出口所用时间。

　　随着管道分叉角度的增加,无论是在直管段内还是在斜管段内,单相瓦斯爆炸及瓦斯煤尘耦合爆炸其爆炸火焰锋面速度均呈现逐渐增大态势,这主要与爆炸火焰传播时管道内的湍流效应密切相关。爆炸火焰经过管道分叉处时,主流区气流被管道壁面反弹,从而增强了管道分叉区域的湍流效应,此外,还会在分叉区域形成漩涡。这样可以造成爆炸火焰锋面发生扭曲,从而增大火焰锋面面积以及火焰与未燃气体接触面积,进而提高燃烧反应速率,增大火焰传播速度。此外,火焰锋面传播至未燃气体漩涡时将被卷入其中,与未燃气体漩涡发生耦合,形成湍流火焰,进而增大火焰传播速度。除此之外,当煤尘参与爆炸反应时,管道分叉处产生的湍流效应还会促进煤尘的分散,进而起到增大爆炸反应速率的效果,爆炸火焰锋面速度得到提升。随着管道分叉角度的增大,这种由管道分叉引起的湍流效应会逐渐增强,进而使管道内爆炸火焰锋面速度进一步提升。

管道分叉对管道直管段及斜管段均会引起一定的湍流效应,但是所引起湍流效应的具体状况有一定的区别。分叉点后直管段内,由于该管段与分叉点前主管段在同一水平上,气流方向、火焰发展方向完全相同,因此管道分叉结构在直管段内所引起的湍流效应较弱,范围也较小;而分叉点后斜管段内,由于该管段与分叉点前主管段存在一定的夹角,管内的气流方向、火焰发展方向也产生了相应的夹角,因此管道分叉在斜管段内所引起的湍流效应更强烈,范围也更大。前文分析已经说明,管道内的湍流效应会直接影响管道内爆炸反应的速率,进而影响爆炸火焰传播速度,因此,受直管段及斜管段不同湍流效应的影响,斜管段内爆炸火焰发展更为迅速,传播所用时间更短。

5.4.2 爆炸火焰锋面速度突变系数

针对管道分叉处进行重点分析,探究管道分叉对瓦斯煤尘耦合爆炸火焰传播速度的影响作用。为了便于进行科学分析,采用突变系数对管道分叉对火焰传播的影响作用进行标定。将火焰锋面速度在分叉处的突变系数定义为:分叉点后火焰锋面速度/分叉点前火焰锋面速度。本研究中,分叉点前火焰锋面速度取分叉点前 200 mm 处火焰锋面速度,所选位置记为测点 A;分叉点后火焰锋面速度测点位置选取上,为排除管道分叉对火焰反射扰动的影响,选分叉管道后方 500 mm 处作为分叉点后火焰锋面速度测点,所选位置分别记为测点 B、测点 C,测点位置如图 5-7 所示。

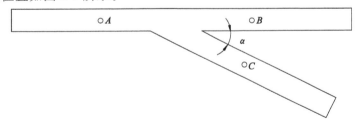

图 5-7 测点布置示意图

根据式(5-1)和式(5-2)分别计算出爆炸火焰锋面速度突变系数 λ_1、λ_2。

$$\lambda_1 = \frac{v_B}{v_A} \tag{5-1}$$

$$\lambda_2 = \frac{v_C}{v_A} \tag{5-2}$$

式中,λ_1 为直管段爆炸火焰锋面速度突变系数;λ_2 为斜管段爆炸火焰锋面速度突变系数;v_A、v_B、v_C 分别为测点 A、B、C 处的爆炸火焰锋面速度,m/s。

根据前期对爆炸火焰图像数据的处理得到火焰到达测点 A、测点 B、测点 C 时的火焰锋面速度数据，并根据测点 A、测点 B 及测点 C 处的火焰锋面速度求得火焰锋面速度突变系数 λ_1、λ_2，具体如表 5-1 和表 5-2 所示。

表 5-1　直管段内爆炸火焰锋面速度突变系数 λ_1

序号	管道分叉角度 /(°)	反应物	测点 A 火焰锋面速度/(m/s)	测点 B 火焰锋面速度/(m/s)	突变系数 λ_1	λ_1 均值
No 1-1			20.08	24.59	1.224 6	
No 1-2		瓦斯	20.62	24.32	1.179 4	1.209 5
No 1-3	30		20.68	25.32	1.224 4	
No 1-4			27.25	45.33	1.663 5	
No 1-5		瓦斯＋煤尘	27.62	42.96	1.555 4	1.609 0
No 1-6			27.51	44.24	1.608 1	
No 2-1			21.26	43.38	2.040 5	
No 2-2		瓦斯	20.92	41.89	2.002 4	2.012 1
No 2-3	45		20.91	41.68	1.993 3	
No 2-4			28.16	69.57	2.470 5	
No 2-5		瓦斯＋煤尘	28.23	72.66	2.573 9	2.500 4
No 2-6			27.70	68.05	2.456 7	
No 3-1			20.92	57.99	2.772 0	
No 3-2		瓦斯	21.53	57.73	2.681 4	2.700 3
No 3-3	60		21.50	56.92	2.647 4	
No 3-4			28.03	98.53	3.515 2	
No 3-5		瓦斯＋煤尘	28.50	90.49	3.175 1	3.249 3
No 3-6			27.42	83.84	3.057 6	
No 4-1			22.18	75.85	3.419 7	
No 4-2		瓦斯	22.72	83.14	3.659 3	3.599 6
No 4-3	90		21.78	81.02	3.719 9	
No 4-4			29.35	121.84	4.151 3	
No 4-5		瓦斯＋煤尘	28.72	125.85	4.382 0	4.300 3
No 4-6			28.61	124.96	4.367 7	
No 5-1			23.09	105.59	4.573 0	
No 5-2		瓦斯	22.75	96.93	4.260 7	4.359 8
No 5-3	120		22.74	96.55	4.245 8	
No 5-4			28.99	153.27	5.287 0	
No 5-5		瓦斯＋煤尘	29.06	156.12	5.372 3	5.250 4
No 5-6			29.53	150.36	5.091 8	

表 5-1（续）

序号	管道分叉角度/(°)	反应物	测点 A 火焰锋面速度/(m/s)	测点 B 火焰锋面速度/(m/s)	突变系数 λ_1	λ_1 均值
No 6-1		瓦斯	23.62	115.32	4.882 3	
No 6-2		瓦斯	23.23	105.59	4.545 4	4.648 3
No 6-3	135		24.21	109.36	4.517 1	
No 6-4		瓦斯＋煤尘	29.73	171.99	5.785 1	
No 6-5		瓦斯＋煤尘	30.21	166.86	5.523 3	5.580 2
No 6-6			30.12	163.62	5.432 3	
No 7-1		瓦斯	24.36	123.94	5.087 8	
No 7-2		瓦斯	23.02	110.69	4.808 4	4.898 8
No 7-3	150		25.01	120.05	4.800 1	
No 7-4		瓦斯＋煤尘	31.26	189.04	6.047 3	
No 7-5		瓦斯＋煤尘	30.33	185.78	6.125 3	5.909 4
No 7-6			30.83	171.28	5.555 6	

表 5-2 斜管段内爆炸火焰锋面速度突变系数 λ_2

序号	管道分叉角度/(°)	反应物	测点 A 火焰锋面速度/(m/s)	测点 C 火焰锋面速度/(m/s)	突变系数 λ_2	λ_2 均值
No 1-1		瓦斯	20.08	30.99	1.543 3	
No 1-2		瓦斯	20.62	30.76	1.491 8	1.526 0
No 1-3	30		20.68	31.91	1.543 0	
No 1-4		瓦斯＋煤尘	27.25	50.35	1.847 7	
No 1-5		瓦斯＋煤尘	27.62	48.51	1.756 3	1.801 5
No 1-6			27.51	49.53	1.800 4	
No 2-1		瓦斯	21.26	57.12	2.686 7	
No 2-2		瓦斯	20.92	48.67	2.326 5	2.442 9
No 2-3	45		20.91	48.42	2.315 6	
No 2-4		瓦斯＋煤尘	28.16	88.03	3.126 1	
No 2-5		瓦斯＋煤尘	28.23	90.99	3.223 2	2.943 5
No 2-6			27.70	68.73	2.481 2	
No 3-1		瓦斯	20.92	67.43	3.223 2	
No 3-2		瓦斯	21.53	60.64	2.816 5	2.940 5
No 3-3	60		21.50	59.81	2.781 9	
No 3-4		瓦斯＋煤尘	28.03	120.43	4.296 5	
No 3-5		瓦斯＋煤尘	28.50	100.68	3.532 6	3.748 9
No 3-6			27.42	93.71	3.417 6	

表 5-2(续)

序号	管道分叉角度/(°)	反应物	测点 A 火焰锋面速度/(m/s)	测点 C 火焰锋面速度/(m/s)	突变系数 λ_2	λ_2 均值
No4-1	90	瓦斯	22.18	111.83	5.041 9	5.601 7
No4-2			22.72	132.62	5.837 1	
No4-3			21.78	129.07	5.926 1	
No4-4		瓦斯+煤尘	29.35	129.21	4.402 4	4.676 1
No4-5			28.72	140.29	4.884 7	
No4-6			28.61	135.65	4.741 3	
No5-1	120	瓦斯	23.09	157.61	6.825 9	6.519 7
No5-2			22.75	145.08	6.377 1	
No5-3			22.74	144.54	6.356 2	
No5-4		瓦斯+煤尘	28.99	168.17	5.801 0	5.644 8
No5-5			29.06	171.01	5.884 7	
No5-6			29.53	154.99	5.248 6	
No6-1	135	瓦斯	23.62	175.42	7.426 8	7.083 5
No6-2			23.23	161.06	6.933 3	
No6-3			24.21	166.82	6.890 5	
No6-4		瓦斯+煤尘	29.73	192.88	6.487 7	6.053 9
No6-5			30.21	177.72	5.882 8	
No6-6			30.12	174.43	5.791 2	
No7-1	150	瓦斯	24.36	194.01	7.964 3	7.680 1
No7-2			23.02	173.67	7.544 3	
No7-3			25.01	188.37	7.531 8	
No7-4		瓦斯+煤尘	31.26	207.68	6.643 6	6.502 2
No7-5			30.33	203.92	6.723 4	
No7-6			30.83	189.28	6.139 5	

　　通过对表 5-1 和表 5-2 中数据进行处理,绘制单相瓦斯爆炸及瓦斯煤尘耦合爆炸火焰锋面速度在管道分叉处的突变系数随分叉角度变化曲线,具体如图 5-8 和图 5-9 所示。

　　如图 5-8 所示,对直管段内爆炸火焰锋面速度突变系数曲线进行分析可以发现,无论是单相瓦斯爆炸还是瓦斯煤尘耦合爆炸,其爆炸火焰锋面速度在直管段的突变系数均随着管道分叉角度的增大而呈现逐渐增大的整体发展趋势。在分叉角度为 30° 时,单相瓦斯爆炸及瓦斯煤尘耦合爆炸在分叉点前后爆炸火焰锋面速度突变系数分别为 1.209 5、1.609,可见,单相瓦斯爆炸及瓦斯煤尘耦合爆炸其爆炸火焰在经历管道分叉点之后,传播速度有一定程度提升,但提升幅度较小,分叉点后 500 mm 处火焰锋面速度为分叉点前 200 mm 处火焰锋面速度的 1.209 5 倍、1.609 倍。之后,随着分叉角度增大,爆炸火焰锋面速度突变系数逐渐增大。管道分叉角度由 30° 增加至 150°,单相瓦斯爆炸及瓦斯煤尘

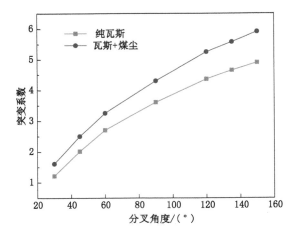

图 5-8　直管段爆炸火焰锋面速度突变系数曲线

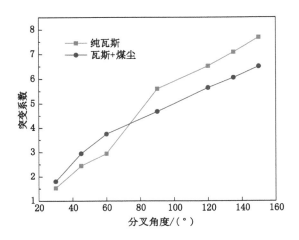

图 5-9　斜管段爆炸火焰锋面速度突变系数曲线

耦合爆炸其爆炸火焰锋面速度突变系数分别处于 1.209 5～4.898 8 和 1.609～5.909 4 范围。可以看出,分叉角度的变化对于单相瓦斯爆炸及瓦斯煤尘耦合爆炸火焰锋面速度突变系数有显著的影响作用,分叉角度越大对管道内爆炸火焰发展的激励效果越加显著。此外,相同分叉角度条件下,瓦斯煤尘耦合爆炸其爆炸火焰锋面速度突变系数始终大于单相瓦斯爆炸时的情况。

　　如图 5-9 所示,对单相瓦斯爆炸及瓦斯煤尘耦合爆炸在斜管段爆炸火焰锋面速度突变系数变化曲线进行分析可以发现,与直管段内单相瓦斯爆炸及瓦斯煤尘耦合爆炸火焰锋面速度突变系数发展情况略有区别,斜管段内单相瓦斯爆炸和瓦斯煤尘耦合爆炸火焰锋面速度突变系数同样会随着分叉角度的增大而呈现逐渐增大的趋势,但是具体发展程度方面有所区别,在分叉角度为 30°、45°、60° 时,瓦斯煤尘耦合爆炸其爆炸火焰锋面速度突变系数大于单相瓦斯爆炸时的情况;在分叉角度为 90°、120°、135°、150° 时,瓦斯煤尘耦合爆炸其爆炸火焰锋面速度突变系数小于单相瓦斯爆炸时的情况。管道分叉角度由 30° 增加至 150°,单相瓦斯爆炸及瓦斯煤尘耦合爆炸其爆炸火焰锋面速度突变系数分别处于 1.526～7.680 1 和 1.801 5～6.502 2 范围。相比直管段爆炸火焰锋面速度突变系数取值范围,斜管段单相瓦斯爆炸及瓦斯煤尘耦合爆炸其爆炸火焰锋面突变系数均有一定程度增加。

　　如前文所述,管道的分叉结构会使管道内部形成较为强烈的湍流效应,湍流效应会加快管道内瓦斯、煤尘、氧气等反应物的反应速率,进而使得爆炸火焰锋面速度得到不同程度提升。爆炸火焰锋面速度的提升主要体现在管道分叉点之后,且随着管道分叉角度的增加,分叉点后方爆炸火焰锋面速度的提升越加显著,而管道分叉点前方爆炸火焰锋面速度提升幅度较小,从而使分叉管道后方爆炸火焰锋面速度与分叉管道前方爆炸火焰锋面速度的比值始终大于 1,且随着管道分叉角度的增加而逐渐增大,即爆炸火焰锋面速度突变系数随着管道分叉角度的增加而增大。此外,如前文对分叉管道爆炸火焰锋面速度的分析所述,相比管道分叉点之后直管段,分叉点后斜管段内爆炸火焰受湍流效应影响其爆炸火焰锋面速度更大,且随着管道分叉角度变化,这种现象始终存在,因此斜管段爆炸火焰锋面突变系数始终大于直管段爆炸火焰锋面突变系数。

5.5　爆炸火焰持续时间变化规律分析

5.5.1　爆炸火焰持续时间的变化规律

　　在对爆炸火焰进行综合分析时,爆炸火焰持续时间同样是一个非常重要的分析指标。由于单相瓦斯爆炸所产生的爆炸火焰持续时间非常短,且火焰亮度非常低,不便于精确观测及界定火焰消失时间,因此,这一节主要针对瓦斯煤尘耦合爆炸火焰的持续时间进行深入的分析。由于煤尘铺设点(距左端点火点 200 mm)之前管段内爆炸火焰亮度较低,不便于分析,且通过观测发现其对管道内火焰持续时间整体分布规律无明显影响,因此本节研究对象为煤尘铺设点至管道出口管段。通过对爆炸火焰图像数据进行整理,得到瓦斯煤尘耦合爆炸火焰在管道不同位置处持续时间数据,根据数据绘制不同分叉角度下直管段及斜管段爆炸火焰持续时间曲线,如图 5-10 和图 5-11 所示。

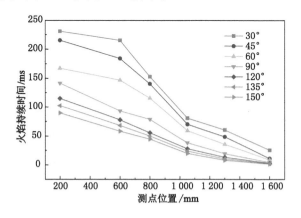

图 5-10　直管段内爆炸火焰持续时间曲线

　　对图 5-10 和图 5-11 中曲线进行分析可以看出,分叉管道内爆炸火焰持续时间呈现一

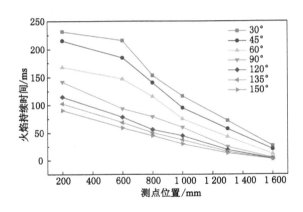

图 5-11   斜管段内爆炸火焰持续时间曲线

定的规律性,由煤尘铺设点至试验管道出口处,爆炸火焰持续时间均呈现逐渐减小趋势。

具体爆炸火焰持续时间方面,不同分叉角度呈现一定的差别。对直管段内爆炸火焰持续时间进行分析,30°、45°、60°、90°、120°、135°及 150°分叉管道内爆炸火焰均在煤尘铺设点处持续最长时间,分别为 231.5 ms、215.33 ms、167.67 ms、141.67 ms、114.67 ms、102.5 ms、90.33 ms,在管道出口处持续最短时间,分别为 25.67 ms、11 ms、8.67 ms、4.33 ms、3 ms、2.33 ms、1.67 ms,可以看出,随着分叉角度的变化,管道内爆炸火焰持续时间整体上呈现一定的规律性,分叉角度越大,爆炸火焰的持续时间越短。对斜管段内爆炸火焰持续时间进行分析,30°、45°、60°、90°、120°、135°及 150°分叉管道内爆炸火焰同样在煤尘铺设点处持续最长时间,持续时间同直管段数据,在管道出口处持续最短时间,分别为 26.5 ms、20.5 ms、11.5 ms、4.83 ms、3.5 ms、3 ms、2.33 ms,同样呈现分叉角度越大,爆炸火焰的持续时间越短的整体发展趋势。

管道的分叉结构使得管道内部产生比较明显的湍流效应,进而使得反应速率加快,管道内甲烷、煤尘、氧气等反应物得以迅速消耗,爆炸火焰持续时间缩短。随着管道分叉角度的增加,管道内的湍流效应越加强烈,管道内部瓦斯、煤尘、氧气等反应物反应速率进一步加快,爆炸火焰持续时间进一步缩短。爆炸火焰持续时间随管道分叉角度的变化情况同前文爆炸火焰锋面速度随管道分叉角度变化规律一致,从而进一步证实了试验数据及结论的可靠性。

5.5.2   爆炸火焰持续时间突变系数

为了更加深入地研究管道分叉对爆炸火焰持续时间的影响,针对管道分叉点前后的火焰持续时间进行重点分析、研究。为了便于进行科学的分析、研究,同样选取爆炸火焰持续时间在管道分叉点前后的突变系数作为分析指标,测点位置选取管道分叉点前 200 mm 处(记为测点 A)和管道分叉点后 500 mm 处(记为测点 B、测点 C),测点布置情况如图 5-12 所示。根据式(5-3)和式(5-4)分别计算爆炸火焰持续时间突变系数 λ_3、λ_4。

$$\lambda_3 = \frac{t_B}{t_A} \tag{5-3}$$

$$\lambda_4 = \frac{t_C}{t_A} \tag{5-4}$$

式中,λ_3 为直管段爆炸火焰持续时间突变系数;λ_4 为斜管段爆炸火焰持续时间突变系数; t_A、t_B、t_C 分别为测点 A、B、C 处的爆炸火焰持续时间,ms。

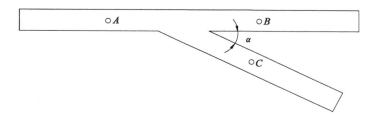

图 5-12　测点布置示意图

对试验所得爆炸火焰图像数据进行整理,得到爆炸火焰在测点 A、测点 B 及测点 C 的持续时间,并根据测点 A、测点 B 及测点 C 处爆炸火焰持续时间求得爆炸火焰持续时间突变系数 λ_3、λ_4,具体如表 5-3 和表 5-4 所示。

表 5-3　爆炸火焰持续时间突变系数 λ_3

序号	管道分叉角度 /(°)	测点 A 火焰持续时间/ms	测点 B 火焰持续时间/ms	突变系数 λ_3	λ_3 均值
№ 1-1		219.0	64.5	0.294 5	
№ 1-2	30	210.0	55.5	0.264 3	0.282 8
№ 1-3		217.5	63.0	0.289 7	
№ 2-1		188.5	53.0	0.281 2	
№ 2-2	45	181.0	45.5	0.251 4	0.265 4
№ 2-3		184.0	48.5	0.263 6	
№ 3-1		150.5	39.5	0.262 5	
№ 3-2	60	143.0	32.0	0.223 8	0.244 6
№ 3-3		147.5	36.5	0.247 5	
№ 4-1		96.5	23.0	0.238 3	
№ 4-2	90	87.5	14.0	0.160 0	0.208 2
№ 4-3		95.0	21.5	0.226 3	
№ 5-1		82.0	17.0	0.207 3	
№ 5-2	120	74.5	11.0	0.147 7	0.172 1
№ 5-3		77.5	12.5	0.161 3	
№ 6-1		66.5	8.5	0.127 8	
№ 6-2	135	70.0	12.0	0.171 4	0.155 3
№ 6-3		69.0	11.5	0.166 7	
№ 7-1		62.5	12.0	0.192 0	
№ 7-2	150	55.0	4.5	0.081 8	0.141 7
№ 7-3		59.5	9.0	0.151 3	

表 5-4　爆炸火焰持续时间突变系数 λ_4

序号	管道分叉角度 /(°)	测点 A 火焰 持续时间/ms	测点 C 火焰 持续时间/ms	突变系数 λ_4	λ_4 均值
No1-1		219.0	75.5	0.344 7	
No1-2	30	210.0	66.5	0.316 7	0.333 9
No1-3		217.5	74.0	0.340 2	
No2-1		188.5	61.5	0.326 3	
No2-2	45	181.0	54.0	0.298 3	0.311 5
No2-3		184.0	57.0	0.309 8	
No3-1		150.5	46.5	0.309 0	
No3-2	60	143.0	39.0	0.272 7	0.292 2
No3-3		147.5	43.5	0.294 9	
No4-1		96.5	28.5	0.295 3	
No4-2	90	87.5	19.5	0.222 9	0.267 5
No4-3		95.0	27.0	0.284 2	
No5-1		82.0	23.0	0.280 5	
No5-2	120	74.5	15.5	0.208 1	0.242 4
No5-3		77.5	18.5	0.238 7	
No6-1		66.5	14.0	0.210 5	
No6-2	135	70.0	16.5	0.235 7	0.230 9
No6-3		69.0	17.0	0.246 4	
No7-1		62.5	16.5	0.264 0	
No7-2	150	55.0	9.0	0.163 6	0.218 2
No7-3		59.5	13.5	0.226 9	

　　通过对表 5-3 和表 5-4 中数据进行处理,绘制瓦斯煤尘耦合爆炸火焰持续时间突变系数 λ_3、λ_4 随管道分叉角度的变化曲线,如图 5-13 和图 5-14 所示。

　　对图 5-13 和图 5-14 中曲线进行分析可以看出,随着管道分叉角度由 30°逐渐增加至 150°,直管段及斜管段内分叉点前后爆炸火焰持续时间突变系数均呈现逐渐下降趋势。在管道分叉角度为 30°时,直管段内分叉点前后爆炸火焰持续时间突变系数达最大值 0.282 8,随着分叉角度逐渐增大,爆炸火焰持续时间突变系数逐渐减小,在分叉角度为 150°时,爆炸火焰持续时间突变系数达最小值 0.141 7。斜管段内,在管道分叉角度为 30°时,爆炸火焰持续时间突变系数达最大值 0.333 9,随着分叉角度逐渐增大,爆炸火焰持续时间突变系数逐渐减小,在分叉角度为 150°时,爆炸火焰持续时间突变系数达最小值 0.218 2。

　　管道内爆炸火焰持续时间突变系数为分叉点后方 B、C 点处爆炸火焰持续时间与管道分叉点前方 A 点处爆炸火焰持续时间的比值,因此,爆炸火焰持续时间突变系数随管道分叉角度的变化情况主要决定于 A、B、C 三个测点处爆炸火焰持续时间随管道分叉角度的变化情况。如前文对爆炸火焰持续时间的分析所述,随着管道分叉角度的增大,管道内部爆炸

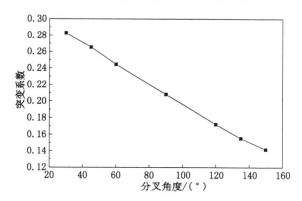

图 5-13　直管段爆炸火焰持续时间突变系数 λ_3
随管道分叉角度变化曲线

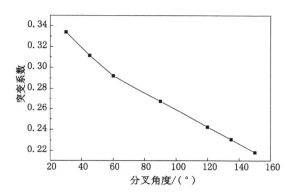

图 5-14　斜管段爆炸火焰持续时间突变系数 λ_4
随管道分叉角度变化曲线

火焰持续时间呈逐渐减小态势,但是不同管道不同区域爆炸火焰持续时间随管道分叉角度的变化情况并不完全一样,管道分叉点后方区域受管道内湍流效应影响其爆炸火焰持续时间缩减幅度更大,因此,随着管道分叉角度增大,管道分叉点后方 B、C 点爆炸火焰持续时间与管道分叉点前方 A 点爆炸火焰持续时间的比值逐渐减小,即爆炸火焰持续时间突变系数随管道分叉角度增大而减小。

5.5.3　爆炸火焰持续时间变化与火焰锋面速度变化的关系

爆炸火焰锋面速度和爆炸火焰持续时间为分析爆炸火焰传播特征的两个重要指标,除了对两个指标进行必要的单独分析外,也有必要对两者之间的变化关系进行一定的分析、研究,进而对分叉管道内爆炸火焰的生成、发展、衰减、结束有一个更清晰的了解。根据前文所得数据,将分叉管道内不同分叉角度条件下爆炸火焰锋面速度突变系数及持续时间突变系数随管道分叉角度的变化曲线绘制在一幅图里,以便于进行对比研究,具体如图 5-15 和图 5-16 所示。

对图 5-15 中曲线进行分析、研究可以发现,在直管段,整体上爆炸火焰锋面速度突变系数随管道分叉角度变化情况与爆炸火焰持续时间突变系数呈现截然相反的变化趋势。爆炸火焰锋面速度突变系数随管道分叉角度增加呈现逐渐上升趋势,而爆炸火焰持续时间突变

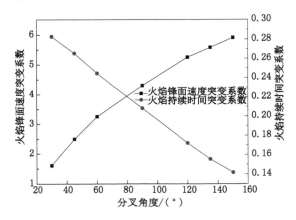

图 5-15　直管段爆炸火焰锋面速度突变系数与持续时间
突变系数关系对比曲线

系数随管道分叉角度增加呈现逐渐下降趋势。具体而言,爆炸火焰锋面速度突变系数在管道分叉角度由 30°逐渐增加至 150°时由 1.609 增加至 5.909 4,增幅为 267.27%,可见管道分叉角度的增加对管道内爆炸火焰锋面速度突变系数影响作用显著。反观爆炸火焰持续时间突变系数随管道分叉角度变化情况,可以看到随着管道分叉角度由 30°增加至 150°,爆炸火焰持续时间突变系数由最大值 0.282 8 下降至最小值 0.141 7,下降幅度为 49.9%,相较爆炸火焰锋面速度突变系数的变化情况,其变化幅度较小,管道分叉角度对爆炸火焰持续时间在管道分叉点前后突变系数的影响程度小于对爆炸火焰锋面速度在管道分叉点前后突变系数的影响程度。

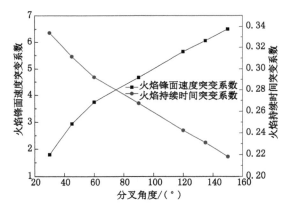

图 5-16　斜管段爆炸火焰锋面速度突变系数与持续时间
突变系数关系对比曲线

　　图 5-16 所示为斜管段内爆炸火焰锋面速度突变系数与火焰持续时间突变系数对比曲线,对图中曲线进行分析、研究可以发现,整体变化趋势上其与前面直管段内的情况一致:爆炸火焰锋面速度突变系数随管道分叉角度增加呈现逐渐上升趋势,而爆炸火焰持续时间突变系数随管道分叉角度增加呈现逐渐下降趋势。具体数值方面,管道分叉角度由 30°逐渐增加至 150°,爆炸火焰锋面速度突变系数取值范围为 1.801 5～6.502 2,突变系数增幅为 260.93%;爆炸火焰持续时间突变系数取值范围为 0.333 9～0.218 2,下降幅度为34.65%。

同直管段类似,随分叉角度变化,斜管段爆炸火焰锋面速度突变系数整体变化程度更大一些,管道分叉角度对爆炸火焰锋面速度的影响作用效果更加明显。

5.6　爆炸冲击波超压变化规律分析

5.6.1　爆炸冲击波超压的变化规律

通过试验得到了大量的单相瓦斯爆炸及瓦斯煤尘耦合爆炸冲击波超压数据,对试验数据进行整理,得到反映爆炸冲击波超压在试验管道内分布情况的最大爆炸压力分布曲线,具体如图 5-17 至图 5-20 所示。

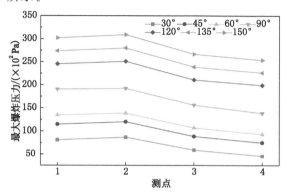

图 5-17　直管段单相瓦斯爆炸最大爆炸压力分布曲线

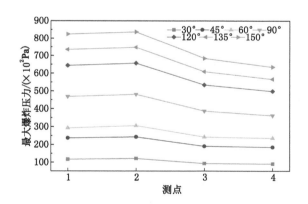

图 5-18　直管段瓦斯煤尘耦合爆炸最大爆炸压力分布曲线

图 5-17 和图 5-18 所示为分叉管道直管段内单相瓦斯爆炸及瓦斯煤尘耦合爆炸在不同分叉角度条件下爆炸冲击波超压分布曲线。对单相瓦斯爆炸冲击波超压整体发展趋势进行分析,30°、45°、60°、90°、120°、135°及 150°分叉管道其内部爆炸冲击波超压分布情况呈现相似的规律,整体上呈现先轻微上升后下降的发展趋势,冲击波超压在测点 2 处(即分叉点前 200 mm 处)达最大值,30°、45°、60°、90°、120°、135°及 150°分叉管道在此处冲击波超压分别为 8.747×10^3 Pa、$1.202\,7 \times 10^4$ Pa、1.388×10^4 Pa、$1.922\,4 \times 10^4$ Pa、$2.513\,4 \times 10^4$ Pa、$2.804\,5 \times 10^4$ Pa、$3.095\,6 \times 10^4$ Pa,可以看出,直管段内冲击波超压整体随分叉角度增大而增大。

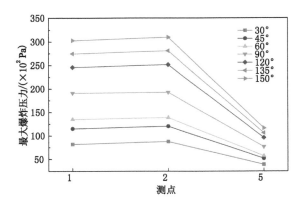

图 5-19　斜管段单相瓦斯爆炸最大爆炸压力分布曲线

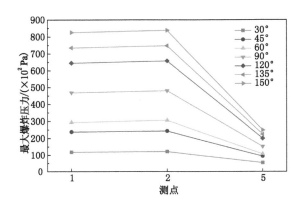

图 5-20　斜管段瓦斯煤尘耦合爆炸最大爆炸压力分布曲线

　　通过对瓦斯煤尘耦合爆炸冲击波超压在分叉管道内的分布情况进行分析发现,在冲击波超压整体分布上,瓦斯煤尘耦合爆炸与单相瓦斯爆炸基本一致。$30°$、$45°$、$60°$、$90°$、$120°$、$135°$及 $150°$分叉管道均在测点 2 处达最大爆炸压力,分别为 $1.220\ 9×10^4$ Pa、$2.433\ 2×10^4$ Pa、$3.062\ 3×10^4$ Pa、$4.807\ 4×10^4$ Pa、$6.574\ 6×10^4$ Pa、$7.476\ 3×10^4$ Pa、$8.378×10^4$ Pa,可以看出,冲击波超压整体上同样随分叉角度增大而增大,且跟单相瓦斯爆炸相比,其整体上均有比较大幅度的提升。

　　图 5-19 和图 5-20 所示为分叉管道斜管段内单相瓦斯爆炸及瓦斯煤尘耦合爆炸在不同分叉角度条件下爆炸冲击波超压分布曲线。对单相瓦斯爆炸冲击波超压整体发展趋势进行分析,$30°$、$45°$、$60°$、$90°$、$120°$、$135°$及 $150°$分叉管道其内部爆炸冲击波超压分布情况呈现相似的规律,在分叉点前呈现轻微上升或平稳发展态势,经过分叉点后,爆炸冲击波超压迅速下降,直至试验管道出口处。冲击波超压最大值同直管段一样,产生在测点 2 处,冲击波超压最小值产生在测点 5 处,$30°$、$45°$、$60°$、$90°$、$120°$、$135°$及 $150°$分叉管道在测点 5 处冲击波超压分别为 $3.903×10^4$ Pa、$5.18×10^3$ Pa、$5.701×10^3$ Pa、$7.647×10^3$ Pa、$9.59×10^3$ Pa、$1.061\ 8×10^4$ Pa、$1.164\ 5×10^4$ Pa,可以看出,斜管段内冲击波超压整体上随分叉角度增大而增大。

对瓦斯煤尘耦合爆炸冲击波超压在分叉管道内的分布情况进行分析可以发现,在冲击波超压整体分布上,瓦斯煤尘耦合爆炸与单相瓦斯爆炸基本类似,分叉点前冲击波超压呈轻微上升或平缓发展态势,在经过管道分叉点之后,冲击波超压迅速下降,直至试验管道出口处。冲击波超压最大值同直管段一样,产生在测点 2 处,冲击波超压最小值产生在测点 5 处,30°、45°、60°、90°、120°、135° 及 150°分叉管道在测点 5 处冲击波超压分别为 5.359×10^3 Pa、9.424×10^3 Pa、$1.078\ 1 \times 10^4$ Pa、$1.526\ 4 \times 10^4$ Pa、$2.000\ 2 \times 10^4$ Pa、2.24×10^4 Pa、$2.479\ 7 \times 10^4$ Pa,可以看出,瓦斯煤尘耦合爆炸在斜管段内的冲击波超压整体上同样随分叉角度增大而增大,且相比单相瓦斯爆炸,其整体上均有比较大幅度的提升。

如前文所述,管道的分叉结构会使得管道内部产生不同程度的湍流效应,湍流效应会使得管道内部反应物的反应速率加快,进而使得爆炸冲击波超压增大,且随着管道分叉角度的增加,这种对爆炸冲击波超压的激励效应越加显著。反应物系统如果添加了煤尘,管道分叉结构所引起气流、冲击波超压的散反射也会促进煤尘的分散,进而提升瓦斯煤尘耦合爆炸的整体反应速率,呈现比单相瓦斯爆炸更高的爆炸威力。同时,管道的分叉结构会对单相瓦斯爆炸及瓦斯煤尘耦合爆炸冲击波超压的发展产生一定的抑制效应。冲击波会在管道的分叉点区域发生剧烈的反射,从而形成复杂的流程,冲击波的部分能量会消耗在管道分叉区域的反射中,进而减小爆炸冲击波的整体威力。以往关于非火焰区爆炸冲击波超压的研究中,因为反应已经进行完全,缺少了能量的补充来源,管道结构主要对爆炸冲击波起到能量消耗的作用。本书所研究区域为管道内燃烧反应区,因此,爆炸冲击波会同时受到管道分叉对其激励效果和抑制效果两个方面的共同影响。试验中,单相瓦斯爆炸及瓦斯煤尘耦合爆炸反应剧烈,分叉结构对爆炸冲击波的激励效果显著大于抑制效果,爆炸冲击波超压得到提升,且随着分叉角度的增大,爆炸冲击波超压提升幅度越加显著。

5.6.2　爆炸冲击波超压突变系数

为了更深入地研究管道分叉对爆炸冲击波超压的影响,针对管道分叉点前后的冲击波超压变化进行重点分析、研究。为了便于科学地进行分析、研究,同样选取爆炸冲击波超压在管道分叉点前后的突变系数作为分析指标。试验管道侧方安设 5 个压力传感器测点(前文已进行说明),这里选取 2 号传感器、3 号传感器、5 号传感器的超压数据作为冲击波超压计算参数,2 号传感器、3 号传感器、5 号传感器布设位置如图 5-21 所示。根据式(5-5)和式(5-6)分别计算分叉管道内直管段及斜管段在分叉点处的最大爆炸压力突变系数 λ_5、λ_6。

$$\lambda_5 = \frac{P_3}{P_2} \tag{5-5}$$

$$\lambda_6 = \frac{P_5}{P_2} \tag{5-6}$$

式中,λ_5 为直管段冲击波超压突变系数;λ_6 为斜管段冲击波超压突变系数;P_2、P_3、P_5 分别为测点 2、3、5 处的冲击波超压,Pa。

对试验所得冲击波超压数据进行整理,得到 2 号传感器、3 号传感器、5 号传感器的冲击波超压数据,并根据 2 号传感器、3 号传感器、5 号传感器的冲击波超压数据求得爆炸冲击波超压在管道分叉处的突变系数,具体如表 5-5 和表 5-6 所示。

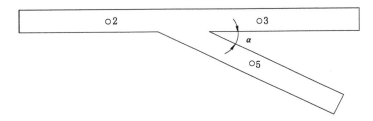

图 5-21 测点布置示意图

表 5-5 爆炸冲击波超压突变系数 λ_5

序号	管道分叉角度 /(°)	反应物	2号传感器冲击波超压/($\times 10^2$ Pa)	3号传感器冲击波超压/($\times 10^2$ Pa)	突变系数 λ_5	λ_5均值
No1-1			90.95	62.96	0.692 2	
No1-2		瓦斯	81.99	54.01	0.658 7	0.679 3
No1-3	30		89.46	61.47	0.687 1	
No1-4			125.56	97.23	0.774 4	
No1-5		瓦斯＋煤尘	116.61	88.28	0.757 1	0.767 7
No1-6			124.10	95.77	0.771 7	
No2-1			124.25	92.82	0.747 0	
No2-2		瓦斯	116.80	85.37	0.730 9	0.738 5
No2-3	45		119.76	88.33	0.737 6	
No2-4			247.29	194.67	0.787 2	
No2-5		瓦斯＋煤尘	239.84	187.22	0.780 6	0.783 7
No2-6			242.83	190.21	0.783 3	
No3-1			142.28	110.72	0.778 2	
No3-2		瓦斯	134.83	103.27	0.765 9	0.772 5
No3-3	60		139.29	107.73	0.773 4	
No3-4			309.70	246.44	0.795 7	
No3-5		瓦斯＋煤尘	302.25	238.99	0.790 7	0.793 4
No3-6			306.74	243.48	0.793 8	
No4-1			195.72	159.68	0.815 9	
No4-2		瓦斯	186.77	150.73	0.807 0	0.812 4
No4-3	90		194.23	158.19	0.814 4	
No4-4			484.21	390.50	0.806 5	
No4-5		瓦斯＋煤尘	475.26	381.55	0.802 8	0.805 1
No4-6			482.75	389.04	0.805 9	

表 5-5（续）

序号	管道分叉角度 /(°)	反应物	2号传感器冲击波超压/(×10² Pa)	3号传感器冲击波超压/(×10² Pa)	突变系数 λ_5	λ_5 均值
No5-1			255.32	214.96	0.841 9	
No5-2		瓦斯	247.87	207.51	0.837 2	0.839 4
No5-3	120		250.83	210.47	0.839 1	
No5-4			661.43	538.67	0.814 4	
No5-5		瓦斯＋煤尘	653.98	531.22	0.812 3	0.813 3
No5-6			656.97	534.21	0.813 1	
No6-1			286.47	245.88	0.858 3	
No6-2		瓦斯	279.32	237.95	0.851 9	0.852 4
No6-3	135		275.85	233.64	0.847 0	
No6-4			753.24	615.02	0.816 5	
No6-5		瓦斯＋煤尘	741.31	607.06	0.818 9	0.815 6
No6-6			745.48	604.96	0.811 5	
No7-1			313.04	270.63	0.864 5	
No7-2		瓦斯	305.59	263.18	0.861 2	0.863 0
No7-3	150		310.05	267.64	0.863 2	
No7-4			841.27	688.39	0.818 3	
No7-5		瓦斯＋煤尘	833.82	680.94	0.816 7	0.817 5
No7-6			838.31	685.43	0.817 6	

表 5-6　爆炸冲击波超压突变系数 λ_6

序号	管道分叉角度 /(°)	反应物	2号传感器冲击波超压/(×10² Pa)	5号传感器冲击波超压/(×10² Pa)	突变系数 λ_6	λ_6 均值
No1-1			90.95	42.51	0.467 4	
No1-2		瓦斯	81.99	33.56	0.409 3	0.445 1
No1-3	30		89.46	41.02	0.458 5	
No1-4			125.56	57.06	0.454 4	
No1-5		瓦斯＋煤尘	116.61	48.11	0.412 6	0.438 3
No1-6			124.10	55.60	0.448 0	
No2-1			124.25	55.78	0.448 9	
No2-2		瓦斯	116.80	48.33	0.413 8	0.430 3
No2-3	45		119.76	51.29	0.428 3	
No2-4			247.29	98.21	0.397 1	
No2-5		瓦斯＋煤尘	239.84	90.76	0.378 4	0.387 2
No2-6			242.83	93.75	0.386 1	

表 5-6（续）

序号	管道分叉角度 /(°)	反应物	2号传感器冲击波 超压/(×10² Pa)	5号传感器冲击波 超压/(×10² Pa)	突变系数 λ_6	λ_6均值
No 3-1		瓦斯	142.28	60.49	0.425 1	
No 3-2		瓦斯	134.83	53.04	0.393 4	0.410 4
No 3-3	60		139.29	57.50	0.412 8	
No 3-4			309.70	111.28	0.359 3	
No 3-5		瓦斯＋煤尘	302.25	103.83	0.343 5	0.352 0
No 3-6			306.74	108.32	0.353 1	
No 4-1			195.72	79.95	0.408 5	
No 4-2		瓦斯	186.77	71.00	0.380 1	0.397 5
No 4-3	90		194.23	78.46	0.404 0	
No 4-4			484.21	156.11	0.322 4	
No 4-5		瓦斯＋煤尘	475.26	147.16	0.309 6	0.317 5
No 4-6			482.75	154.65	0.320 4	
No 5-1			255.32	99.88	0.391 2	
No 5-2		瓦斯	247.87	92.43	0.372 9	0.381 5
No 5-3	120		250.83	95.39	0.380 3	
No 5-4			661.43	203.99	0.308 4	
No 5-5		瓦斯＋煤尘	653.98	196.54	0.300 5	0.304 2
No 5-6			656.97	199.53	0.303 7	
No 6-1			283.32	111.85	0.394 8	
No 6-2		瓦斯	277.93	103.36	0.371 9	0.378 4
No 6-3	135		275.51	101.53	0.368 5	
No 6-4			759.28	231.73	0.305 2	
No 6-5		瓦斯＋煤尘	744.67	219.98	0.295 4	0.298 2
No 6-6			748.84	220.16	0.294 0	
No 7-1			313.04	119.93	0.383 1	
No 7-2		瓦斯	305.59	112.48	0.368 1	0.376 1
No 7-3	150		310.05	116.94	0.377 2	
No 7-4			841.27	251.44	0.298 9	
No 7-5		瓦斯＋煤尘	833.82	243.99	0.292 6	0.296 0
No 7-6			838.31	248.48	0.296 4	

通过对表5-5和表5-6中数据进行处理,绘制单相瓦斯爆炸及瓦斯煤尘耦合爆炸冲击波超压在管道分叉点处突变系数随管道分叉角度的变化曲线,如图5-22和图5-23所示。

图5-22显示了分叉管直管段爆炸冲击波超压突变系数随分叉角度的变化曲线。首先,分析了单相瓦斯爆炸冲击波超压突变系数随管道分叉角度的变化规律。从图5-22中曲线

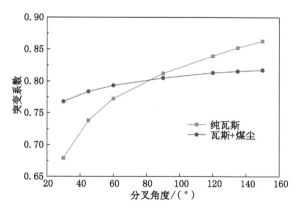

图 5-22　直管段爆炸冲击波超压突变系数随管道分叉角度变化曲线

可以看出,爆炸冲击波超压突变系数受分叉角度的影响,并随着分叉角度的增大而逐渐增大。爆炸冲击波超压突变系数最大值和最小值分别出现在分叉角度为 150°和 30°时,分别为 0.863 和 0.679 3,150°时的突变系数比 30°时的提升了 27.04%。其次,分析了瓦斯煤尘耦合爆炸的冲击波超压突变系数,结果发现,瓦斯煤尘耦合爆炸冲击波超压突变系数与单相瓦斯爆炸的发展趋势相同,随着管道分叉角度的增大,爆炸冲击波超压突变系数逐渐增大,在分叉角度为 150°和 30°时分别达到最大值和最小值,分别为 0.817 5 和 0.767 7,150°时的突变系数比 30°时的提升了 6.49%,整体变化幅度较小。

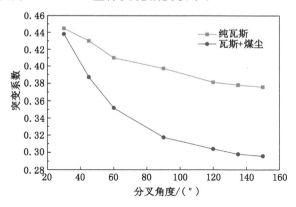

图 5-23　斜管段爆炸冲击波超压突变系数随管道分叉角度变化曲线

　　图 5-23 显示了斜管段单相瓦斯爆炸及瓦斯煤尘耦合爆炸冲击波超压突变系数随管道分叉角度的变化曲线。首先,对单相瓦斯爆炸冲击波超压突变系数随管道分叉角度的变化情况进行分析,从图 5-23 中曲线可以看出,冲击波超压突变系数呈现随着管道分叉角度的增大而逐渐减小的整体发展趋势,冲击波超压突变系数的最大值和最小值分别出现在管道分叉角度为 30°和 150°时,分别为 0.445 1 和 0.376 1,分叉角度为 150°时的突变系数比分叉角度为 30°时的低 15.5%。其次,对瓦斯煤尘耦合爆炸冲击波超压突变系数进行分析,同单相瓦斯爆炸的情况类似,同样呈现随着管道分叉角度的增大而逐渐减小的整体发展趋势。管道分叉角度为 30°时冲击波超压突变系数达最大值 0.438 3,管道分叉角度为 150°时冲击波超压突变系数达最小值 0.296,150°时冲击波超压突变系数比 30°时的降低了 32.47%。

瓦斯煤尘耦合爆炸超压突变系数总体数值小于单相瓦斯爆炸,且下降幅度大于单相瓦斯爆炸,这说明在相同分叉角度条件下,分叉角度变化对瓦斯煤尘耦合爆炸在斜管段分叉点前后最大爆炸压力的分布影响作用更为显著。

从爆炸冲击波超压突变系数的具体数值来看,在不同分叉角度条件下,直管段单相瓦斯爆炸和瓦斯煤尘耦合爆炸的冲击波超压突变系数均大于斜管段,这说明在管道分叉结构的影响下,斜管段爆炸冲击波超压在分叉点前后的变化幅度始终大于直管段,斜管段分叉点前后最大爆炸压力分布受管道分叉角度的影响更为显著。

受到管道分叉结构对爆炸冲击波激励效果及抑制效果双重方面的影响,管道内爆炸冲击波超压最终呈现随着分叉角度增加而逐渐增大的整体趋势,但是管道分叉结构对管道内部不同区域爆炸冲击波的影响作用并不完全一致。具体增加数值方面,随着管道分叉角度的增加,管道分叉点前管道内爆炸冲击波超压增加绝对值最大,大于管道分叉点后方直管段和斜管段内爆炸冲击波超压增加绝对值。增加幅度方面,分叉点后方直管段内爆炸冲击波超压增加幅度最大,分叉点后方斜管段内爆炸冲击波超压增加幅度最小,分叉点前管道内爆炸冲击波超压增加幅度居于前两者之间,因此对外整体表现为:随着管道分叉角度的增加,直管段内爆炸冲击波超压突变系数与斜管段内爆炸冲击波超压突变系数呈现截然相反的变化趋势,直管段内爆炸冲击波超压突变系数随着管道分叉角度的增加而增大,斜管段内爆炸冲击波超压突变系数随着管道分叉角度的增加而减小。

5.6.3 爆炸冲击波超压变化与火焰锋面速度变化的关系

爆炸火焰锋面速度和爆炸冲击波超压分布为分析瓦斯煤尘耦合爆炸传播特性的两个重要指标,除了对两个指标进行必要的单独分析外,也有必要对两者之间的变化关系进行一定的分析、研究,从而可以对分叉管道内瓦斯煤尘耦合爆炸火焰及冲击波传播有一个更清晰的了解。根据前文所得数据,将分叉管道内不同角度条件下爆炸火焰锋面速度突变系数及爆炸冲击波超压突变系数随管道分叉角度的变化曲线绘制在一幅图里,以便于进行对比研究,具体如图 5-24 至图 5-27 所示。

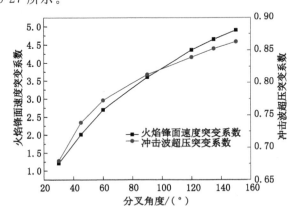

图 5-24　直管段内单相瓦斯爆炸火焰锋面速度突变系数
与冲击波超压突变系数对比曲线

图 5-24 和图 5-25 所示分别为分叉管道直管段内单相瓦斯爆炸及瓦斯煤尘耦合爆炸其爆炸火焰锋面速度突变系数与爆炸冲击波超压突变系数对比曲线,对图中数据进行分析、研

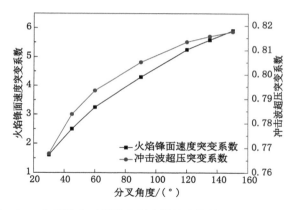

图 5-25　直管段内瓦斯煤尘耦合爆炸火焰锋面速度突变系数
与冲击波超压突变系数对比曲线

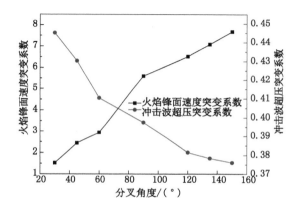

图 5-26　斜管段内单相瓦斯爆炸火焰锋面速度突变系数
与冲击波超压突变系数对比曲线

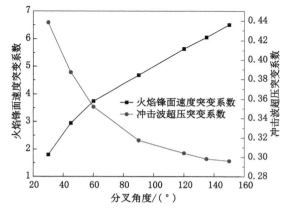

图 5-27　斜管段内瓦斯煤尘耦合爆炸火焰锋面速度突变系数
与冲击波超压突变系数对比曲线

究可以发现,无论是单相瓦斯爆炸还是瓦斯煤尘耦合爆炸,整体上,爆炸火焰锋面速度突变系数随管道分叉角度变化情况与爆炸冲击波超压突变系数随管道分叉角度变化情况基本相同,均随着管道分叉角度的增大而呈现逐渐增大的趋势。具体数值方面,当管道分叉角度为30°~150°时,单相瓦斯爆炸及瓦斯煤尘耦合爆炸火焰锋面速度受管道分叉影响其突变系数分别处于 1.209 5~4.898 8 和 1.609~5.909 4 范围,单相瓦斯爆炸及瓦斯煤尘耦合爆炸冲击波超压突变系数分别处于 0.679 3~0.863 和 0.767 7~0.817 5 范围。爆炸火焰锋面速度突变系数相比爆炸冲击波超压突变系数,前者随分叉角度变化而发生变化的整体幅度更大,这表明分叉角度改变对分叉管道内最大爆炸压力分布情况的影响作用弱于对爆炸火焰发展的影响作用。

图 5-26 和图 5-27 所示分别为分叉管道斜管段内单相瓦斯爆炸及瓦斯煤尘耦合爆炸其爆炸火焰锋面速度突变系数与爆炸冲击波超压突变系数的对比曲线。对图中曲线进行分析可以发现,无论是单相瓦斯爆炸还是瓦斯煤尘耦合爆炸,其爆炸火焰锋面速度突变系数随管道分叉角度变化情况与爆炸冲击波超压突变系数均有着显著的区别,爆炸火焰锋面速度突变系数随管道分叉角度增加而增大,而爆炸冲击波超压突变系数随着管道分叉角度的增大呈现逐渐减小的整体趋势。此外,具体数值方面,同直管段中的情况类似,同样表现为爆炸火焰锋面速度突变系数变化幅度明显大于爆炸冲击波超压突变系数的变化幅度,分叉角度改变对分叉管道内最大爆炸压力分布情况的影响作用弱于对爆炸火焰发展的影响作用。

第 6 章　瓦斯煤尘耦合爆炸伤害区域内压力和 CO 气体传播特性试验研究

6.1　引　　言

　　煤矿瓦斯煤尘耦合爆炸的伤害作用取决于冲击波超压、火焰热辐射和有毒有害气体浓度等特性参数。因此,模拟煤矿巷道环境搭建小型瓦斯煤尘耦合爆炸传播系统,通过试验研究瓦斯煤尘耦合爆炸的压力和有毒有害气体传播特性,为后文瓦斯煤尘耦合爆炸伤害研究奠定基础。

　　瓦斯煤尘耦合爆炸冲击波的特征参数包括最大压力、正压作用时间和最大压力上升速率等参数。爆炸后有毒有害气体成分复杂,主要包括 CO 气体、CO_2 气体和 SO_2 气体等,其中 CO 气体含量仅次于 CO_2 气体,是有毒气体中含量较大、对井下作业人员危害较大的气体。因此,本章以最大压力和 CO 气体浓度为测量指标,在搭建的爆炸试验系统中进行瓦斯煤尘耦合爆炸试验,研究最大压力和 CO 气体传播特性。瓦斯煤尘耦合爆炸试验系统的管道包含两部分:密闭爆炸腔和传播管道。在爆炸腔内研究瓦斯煤尘耦合爆炸时煤尘对应的最大爆炸当量浓度,在传播管道内研究瓦斯和煤尘浓度对压力及 CO 气体传播特性的影响。

6.2　瓦斯煤尘耦合爆炸试验系统

　　瓦斯(纯度 99.99% 的甲烷气体)煤尘耦合爆炸系统按照功能划分为五个子系统:配气系统、喷尘系统、点火系统、管道系统和数据采集系统,实物图如图 6-1 所示,剖面图如图 6-2 所示。

图 6-1　瓦斯煤尘耦合爆炸系统实物图

6.2.1　喷尘系统

　　喷尘系统的主要作用是将煤尘扬起,确保煤尘处于可参与爆炸的悬浮状态。喷尘系统由煤尘仓、压力表、储气腔和电磁阀等构成,如图 6-3 所示。煤尘仓一端与储气腔连接,另一端与爆炸腔连接,煤尘仓剖面示意图如图 6-4 所示。首先将定量的煤尘放入煤尘仓,然后向储气腔内充入一定浓度的甲烷空气混合物,直到压力表示数上升至 0.2 MPa。当电磁阀打

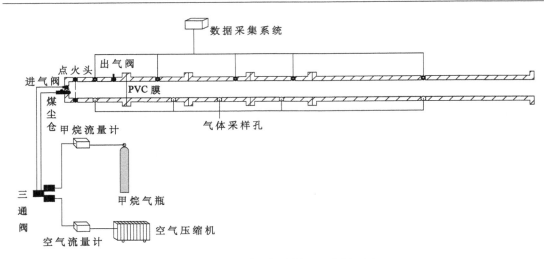

图 6-2　瓦斯煤尘耦合爆炸系统剖面图

开后,储气腔内的高压气体将携带煤尘通过喷嘴进入爆炸腔,使煤尘悬浮在爆炸腔内。

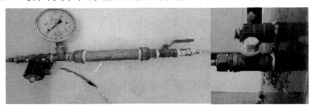

图 6-3　喷尘系统

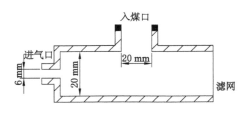

图 6-4　煤尘仓剖面示意图(未按比例绘制)

6.2.2　点火系统

试验采用电点火方式引爆瓦斯煤尘混合物。电点火系统由高能点火器、点火杆、点火开关及电线组成。点火杆主要由钨钢丝构成,如图 6-5 所示。两个点火杆安装在距爆炸腔壁面 20 mm 位置处,且两个点火杆尖端相距 5 mm。点火系统提供的能量大于引爆瓦斯煤尘混合物所需的最小点火能量,以保证瓦斯煤尘混合物能被引爆。

6.2.3　管道系统

管道系统总长 2 m,包括爆炸腔和传播管道两部分。0.25 m 长的爆炸腔与总长 1.75 m 的传播管道之间用 PVC 薄膜隔开。全部管道由 20 mm 厚的有机玻璃制成,管道截面为 80 mm×80 mm 正方形,管道侧面设有安装传感器的螺纹孔和气体采样孔。爆炸传播管道实物图如图 6-6 所示,剖面图如图 6-7 所示。

图 6-5　点火杆

图 6-6　爆炸传播管道实物图

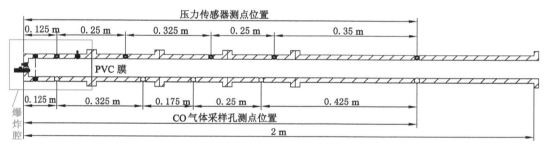

图 6-7　爆炸传播管道剖面图

6.2.4　配气系统

配气系统主要作用是混合甲烷和空气,使混合气体中甲烷浓度达到要求。配气系统由纯甲烷气瓶(甲烷纯度 99.99%)、空气压缩机、流量计、三通阀以及塑料软管组成。与甲烷气体和空气压缩机相连的 ALICAT 流量计控制甲烷气体和空气的进气量,如图 6-8 所示。流量计的出气口与三通阀进气口相连,通过三通阀的预混气体进入爆炸腔。通过 2 min 的气体循环置换,爆炸腔内即为一定浓度的甲烷空气混合物,且爆炸腔内压力为标准大气压。

图 6-8　ALICAT 流量计

流量计的流量设置,通过如下方法计算:

$$V_{腔} = 0.8 \times 0.8 \times 2.5 = 1.6 \ (L) \tag{6-1}$$

$$v_{CH_4} = \frac{10c_{CH_4}V_{腔}}{t_{循环}} = 8c_{CH_4} \tag{6-2}$$

$$v_{空} = \frac{10V_{腔}(1 - c_{CH_4})}{t_{循环}} = 8(1 - c_{CH_4}) \tag{6-3}$$

式中　　$V_{腔}$——爆炸腔体积,L;

$\quad\quad v_{CH_4}$——甲烷流量,L/min;

$\quad\quad v_{空}$——空气流量,L/min;

$\quad\quad t_{循环}$——气体循环时间,本试验设定时间为 2 min;

$\quad\quad c_{CH_4}$——甲烷浓度。

6.2.5 数据采集系统

数据采集系统由硬件系统和配套的 LabVIEW 软件构成。硬件主要包括电脑主机和数据采集卡(NI 9220)。该采集系统可同时采集 16 通道的信号,最大采样率 100 ks/s,如图 6-9 所示。CO 气体采用比长式气体快速检测管进行检测,量程分别为 $0\sim500\times10^{-6}$(精度20×10^{-6})、$0\sim1\ 000\times10^{-6}$(精度 50×10^{-6})和 $0\sim5\ 000\times10^{-6}$(精度 200×10^{-6}),如图 6-10 所示。压力传感器的响应频率是 20 kHz,响应时间是 0.05 ms,量程为 $-0.1\sim0.1$ MPa,如图 6-11 所示。

图 6-9　数据采集系统

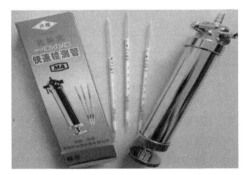

图 6-10　气体快速检测管

图 6-11　压力传感器

6.3　试验条件及试验步骤

6.3.1　煤尘工业分析

试验采用的煤尘需要经过破碎、研磨和筛分等样品制备过程,最终用 200 目(粒径约 0.075 mm)筛子对煤尘进行筛选。按照《煤的工业分析方法》(GB/T 212—2008)对筛选后的煤尘进行工业分析,结果如表 6-1 所示。

表 6-1　煤尘工业分析结果

煤尘成分	挥发分(V_{ad})	水分(M_{ad})	灰分(A_{ad})	固定碳(FC_{ad})
含量/%	26.45	1.05	12.84	59.66

6.3.2　试验条件

试验时所处室内环境温度为 20～27 ℃,室内环境湿度约 50%。试验使用的甲烷气体纯度为 99.99%。通过预试验发现当甲烷浓度为 5%,煤尘浓度按照 50 g/m³ 的增量变化时,在整个传播过程中爆炸特性参数差异微小,不能合理体现煤尘浓度对爆炸特性参数的影响。为确保试验的科学性和精确性,当甲烷浓度为 5% 时,煤尘浓度增量设置为 100 g/m³,当甲烷浓度为 7%、9% 和 11% 时,煤尘浓度增量设置为 50 g/m³,具体的甲烷浓度和煤尘浓度如表 6-2 所示。为减小误差,每个工况点试验至少重复做 3 次,取其平均值为最终试验结果。

表 6-2　瓦斯(甲烷)煤尘耦合爆炸试验条件

甲烷浓度/%	煤尘浓度/(g/m³)
5	0
	100
	200
	300
	400
	500
7	0
	50
	100
	150
	200
9	0
	50
	100
	150
	200

表 6-2(续)

甲烷浓度/%	煤尘浓度/(g/m³)
	0
	50
11	100
	150
	200

6.3.3 试验步骤

(1) 连接各子系统,并对爆炸系统进行气密性检测。

(2) 校正压力传感器和气体检测试剂,对数据采集系统进行调试。

(3) 在距离管道封闭端 0.25 m 处安装 PVC 薄膜,构建一个体积有限的密闭爆炸腔。

(4) 在煤尘仓中添加一定质量的煤尘,打开与爆炸腔相连的进气阀门和排气阀门。

(5) 调节流量计,采用气体循环法使爆炸腔内充满一定浓度的甲烷空气混合物,且保证爆炸腔内压力为一个标准大气压。

(6) 关闭爆炸腔的进气阀门和排气阀门。打开电磁阀,高压气体通过煤尘仓时携带煤尘一起进入爆炸腔,在爆炸腔内形成一定浓度的悬浮煤尘。

(7) 点火,同时开启数据采集系统,收集不同位置的压力传感器数据;采集 CO 气体,测定并记录不同位置的 CO 气体浓度。

(8) 开启空气压缩机,使用高压空气清洗管道内气体残留物和固体颗粒残留物。循环上述步骤,进行下一组试验。

6.4 爆炸腔内瓦斯煤尘耦合爆炸特性试验研究

6.4.1 爆炸腔内压力试验结果分析

甲烷与不同浓度煤尘耦合爆炸时,随着煤尘浓度的增加,爆炸腔内压力呈现不同的变化趋势。将试验数据进行整理,绘制爆炸腔内压力随煤尘浓度变化曲线,如图 6-12 至图 6-15 所示。

5% 甲烷分别与 0、100 g/m³、200 g/m³、300 g/m³、400 g/m³ 和 500 g/m³ 煤尘耦合爆炸后,爆炸腔内测得的压力如图 6-12 所示。当煤尘浓度从 0 增加到 300 g/m³ 时,爆炸腔内压力从 2 789.16 Pa 增加到 5 388.91 Pa,增幅为 93.21%。当煤尘浓度从 300 g/m³ 增加到 500 g/m³ 时,爆炸腔内压力从 5 388.91 Pa 下降到 4 673.89 Pa。由此可见,爆炸腔内压力随着煤尘浓度的增加呈现先增加后减小的变化趋势。当 5% 甲烷与 300 g/m³ 煤尘耦合爆炸时,爆炸腔内压力达到峰值 5 388.91 Pa。

7% 甲烷分别与 0、50 g/m³、100 g/m³、150 g/m³ 和 200 g/m³ 煤尘耦合爆炸后,爆炸腔内测得的压力如图 6-13 所示。当煤尘浓度从 0 增加到 100 g/m³ 时,爆炸腔内压力从 5 115.14 Pa 增加到 8 354.93 Pa,增幅为 63.34%。当煤尘浓度从 100 g/m³ 增加到 200 g/m³ 时,爆炸腔内压力从 8 354.93 Pa 下降到 5 856.21 Pa。由此可见,爆炸腔内压力随着煤尘浓度的增加呈现先增加后减小的趋势。当 7% 甲烷与 100 g/m³ 煤尘耦合爆炸时,爆炸腔内压力达到峰值

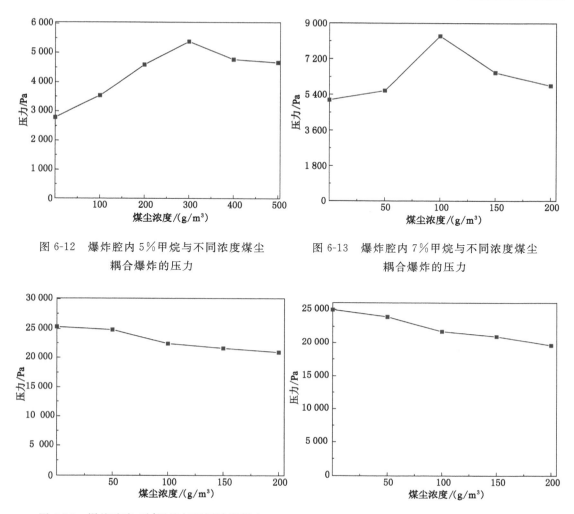

图 6-12　爆炸腔内 5% 甲烷与不同浓度煤尘
耦合爆炸的压力

图 6-13　爆炸腔内 7% 甲烷与不同浓度煤尘
耦合爆炸的压力

图 6-14　爆炸腔内 9% 甲烷与不同浓度煤尘
耦合爆炸的压力

图 6-15　爆炸腔内 11% 甲烷与不同浓度煤尘
耦合爆炸的压力

8 354.93 Pa。

　　9% 甲烷分别与 0、50 g/m³、100 g/m³、150 g/m³ 和 200 g/m³ 煤尘耦合爆炸后,爆炸腔内测得的压力如图 6-14 所示。当煤尘浓度从 0 增加到 200 g/m³ 时,爆炸腔内压力从 25 330.21 Pa 下降到 20 886.16 Pa,降幅为 17.54%。由此可见,爆炸腔内压力随着煤尘浓度的增加呈减小趋势。当单一 9% 甲烷爆炸时,爆炸腔内压力达到峰值 25 330.21 Pa。

　　11% 甲烷分别与 0、50 g/m³、100 g/m³、150 g/m³ 和 200 g/m³ 煤尘耦合爆炸后,爆炸腔内测得的压力如图 6-15 所示。当煤尘浓度从 0 增加到 200 g/m³ 时,爆炸腔内压力从 24 956.45 Pa 下降到 19 563.64 Pa,降幅为 21.61%。由此可见,爆炸腔内压力随着煤尘浓度的增加呈减小趋势。当单一 11% 甲烷爆炸时,爆炸腔内压力达到峰值 24 956.45 Pa。

　　综上所述,不同浓度甲烷与煤尘耦合爆炸时,爆炸腔内压力达到最大值时对应的煤尘浓度为最大爆炸当量浓度。5% 甲烷与煤尘耦合爆炸时,煤尘的最大爆炸当量浓度为 300 g/m³。7% 甲烷与煤尘耦合爆炸时,煤尘的最大爆炸当量浓度为 100 g/m³。甲烷浓度为9%和11%时,无煤尘参与时爆炸腔内爆炸压力最大。甲烷煤尘耦合爆炸时,煤尘最大爆炸当量浓度与甲烷浓度呈负相关关系,甲烷浓度越大,煤尘最大爆炸当量浓度越小。

甲烷煤尘耦合爆炸后,爆炸腔内压力迅速上升,一方面是由于固体颗粒相煤尘发生爆炸反应,生成气体产物,爆炸腔内气体的总量增加,从而导致压力上升;另一方面是由于甲烷煤尘耦合爆炸反应是放热反应,爆炸腔内气体受热膨胀引起压力上升。爆炸腔是一个体积有限的密闭空间,故爆炸腔内的氧气含量是有限的。当煤尘浓度小于(或等于)最大爆炸当量浓度时,爆炸腔处于富氧状态,甲烷和煤尘能够与充足的氧气完全反应,释放大量能量使压力增加,同时,参与爆炸的煤尘越多,爆炸释放的能量越大,压力越大。因此,当煤尘浓度小于(或等于)最大爆炸当量浓度时,煤尘对甲烷煤尘耦合爆炸起促进作用,爆炸腔内压力随着煤尘浓度的增加逐渐增加。而当煤尘浓度大于最大爆炸当量浓度时,煤尘对甲烷煤尘耦合爆炸起抑制作用,爆炸腔内压力随着煤尘浓度的增加而减小。这是由于当煤尘浓度大于最大爆炸当量浓度时,爆炸腔属于贫氧环境,甲烷和煤尘无法充分与氧气发生化学反应,从而导致部分甲烷和煤尘反应不完全,释放的能量减少,爆炸腔内压力减小。

6.4.2 爆炸腔内CO气体浓度试验结果分析

甲烷与不同浓度煤尘耦合爆炸时,随着煤尘浓度的增加,爆炸腔内CO气体浓度呈现不同的变化趋势。将试验数据进行整理,绘制爆炸腔内CO气体浓度随煤尘浓度变化的曲线,如图6-16至图6-19所示。

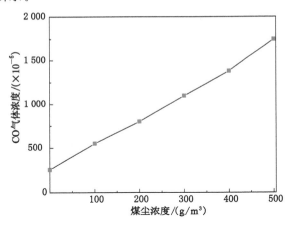

图6-16　爆炸腔内5%甲烷与不同浓度煤尘耦合爆炸后CO气体浓度

5%甲烷分别与0、100 g/m³、200 g/m³、300 g/m³、400 g/m³和500 g/m³煤尘耦合爆炸后,爆炸腔内测得的CO气体浓度如图6-16所示。爆炸腔内的CO气体浓度随着煤尘浓度的增加而增加。煤尘浓度从0增加到500 g/m³时,爆炸腔内CO气体浓度从2.5×10^{-4}增加到1.75×10^{-3},增加了6倍。

7%甲烷分别与0、50 g/m³、100 g/m³、150 g/m³和200 g/m³煤尘耦合爆炸后,爆炸腔内测得的CO气体浓度如图6-17所示。爆炸腔内的CO气体浓度随着煤尘浓度的增加而增加。煤尘浓度从0增加到200 g/m³时,爆炸腔内CO气体浓度从3.5×10^{-4}增加到1.4×10^{-3},增加了3倍。特别是当煤尘浓度大于100 g/m³时,CO气体浓度增加速率明显增大。

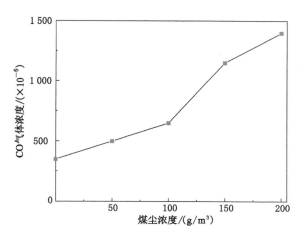

图 6-17　爆炸腔内 7％甲烷与不同浓度煤尘耦合爆炸后 CO 气体浓度

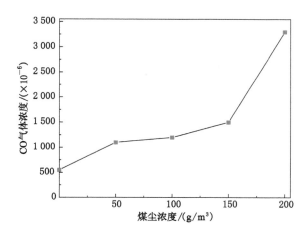

图 6-18　爆炸腔内 9％甲烷与不同浓度煤尘耦合爆炸后 CO 气体浓度

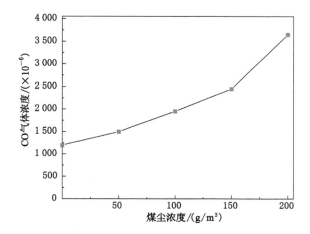

图 6-19　爆炸腔内 11％甲烷与不同浓度煤尘耦合爆炸后 CO 气体浓度

9%甲烷分别与0、50 g/m³、100 g/m³、150 g/m³和200 g/m³煤尘耦合爆炸后,爆炸腔内测得的CO气体浓度如图6-18所示。爆炸腔内的CO气体浓度随着煤尘浓度的增加而增加。煤尘浓度从0增加到200 g/m³时,爆炸腔内CO气体浓度从5.5×10^{-4}增加到3.3×10^{-3},增加了5倍。

11%甲烷分别与0、50 g/m³、100 g/m³、150 g/m³和200 g/m³煤尘耦合爆炸后,爆炸腔内测得的CO气体浓度如图6-19所示。爆炸腔内的CO气体浓度随着煤尘浓度的增加而增加。煤尘浓度从0增加到200 g/m³时,爆炸腔内CO气体浓度从1.2×10^{-3}增加到3.65×10^{-3},增加了2.04倍。

对比分析图6-16至图6-19可知,爆炸后产生的CO气体浓度随甲烷和煤尘浓度的增加而增加。当单一5%、7%、9%和11%甲烷爆炸时,爆炸腔内生成的CO气体浓度分别是2.5×10^{-4}、3.5×10^{-4}、5.5×10^{-4}和1.2×10^{-3}。甲烷浓度大于9%时,生成的CO气体浓度明显增大。当甲烷和煤尘耦合爆炸时,煤尘浓度越大,生成的CO气体浓度越大。这主要是由于甲烷爆炸和煤尘爆炸都属于支链链反应,在链反应传递过程中会生成中间产物CO气体,CO气体继续与氧气反应生成CO_2气体。氧气作为链反应中的反应物对甲烷和煤尘能否完全反应以及生成物中CO气体的量具有十分重要的影响。

当煤尘浓度小于(或等于)最大爆炸当量浓度时,爆炸腔处于富氧状态,CO气体与充足的氧气继续反应生成CO_2气体,爆炸腔内残留的CO气体浓度较小。当煤尘浓度大于最大爆炸当量浓度时,爆炸腔处于贫氧状态,部分甲烷和煤尘反应生成的CO气体未能与氧气继续反应生成CO_2气体,从而导致爆炸腔内CO气体浓度增加。

6.4.3 爆炸腔内压力与CO气体浓度的关系

爆炸压力和CO气体浓度作为瓦斯煤尘耦合爆炸的两个重要特性参数,除单独对各个参数进行分析外,也有必要对两者之间的关系进行研究,从而有助于更深层次理解瓦斯煤尘耦合爆炸特性。根据爆炸腔内测得的压力和CO气体浓度,绘制不同浓度瓦斯煤尘耦合爆炸压力与CO气体浓度的关系图,如图6-20至图6-23所示。

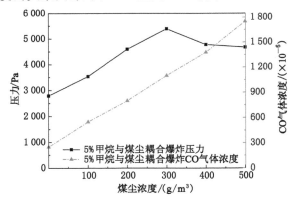

图6-20　不同浓度煤尘与5%甲烷耦合爆炸的压力及CO气体浓度

由图6-20至图6-23可知,爆炸腔内的煤尘浓度小于(或等于)最大爆炸当量浓度时,煤尘浓度对压力和CO气体浓度的影响相同,两者均随煤尘浓度的增加而增加。这是由于煤尘浓度增加,参与爆炸的煤尘量增加,生成的CO气体增多,气体膨胀作用增强,对气体的压

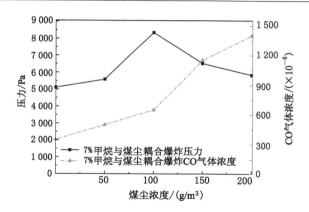

图 6-21　不同浓度煤尘与 7％甲烷耦合爆炸的压力及 CO 气体浓度

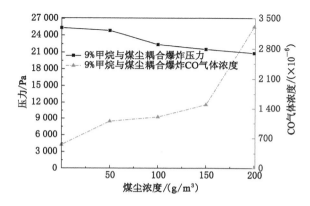

图 6-22　不同浓度煤尘与 9％甲烷耦合爆炸的压力及 CO 气体浓度

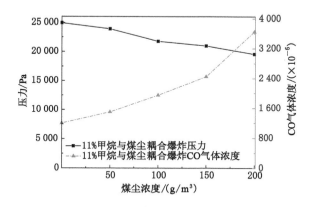

图 6-23　不同浓度煤尘与 11％甲烷耦合爆炸的压力及 CO 气体浓度

缩作用增强，有利于形成更大的压力。因此，CO 气体浓度和压力均随着煤尘浓度的增加而增加。

　　反之，当煤尘浓度大于最大爆炸当量浓度时，煤尘浓度对压力与 CO 气体浓度的影响截然相反，压力随煤尘浓度的增加逐渐减小，而 CO 气体浓度随煤尘浓度的增加显著增加。煤尘浓度大于最大爆炸当量浓度即爆炸腔内氧气不足，煤尘浓度越大则 CO 气体浓度越大，甲烷和煤尘与氧气反应越不完全。甲烷和煤尘反应越不完全,释放的能量越少,则导致压力越小。

6.5 管道内瓦斯煤尘耦合爆炸传播特性

6.5.1 管道内压力传播试验结果分析

甲烷与不同浓度煤尘耦合爆炸,煤尘浓度不仅会对爆炸腔内压力产生影响,也会对爆炸冲击波传播过程中的压力衰减特性产生影响。对距离爆源 0.125 m、0.375 m、0.7 m、0.95 m 和 1.3 m 处测得的压力试验数据进行整理,绘制了不同浓度甲烷煤尘耦合爆炸后压力传播特性图,如图 6-24 至图 6-27 所示。

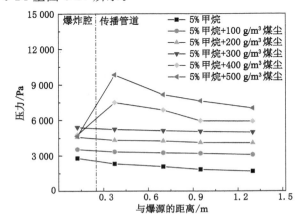

图 6-24　5%甲烷与不同浓度煤尘耦合爆炸压力传播特性

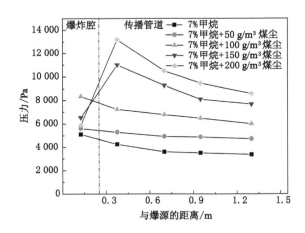

图 6-25　7%甲烷与不同浓度煤尘耦合爆炸压力传播特性

5%甲烷与不同浓度煤尘耦合爆炸,随着煤尘浓度的增加,各测点测得的最大压力增加,如图 6-24 所示。煤尘浓度从 0 增加到 500 g/m³ 时,传播过程中的压力峰值从2 789.16 Pa 增加到 9 833.73 Pa,增加了 2.53 倍。爆炸传播过程中的压力峰值位置随煤尘浓度的变化而

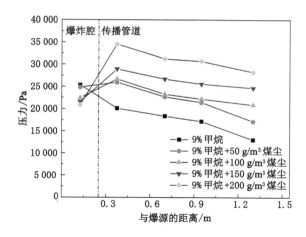

图 6-26　9％甲烷与不同浓度煤尘耦合爆炸压力传播特性

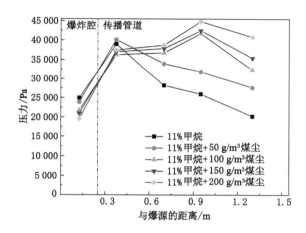

图 6-27　11％甲烷与不同浓度煤尘耦合爆炸压力传播特性

变化。当煤尘浓度小于(或等于)最大爆炸当量浓度 300 g/m³ 时,压力随着与点火端距离的增加而减小,爆炸传播过程中的最大压力出现在爆炸腔内。当煤尘浓度大于最大爆炸当量浓度 300 g/m³ 时,压力随着与点火端距离的增加呈现先增加后减小的趋势,爆炸传播过程中的最大压力位置在爆炸腔附近,距离点火端 0.375 m。

7％甲烷与不同浓度煤尘耦合爆炸,随着煤尘浓度的增加,各测点测得的最大压力增加,如图 6-25 所示。煤尘浓度从 0 增加到 200 g/m³ 时,传播过程中的压力峰值从 5 115.14 Pa 增加到 13 201.33 Pa,增加了 1.58 倍。爆炸传播过程中的压力峰值位置随煤尘浓度的变化而变化。当煤尘浓度小于(或等于)最大爆炸当量浓度 100 g/m³ 时,压力随着与点火端距离的增加而减小,爆炸传播过程中的最大压力出现在爆炸腔内。当煤尘浓度大于最大爆炸当量浓度 100 g/m³ 时,压力随着与点火端距离的增加呈现先增加后减小的趋势,爆炸传播过程中的最大压力位置在爆炸腔附近,距离点火端 0.375 m。

9％甲烷与不同浓度煤尘耦合爆炸,随着煤尘浓度的增加,各测点测得的最大压力增加,如图 6-26 所示。煤尘浓度从 0 增加到 200 g/m³ 时,传播过程中的压力峰值从 25 330.21 Pa

增加到 34 506.06 Pa,增幅为 36.22%。爆炸传播过程中的压力峰值位置随煤尘浓度的变化而变化。当单一 9%甲烷爆炸时,压力随着与点火端距离的增加而减小,爆炸传播过程中的最大压力出现在爆炸腔内。当有煤尘参与爆炸时,压力随着与点火端距离的增加呈现先增加后减小的趋势,爆炸传播过程中的最大压力位置在爆炸腔附近,距离点火端 0.375 m。

11%甲烷与不同浓度煤尘耦合爆炸,随着煤尘浓度的增加,各测点测得的最大压力增加,如图 6-27 所示。煤尘浓度从 0 增加到 200 g/m³ 时,传播过程中的压力峰值从 38 989.24 Pa 增加到 44 813.61 Pa,增幅为 14.94%。压力随着与点火端距离的增加呈现先增加后减小的趋势。当煤尘浓度从 0 增加到 200 g/m³ 时,压力峰值位置与点火端的距离从 0.375 m 增加到 0.95 m,由此可见高浓度甲烷与煤尘耦合爆炸时,爆炸冲击波传播过程中压力峰值位置与点火源的距离随着煤尘浓度的增加而增加,且高压区域明显增大。

对比分析图 6-24 至图 6-27 可知,当甲烷浓度一定,煤尘浓度小于(或等于)最大爆炸当量浓度(即爆炸腔处于富氧状态)时,最大压力随着与点火端距离的增加而逐渐减小;反之,煤尘浓度大于最大爆炸当量浓度(即爆炸腔处于贫氧状态)时,最大压力随着与点火端距离的增加呈现先增加后减小的趋势。

爆炸过程中化学反应对冲击波起驱动作用,为冲击波的生成和传播提供了能量。甲烷和煤尘与氧气发生的化学反应直接影响了甲烷煤尘耦合爆炸最大压力的传播特性。由于缺氧尚未完全反应的甲烷和煤尘传播到爆炸腔以外的管道时,继续与氧气发生化学反应,生成气体产物并释放能量。气体产物发生急剧膨胀压缩周围气体形成具有一定速度的压缩波。随着化学反应的进行,越靠后形成的压缩波,其具有的传播速度越大,可以追赶上先前形成的压缩波,并与之叠加,形成更强烈的冲击波,从而导致冲击波传播过程中出现最大压力随着距离的增加而增加的现象。

冲击波传播过程中由化学反应为其补充能量,而冲击波压缩气体又消耗能量,冲击波的压力由两者之间的关系决定。当甲烷和煤尘发生的化学反应结束后,冲击波失去能量供给,借助从化学反应中获得的初始能量继续向前传播。冲击波传播过程中会不断压缩前方空气,压缩空气消耗的能量是不可逆的,则冲击波的能量不断减少,进而导致传播过程中最大压力随着距离的增加而逐渐减小。同时,冲击波传播时会不断进行热量传递,热传导和热辐射等不可逆能量损耗会不断减弱冲击波的能量,使其压力逐渐减小。另外,空气冲击波形成后,波阵面以一定的速度向前运动,而波阵面后的气体以小于波阵面的速度紧随波阵面向前运动,从而在冲击波后出现负压区,形成了一系列稀疏波。稀疏波对冲击波起到削弱作用,导致冲击波传播过程中压力逐渐减小。除冲击波自身因素外,管道壁面不是绝对光滑的,在传播过程中由于壁面摩擦等因素不断消耗冲击波的能量,也会导致冲击波在传播过程中最大压力不断减小。

6.5.2 管道内 CO 气体传播试验结果分析

甲烷与不同浓度煤尘耦合爆炸,煤尘浓度不仅会对爆炸腔内的 CO 气体浓度产生影响,也会对 CO 气体传播过程中的浓度衰减特性产生影响。对距离爆源 0.125 m、0.45 m、0.625 m、0.875 m 和 1.3 m 处测得的 CO 气体浓度进行整理,绘制了不同浓度甲烷煤尘耦合爆炸后 CO 气体传播特性图,如图 6-28 至图 6-31 所示。

5%甲烷与不同浓度煤尘耦合爆炸,当与爆源的距离一定时,测得的 CO 气体浓度随着煤尘浓度的增加而增加,如图 6-28 所示。当煤尘浓度从 0 增加到 500 g/m³ 时,传播过程中

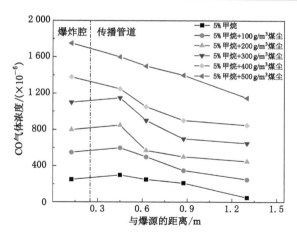

图 6-28　5％甲烷与不同浓度煤尘耦合爆炸 CO 气体传播特性

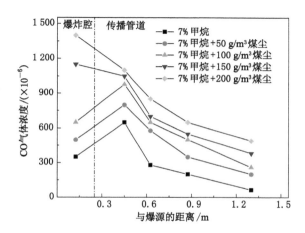

图 6-29　7％甲烷与不同浓度煤尘耦合爆炸 CO 气体传播特性

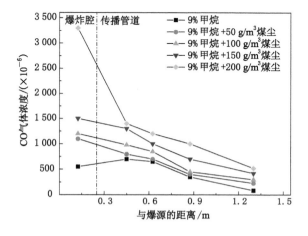

图 6-30　9％甲烷与不同浓度煤尘耦合爆炸 CO 气体传播特性

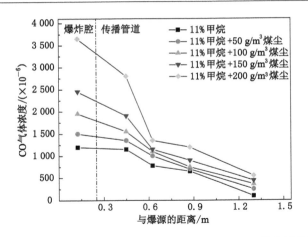

图 6-31　11％甲烷与不同浓度煤尘耦合爆炸 CO 气体传播特性

的 CO 气体浓度峰值从 3.0×10^{-4} 增加到 1.75×10^{-3},增加了 4.83 倍。爆炸传播过程中最大 CO 气体浓度的位置随煤尘浓度的变化而变化。当煤尘浓度大于最大爆炸当量浓度 300 g/m³ 时,CO 气体浓度随着与点火端距离的增加而减小,爆炸传播过程中的最大 CO 气体浓度出现在爆炸腔内。当煤尘浓度小于(或等于)最大爆炸当量浓度 300 g/m³ 时,CO 气体浓度随着与点火端距离的增加呈现先增加后减小的趋势,爆炸传播过程中的最大 CO 气体浓度位置在爆炸腔附近,距离点火端 0.45 m。

　　7％甲烷与不同浓度煤尘耦合爆炸,当与爆源的距离一定时,测得的 CO 气体浓度随着煤尘浓度的增加而增加,如图 6-29 所示。当煤尘浓度从 0 增加到 200 g/m³ 时,传播过程中的 CO 气体浓度峰值从 6.5×10^{-4} 增加到 1.4×10^{-3},增加了 1.15 倍。爆炸传播过程中最大 CO 气体浓度的位置随煤尘浓度的变化而变化。当煤尘浓度大于最大爆炸当量浓度 100 g/m³ 时,CO 气体浓度随着与点火端距离的增加而减小,爆炸传播过程中的最大 CO 气体浓度出现在爆炸腔内。当煤尘浓度小于(或等于)最大爆炸当量浓度 100 g/m³ 时,CO 气体浓度随着与点火端距离的增加呈现先增加后减小的趋势,爆炸传播过程中的最大 CO 气体浓度位置在爆炸腔附近,距离点火端 0.45 m。

　　9％甲烷与不同浓度煤尘耦合爆炸,当与爆源的距离一定时,测得的 CO 气体浓度随着煤尘浓度的增加而增加,如图 6-30 所示。当煤尘浓度从 0 增加到 200 g/m³ 时,传播过程中的 CO 气体浓度峰值从 7.0×10^{-4} 增加到 3.3×10^{-4},增加了 3.71 倍。爆炸传播过程中最大 CO 气体浓度的位置随煤尘浓度的变化而变化。当有煤尘参与爆炸时,CO 气体浓度随着与点火端距离的增加而减小,爆炸传播过程中的最大 CO 气体浓度出现在爆炸腔内。当单一 9％甲烷爆炸时,CO 气体浓度随着与点火端距离的增加呈现先增加后减小的趋势,爆炸传播过程中的最大 CO 气体浓度位置在爆炸腔附近,距离点火端 0.45 m。

　　11％甲烷与不同浓度煤尘耦合爆炸,当与爆源的距离一定时,测得的 CO 气体浓度随着煤尘浓度的增加而增加,如图 6-31 所示。爆炸传播过程中 CO 气体浓度随着与点火端距离的增加不断减小。爆炸传播过程中最大 CO 气体浓度位置在爆炸腔内。煤尘浓度从 0 增加到 200 g/m³ 时,传播过程中的 CO 气体浓度峰值从 1.2×10^{-3} 增加到 3.65×10^{-4},增加了 2.04 倍。煤尘浓度不同引起的爆炸腔内 CO 气体浓度差异明显大于距离爆源 1.3 m 处煤尘浓度引起的 CO 气体浓度差异。

对比分析图 6-28 至图 6-31 可知,当与爆源的距离一定时,爆炸传播过程中各测点处 CO 气体浓度随着甲烷和煤尘浓度的增加而增加。一方面,CO 气体来源于甲烷和煤尘的不完全氧化反应;另一方面,煤尘受热分解时也会释放出少量 CO 气体。因此,参与爆炸的甲烷和煤尘的浓度越高,爆炸生成的 CO 气体越多,传播过程中各测点处 CO 气体浓度越大。当 9% 和 11% 甲烷与煤尘耦合爆炸时,在传播过程中,随着距离的增加,煤尘浓度改变引起的 CO 气体浓度差异整体呈减小趋势。距离点火端 0.125 m 时,煤尘浓度变化引起的 CO 气体浓度差异较大,超过 2.0×10^{-3};距离点火端 1.3 m 时,煤尘浓度变化引起的 CO 气体浓度差异较小,不超过 4.5×10^{-4}。

在传播管道中,CO 气体浓度随着与点火端距离的增加而逐渐减小。这是由于甲烷煤尘发生爆炸反应后,生成的 CO 气体受热迅速膨胀,依靠吸收爆炸释放的能量形成沿管道轴线方向传播的具有一定温度和速度的气流。随着甲烷和煤尘爆炸反应的结束,CO 气体不再继续生成,且失去能量供给。失去来源和能量供给的 CO 气体在浓度梯度、压力梯度和温度梯度的作用下,继续沿管道轴线方向向前传播,不断与管道内的空气融合稀释,从而导致 CO 气体浓度随着与点火端距离的增加而减小。

6.6　压力和 CO 气体传播特性对爆炸伤害的影响

通过试验确定了不同浓度甲烷与煤尘耦合爆炸时,煤尘的最大爆炸当量浓度。参与爆炸的煤尘浓度与最大爆炸当量浓度的关系可以影响爆炸传播过程中压力和 CO 气体伤害最严重区域的位置。

当煤尘浓度小于(或等于)最大爆炸当量浓度时,压力峰值出现在爆源处,则爆炸事故发生后冲击波压力伤害最严重的区域在爆源处。当煤尘浓度大于最大爆炸当量浓度时,压力峰值出现的位置与爆源相距一定的距离,不在爆源处,则爆炸事故发生后冲击波压力伤害最严重的区域在爆源附近,而非爆源处。当 11% 甲烷与高浓度煤尘耦合爆炸后,压力峰值位置与爆源的距离增加,导致爆炸过程中冲击波压力伤害最严重的区域与爆源的距离增加,煤矿井下作业人员在该种情形下逃生时应慎重选择路线,避免盲目逃向冲击波压力伤害最严重的区域。

当煤尘浓度小于(或等于)最大爆炸当量浓度时,CO 气体浓度峰值出现在爆源附近,与爆源相距一定的距离,则爆炸事故发生后 CO 气体伤害最严重的区域在爆源附近,而非爆源处。当煤尘浓度大于最大爆炸当量浓度时,CO 气体浓度峰值位置在爆源处,则爆炸事故发生后 CO 气体伤害最严重的区域在爆源处。

当与爆源的距离一定时,甲烷浓度和煤尘浓度会影响爆炸压力和 CO 气体浓度,进而影响冲击波压力和 CO 气体对作业人员造成的伤害。在甲烷煤尘耦合爆炸反应区外,当距离和甲烷浓度一定,煤尘浓度从 0 增加到 200 g/m³ 时,冲击波压力和 CO 气体浓度增加,则冲击波超压和 CO 气体对作业人员造成的伤害随之增加。

第7章　瓦斯煤尘耦合爆炸火焰及冲击波传播经验模型

7.1　引　　言

本章将基于流体动力学理论,在对瓦斯煤尘耦合爆炸特点及影响因素认识的基础上,对瓦斯煤尘耦合爆炸传播两相流进行相应的介绍及理论分析,对瓦斯煤尘两相爆炸反应中爆炸火焰及冲击波发展、传播机理进行相应的分析,并结合统计分析软件 SPSS 对瓦斯煤尘耦合爆炸火焰锋面速度、火焰持续时间及冲击波超压三者在不同角度拐弯管道、分叉管道中的试验数据进行处理,进而得到一系列反映爆炸火焰及冲击波在拐弯管道及分叉管道内发展、传播特性的变化规律公式。

7.2　瓦斯煤尘耦合爆炸两相流理论分析

瓦斯煤尘耦合爆炸的传播由前驱冲击波和火焰波构成,冲击波传播过程中不发生任何化学反应,而火焰波是含有化学反应的波,它不仅具有冲击波的性质,而且还必须考虑放热反应的作用。

7.2.1　瓦斯煤尘两相的湍流燃烧模型

湍流燃烧问题涉及湍流、化学反应和相间输运的相互作用,其中与燃烧密切相关的特性主要有扩散性、湍流的多尺度性、湍流的多旋性等。对于颗粒悬浮流,若将颗粒相守恒方程写成拉格朗日坐标形式,从而以单个颗粒代表某颗粒群,这便是颗粒轨道模型,可使问题简化。

(1) 瓦斯煤尘两相流守恒方程

在两相体系中,每相占有一定的空间且互不相容,所占空间内满足均相守恒方程[184-185]。

$$\frac{\partial \rho_k}{\partial t} + \frac{\partial (\rho_k \mu_{ki})}{\partial x_j} = 0 \tag{7-1}$$

$$\rho_k \frac{\partial \mu_{ki}}{\partial t} + \rho_k \mu_{kj} \frac{\partial \mu_{kj}}{\partial x_j} = \frac{\partial \pi_{kij}}{\partial x_j} + \rho_k f_{ki} \tag{7-2}$$

$$\frac{\partial (\rho_k C_{vk} T_k)}{\partial t} + \frac{\partial (\rho_k \mu_{kj} C_{vk} T)}{\partial x_j} = \frac{\partial \left(K_k \frac{\partial T_k}{\partial x_j} \right)}{\partial x_j} + \pi_{kij} \frac{\partial \mu_i}{\partial x_j} + J_{EK} \tag{7-3}$$

$$\frac{\partial (\rho_k Y_k)}{\partial t} + \frac{\partial (\rho_k \mu_{kj} Y_k)}{\partial x} = \frac{\partial \left(D \rho_k \frac{\partial Y_k}{\partial x_j} \right)}{\partial x_j} - \omega_k \tag{7-4}$$

式中　脚标 k ——第 k 相；

ρ ——组分密度；

μ ——速度；

π ——应力张量分量；

Y ——质量分数；

f ——场力；

J_{EK} ——能量方程中的源项，如化学反应热等；

C_{vk} —— k 相的定容比热；

T ——温度；

D ——扩散系数；

ω_k —— k 相的化学反应速率。

这种两相界面间存在的相间的相互作用，就是相间输运。虽然很容易通过这种描述其作用的关系式作为边界条件使上述方程封闭，但所列方程数量太多，求解难度很大，为了简化，引进多相连续介质共存模型，即假设构成多相体系相互渗透，占据同一空间。

在 k 和 f 构成的两相系统中，L 表示宏观流动的特征长度，d 表示各相的特征长度。当空间距离小于 d 时，介质可能从一相过渡到另一相，其状态因此发生突变，故流场参数 A 的空间分布是不连续的。在空间某点 P 取特征尺寸为 l 的控制体，其大小满足 $d \ll l \ll L$，参数 A 在该控制体内的体积平均值如式（7-5）所示。

$$\langle A_k \rangle = \frac{1}{V} \int_V A_k \mathrm{d}V \tag{7-5}$$

式中，V 为控制体体积，$V = V_k(t) + V_f(t)$，脚标 k 为 k 相，脚标 f 为 f 相。

其固有体积平均值为：

$$\langle A_k \rangle^k = \frac{1}{V_k(t)} \int_{\Gamma_{k(t)}} A_k \mathrm{d}V \tag{7-6}$$

记 $\varepsilon_k = \dfrac{V_k(t)}{V}$ 为 k 相的体积分数，则：

$$\varepsilon_k \langle A_k \rangle^k = \langle A_k \rangle \tag{7-7}$$

设 P 点可在 k 相也可在 f 相，但同时具有两相的体积平均值，故从平均意义上讲两相在其中是共存的，平均值在空间上是连续分布的。

依据高斯原理的输运原理和平均原理[54]，得到体积平均值的守恒方程：

$$\frac{\partial \langle \rho_k \rangle}{\partial t} + \nabla \cdot (\rho_k \mu_k) = -\frac{1}{V} \iint_{S_k} \rho_k (\mu_k - \mu_s) \cdot n_k \mathrm{d}S = \Gamma_k \tag{7-8}$$

$$\frac{\partial \langle \rho_k \mu_k \rangle}{\partial t} + \nabla \cdot (\rho_k \mu_k \mu_s) = -\frac{1}{V} \iint_{S_k} \rho_k (\mu_k - \mu_s) \cdot n_k \mathrm{d}S \tag{7-9}$$

$$\frac{\partial \langle \rho_k E_k \rangle}{\partial t} + \nabla \cdot (\rho_k \mu_k \mu_s) = -\nabla \cdot \langle \mu_k \rho_k \rangle + \nabla \cdot \langle \mu_k \tau_k \rangle +$$

$$\langle p_k \rho_k \rangle \cdot f_k - \nabla \cdot \langle J_k \rangle + J_{sk} - \frac{1}{V} \iint_{S_k} \rho_k E_k (\mu_k - \mu_s) \cdot n_k \mathrm{d}S -$$

$$\frac{1}{V} \iint_{S_k} (\rho_k \mu_k n_k - \mu_k \tau_k n_k) \mathrm{d}S - \frac{1}{V} J_{qk} \cdot n_k \mathrm{d}S \tag{7-10}$$

若脚标 m 表示两相混合物,则:

$$\langle \rho_m \mu_m \rangle = \sum (\rho_k \mu_k) \tag{7-11}$$

$$\langle \rho_m E_m \rangle = \sum (\rho_k E_k) \tag{7-12}$$

$$\langle p_m \rangle = \sum (\rho_k) = p \tag{7-13}$$

$$\langle \tau_m \rangle = \sum \tau_k \tag{7-14}$$

因此,两相流混合物的守恒方程为:

$$\frac{\partial \langle \rho_m \rangle}{\partial t} + \nabla \langle \rho_m \mu_m \rangle = 0 \tag{7-15}$$

$$\frac{\partial \langle \rho_m \mu_m \rangle}{\partial t} + \frac{1}{V} \iint_{S_k} \rho_k (\mu_k - \mu_s) \cdot n_k \mathrm{d}S + \nabla (\rho_m \mu_m \mu_m) +$$

$$\nabla (p) - \nabla \cdot \langle \tau_m \rangle - \frac{1}{V} \iint_{S_k} (-p_k n_k - \tau_k n_k) \mathrm{d}S - \langle \rho_m \rangle f +$$

$$\nabla \cdot \sum \langle \rho_k (\mu_k - \mu_m) \rangle (\mu_k - \mu_m) = 0 \tag{7-16}$$

$$\frac{\partial \langle \rho_m E_m \rangle}{\partial t} + \nabla \cdot (\rho_m E_m \mu_m) + \nabla \cdot \sum \langle \rho_k (\mu_k - \mu_m)(E_k - E_m) \rangle =$$

$$-\nabla \cdot \sum_k (\mu_k p_k) + \nabla \cdot \sum_k (\mu_k \tau_k) + f \cdot \sum_k (\rho_k \mu_k) - \nabla \cdot \langle J_{qm} \rangle + \langle J_E \rangle -$$

$$\frac{1}{V} \sum \iint_{S_k} \rho_k E_k (\mu_k - \mu_m) \cdot n_k \mathrm{d}S - \frac{1}{V} \sum \iint_{S_k} \rho_k \mu_k n_k \mathrm{d}S +$$

$$\frac{1}{V} \sum \iint_{S_k} \tau_k \mu_k n_k \mathrm{d}S + \frac{1}{V} \sum \iint_{S_k} J_{qk} n_k \mathrm{d}S \tag{7-17}$$

(2) 瓦斯煤尘两相流燃烧模型

气相流和固相流取平均值后,两者在空间上互相渗透,其守恒方程是关于瞬时量的方程。湍流燃烧时,需对雷诺分解后产生的脉动相关量进行模化。当马赫数 $M \ll 1$ 时,忽略能量的耗散项,得方程:

$$\frac{\partial \langle \rho \rangle}{\partial t} + \frac{\partial \langle \rho \mu_j \rangle}{\partial x_j} = \Gamma_{\mathrm{eff}} \tag{7-18}$$

$$\frac{\partial \langle n_{pk} \rangle}{\partial t} + \frac{\partial \langle n_{pk} \mu_{pkj} \rangle}{\partial x_j} = \frac{\partial}{\partial x_j} \left[\frac{v_p}{\sigma_p} \frac{\partial \langle n_{pk} \rangle}{\partial x_j} \right] \tag{7-19}$$

$$\frac{\partial \langle \rho_{pt} \rangle}{\partial t} + \frac{\partial}{\partial x_j} \langle \rho_{pk} \mu_{pkj} \rangle = \frac{\partial}{\partial x_j} \left[m_{pk} \frac{v_p}{\sigma_p} \frac{\partial \langle n_{pk} \rangle}{\partial j} \right] + \Gamma_{pk,\mathrm{eff}} \tag{7-20}$$

$$\frac{\partial \langle \rho \mu_j \rangle}{\partial t} + \frac{\partial}{\partial x_j} \langle \rho \mu_i \mu_j \rangle = \frac{\partial \langle p \rangle}{\partial x_i} + \frac{\partial}{\partial x_j} \left\{ \mu_{\mathrm{eff}} \left[\frac{\partial \langle \mu_i \rangle}{\partial x_j} + \frac{\partial \langle \mu_j \rangle}{\partial x_j} \right] \right\} +$$

$$\langle \mu_i \rangle \Gamma_{\mathrm{eff}} - \sum \frac{\langle \rho_{pk} \rangle \langle \mu_i - \mu_{pkj} \rangle}{\tau_m} \tag{7-21}$$

$$\frac{\partial \langle n_{pk} \mu_{pkj} \rangle}{\partial t} + \frac{\partial}{\partial x_j} \langle n_{pk} \mu_{pkj} \mu_{pkj} \rangle = \frac{\langle n_{pk} \rangle \langle \mu_i - \mu_{pkj} \rangle}{\tau_m} + \frac{\langle \mu_i \rangle \Gamma_{pk,\mathrm{eff}}}{m_{pk}} +$$

$$\frac{\partial}{\partial_j} \left\{ v_p \langle n_{pk} \rangle \left[\frac{\partial \langle \mu_{pkj} \rangle}{\partial x_j} + \frac{\partial \langle \mu_{pkj} \rangle}{\partial x_i} \right] + \frac{v_p}{\sigma_p} \left[\langle \mu_{pkj} \rangle \frac{\partial \langle n_{pk} \rangle}{\partial x_i} + \langle \mu_{pkj} \rangle \frac{\partial \langle n_{pk} \rangle}{\partial x_j} \right] \right\} \tag{7-22}$$

$$\frac{\partial q}{\partial t}C_p\langle \rho T\rangle + \frac{\partial}{\partial x_j}C_j\langle \rho \mu_j T\rangle = \frac{\partial}{\partial x_j}k_{\text{eff}}\frac{\partial \langle T\rangle}{\partial x_j}+$$

$$C_p\langle T\rangle \Gamma_{\text{eff}} + \langle \omega_s\rangle Q_s - \pi n\mu k d_k \sum \frac{\langle n_{pk}\rangle \langle T-T_{pk}\rangle}{m_{pt}} \tag{7-23}$$

$$\frac{\partial}{\partial t}\langle \rho Y_s\rangle + \frac{\partial}{\partial x_j}\langle \rho \mu_j Y_s\rangle = \frac{\partial}{\partial x_j}\left[\langle \rho\rangle D_{\text{eff}}\frac{\partial Y_s}{\partial x_j}\right]+\alpha_k\Gamma_{\text{eff}}-\bar{\omega}_s \tag{7-24}$$

式中，$D_{\text{eff}}=D+\frac{v_T}{\sigma_y}$，$k_{\text{eff}}=k+\frac{v_T}{\sigma_t}$，$\Gamma_{\text{eff}}=-\sum \Gamma_{pk,\text{eff}}$，$\Gamma_{pk,\text{eff}}=\langle \Gamma_{pk}\rangle + \langle \Gamma'_{pk}\rangle$，$\langle \Gamma_{pk}\rangle =$ $\langle n_{pk}m_{pk}\rangle$，$\langle \Gamma'_{pk}\rangle =\langle n'_{pk}m'_{pk}\rangle$，$\sigma_y$、$\sigma_p$ 和 σ_T 为常数。

7.2.2　瓦斯煤尘两相流爆炸火焰的传播

管道内流团燃烧时，体积膨胀，从而在火焰前方形成压缩波，诱导和加速质点的运动。受黏性边界层和管道壁面效应影响，质点速度在轴向和壁面方向差别很大，从而形成涡流，火焰因此而变形皱褶，燃烧面积增大，燃烧速度加快，又进一步推动火焰阵面的更大变形皱褶，因此是一种正反馈的过程。当湍流足够强时，未燃流团将被火焰所吞食形成相干流块，这些流块在轴心附近温度高、流速大，壁面附近温度低、流速小。湍流脉动使已燃和未燃流块在轴向扩散，高温和低温流块在径向扩散，此时湍流速率往往决定于上述流动扩散过程，与化学反应速率关系并不密切。

由量纲分析式 $S_T\propto \sqrt{\dfrac{D}{t^*}}$，得：

$$\mu^* = \sqrt{\frac{\tau_w}{\rho}}$$

式中，S_T 为湍流燃烧速度；D 为轴向湍流扩散系数，$D\propto 10ru^*$；μ^* 为摩阻速度；τ_w 为管道壁剪应力；t^* 为管道内特征时间。

当 Re 达 10^7 级时，$\mu^* = \dfrac{\mu}{30}$，得：

$$S_T = \frac{1}{3}\mu$$

式中，μ 为轴向平均速度。

如果假设 $t=0$ 时刻管道内压力和流速都处于理想状态，绝对均匀，记作 p_0 和 μ_0，当 $x=x_0$ 处有一接触间断，两侧温度为 T_0，随后该间断发展成为向前传播的火焰，则该间断两侧的守恒方程为：

$$\rho_1(S_F-\mu_1) = \rho_2(S_F-\mu_2) \tag{7-25}$$

$$p_1+\rho_1(\mu_1-S_F)\mu_1 = p_2+\rho_2(\mu_2-S_F)\mu_2 \tag{7-26}$$

式中　ρ_1 ——火焰阵面前密度；

$\quad\quad \rho_2$ ——火焰阵面后密度；

$\quad\quad \mu_1$ ——火焰阵面前速度；

$\quad\quad \mu_2$ ——火焰阵面后速度；

$\quad\quad S_F$ ——火焰阵面速度。

设火焰两侧熵增为常数，那么火焰两侧都可以看作均熵流动，火焰两侧的关系式如下。

火焰前：

$$p = p_0 \left[1 + \frac{1}{2} (\gamma - 1) \frac{\mu - \mu_0}{a_0} \right]^{\frac{2\gamma}{\gamma-1}} \tag{7-27}$$

$$\rho = \rho_0 \left[1 + \frac{1}{2} (\gamma - 1) \frac{\mu - \mu_0}{a_0} \right]^{\frac{2}{\gamma-1}} \tag{7-28}$$

$$a = a_0 \left[1 + \frac{1}{2} (\gamma - 1) \frac{\mu - \mu_0}{a_0} \right] \tag{7-29}$$

火焰后：

$$p = p_0 \left[1 - \frac{1}{2} (\gamma - 1) \frac{\mu - \mu_0}{a_f} \right]^{\frac{2\gamma}{\gamma-1}} \tag{7-30}$$

$$\rho = \rho_f \left[1 - \frac{1}{2} (\gamma - 1) \frac{\mu - \mu_0}{a_f} \right]^{\frac{2}{\gamma-1}} \tag{7-31}$$

$$a = a_f \left[1 + \frac{1}{2} (\gamma - 1) \frac{\mu - \mu_0}{a_f} \right] \tag{7-32}$$

式中，$\rho_f = \left(\dfrac{T_0}{T_f} \right) \rho_0$，$a_f = a_0 \sqrt{\dfrac{T_f}{T_0}}$。

对上述式子进行整理可得：

$$\frac{T_f}{T_0} (S_F - \mu_1) \left[1 + \frac{1}{2} (\gamma - 1) \frac{\mu_1 - \mu_0}{a_0} \right]^{\frac{2}{\gamma-1}} = (S_F - \mu_2) \left[1 - \frac{1}{2} (\gamma - 1) \frac{\mu_2 - \mu_0}{a_f} \right]^{\frac{2}{\gamma-1}} \tag{7-33}$$

$$(S_F - \mu_2) \left\{ a_0^2 \left[1 + \frac{1}{2} (\gamma - 1) \frac{\mu_1 - \mu_0}{a_0} \right]^2 + \gamma (\mu_1 - S_F) \mu_1 \right\}$$

$$= (S_F - \mu_1) \left\{ a_f^2 \left[1 - \frac{1}{2} (\gamma - 1) \frac{\mu_2 - \mu_0}{a_f} \right]^2 + \gamma (\mu_2 - S_F) \mu_2 \right\} \tag{7-34}$$

消去上面两式中的 μ_2，可得到：

$$S_F = S_F (\mu_1) \tag{7-35}$$

式(7-35)描述了火焰诱导下的波前流动状况。

7.2.3 瓦斯煤尘两相流爆轰波的传播

类似瓦斯煤尘这种气固两相爆轰比均相爆轰复杂得多，迄今还无法进行多维结构的理论研究，主要还是基于一维 ZND 模型进行气固两相爆轰的讨论。C-J 理论把爆轰波简化为一个冲击压缩间断面，间断面的爆轰物质被瞬时地压缩到高温高密度状态，其上的化学反应瞬时完成，如果燃烧释放的热足以支持激波稳定传播，这样就形成了两相爆轰波。在间断面两侧的初态、终态各参量可以用质量、动量和能量三个守恒定律联系起来。

考虑燃烧导致两相质量传递，在激波坐标中有守恒方程：

$$\rho_g u_g + \rho_p u_p = (\rho_{g0} + \rho_{p0}) u_{g0} \tag{7-36}$$

$$\rho_g u_g^2 + \rho_p u_p^2 + p = (\rho_{g0} + \rho_{p0}) u_{g0}^2 + p_0 \tag{7-37}$$

$$\rho_g u_g \left(\frac{\gamma}{\gamma - 1} \frac{p}{\rho} + \frac{u_g^2}{2} \right) + \rho_p u_p \left(\delta c_p T_p + \frac{u_p^2}{2} + Q_s \right)$$

$$= \rho_{g0} u_{g0} \left(\frac{\gamma}{\gamma - 1} \frac{p_0}{\rho_{g0}} + \frac{u_{g0}^2}{2} \right) + \rho_{p0} u_{p0} \left(\delta c_p T_{p0} + \frac{u_{p0}^2}{2} + Q_s \right) \tag{7-38}$$

$$\frac{\mathrm{d} u_p}{\mathrm{d} t} = \frac{u_g - u_p}{\tau_p} \tag{7-39}$$

$$\frac{\mathrm{d}u_p}{\mathrm{d}t} = \frac{T_g - T_p}{\tau_t} \tag{7-40}$$

引进变量 $P = p + \frac{(u_g - u_p)^2 \rho_g \rho_p}{\rho_g + \rho_p}, V = \frac{1}{\rho_g + \rho_p}, U = \frac{\rho_g u_g + \rho_p u_p}{\rho_g + \rho_p}$，则式（7-36）和式（7-37）可写成：

$$\frac{U}{V} = \frac{U_0}{V_0} = G \tag{7-41}$$

$$\frac{U^2}{V} + P = \frac{U_0^2}{V_0} + P_0 \tag{7-42}$$

进而有瑞利方程：

$$\frac{P - P_0}{V - V_0} = -G^2 \tag{7-43}$$

气固两相爆轰波在弛豫区内存在质量、动量和能量的输运，用 τ_m 描述动量弛豫，τ_T 描述能量弛豫，τ_c 描述反应弛豫。令 $\alpha = \frac{\tau_T}{\tau_c}, \beta = \frac{\tau_m}{\tau_c}$，当 $\alpha \to 0, \beta \to 0$ 时，$T_g = T_p$，即两相始终处于平衡状态，故 $P = p, \frac{1}{V} = \rho_m, U = u_g$，在 P-V 平面对应 H_{ee} 曲线，该线与瑞利线切于 J_{ee}，该点有 $a_{ee} = (\gamma_e p v_m)^{1/2}$，即 $U = (\gamma_e p V)^{1/2}$。

在气固两相爆轰中引进绝热指数 Γ，满足 $\frac{V_J}{V_0} = \frac{\Gamma}{\Gamma + 1}$。当 $\beta \to \infty$ 时，意味着颗粒动量被冻结，有 $u_p = u_{g0}, \rho_p = \rho_{p0}$，故：

$$P = p_0 + \left(v_{g0} - \frac{1}{\rho_{p0}}\right) \frac{p - p_0}{v_g - \frac{1}{\rho_{p0}}} \tag{7-44}$$

$$V = \frac{1}{\rho_g + \rho_0} \tag{7-45}$$

当 $\beta \to \infty$ 时，如果 $\alpha \to \infty$，此时颗粒能量也被冻结，在 P-V 平面中对应 H_{ff} 曲线，与瑞利线的切点为 J_{ff}，该点有：

$$a_{ff} = \left(\frac{\gamma p}{\rho_g}\right) = U_0 \tag{7-46}$$

$$\frac{v_{gj}}{v_{g0}} = \frac{\gamma}{\gamma + 1} \tag{7-47}$$

当 $\beta \to \infty$ 时，如果 α 沿等容线 $v_g = v_{gj}$ 变化，有如下等式：

$$V_{ff} = \frac{1}{\rho_{gj} + \rho_{p0}} = V_0 \frac{\Gamma_{ff}}{\Gamma_{ff} + 1} \tag{7-48}$$

当在 A 点时，颗粒动量仍被冻结，但能量处于平衡状态，令该点的值为 α^*。之后颗粒始终保持动量被冻结而能量与气相平衡的状态，故其状态沿 H_{ef} 变化。至 J_{ef} 点时，记该点的值为 α^{**}，瑞利线与 H_{ef} 线相切，切点有：

$$\alpha_{ef} = \left(\gamma_e \frac{p}{\rho_g}\right)^{1/2} = U_0 \tag{7-49}$$

$$V_{ef} = V_0 \frac{\Gamma_{ef}}{\Gamma_{ef} + 1} \tag{7-50}$$

则有：

$$\rho_g u_g + \rho_p u_p = (1 + \eta_0) G_g \tag{7-51}$$

$$G_g(1 + \eta_0)(1 - \varphi)u_g + G_g(1 + \eta_0)(1 - \eta_0)\varphi u_g + p$$
$$= G_g(1 + \eta_0)u_{g0} + p_0 \tag{7-52}$$

$$(1 + \eta_0)(1 - \varphi)\left(\frac{u_g^2}{2} + c_p T_g\right) + \varphi(1 + \eta_0)\left(\frac{u_p^2}{2} + \delta c_p T_p\right) + (1 + \eta_0)\varphi Q_s$$
$$= (1 + \eta_0)\frac{u_{g0}^2}{2} + (1 + \eta_0\delta)c_p T_{g0} + \eta_0 Q_s \tag{7-53}$$

式中，$G_g = \rho_{g0} u_{g0}$，$\eta_0 = \dfrac{\rho_{p0}}{\rho_{g0}}$，$\varphi = \dfrac{\rho_p u_p}{G_g(1 + \eta_0)}$。

当 $\alpha \rightarrow 0$，$\beta \rightarrow 0$ 时，即

$$u_g = u_p, \quad T_p = T_g \tag{7-54}$$

有：

$$\rho_m u_g = G(1 + \eta_0) \tag{7-55}$$

$$G_g(1 + \eta_0)u_g + p = C \tag{7-56}$$

$$\frac{u_g^2}{2} + c_p T_g + \varphi Q_s = C \tag{7-57}$$

式中，C 为常数。将式(7-55)至式(7-57)写成微分形式：

$$\frac{\mathrm{d}\rho_m}{\mathrm{d}x} = \frac{\rho_m \Sigma}{1 - M_f^2} \tag{7-58}$$

$$\frac{\mathrm{d}p}{\mathrm{d}x} = -\frac{u_g^2 \rho_m \Sigma}{1 - M_f^2} \tag{7-59}$$

$$\frac{\mathrm{d}u_g}{\mathrm{d}x} = \frac{u_g \Sigma}{1 - M_f^2} \tag{7-60}$$

式中，$M_f = \dfrac{u_g}{\alpha_f}$，$\Sigma = \dfrac{(\gamma + 1)Q_s \varphi_0}{\mathrm{d}x}\dfrac{\mathrm{d}\xi}{\mathrm{d}x}$，$\xi = 1 - \dfrac{\varphi}{\varphi_0}$。

由于激波后 $1 - M_f^2 > 0$，$\Sigma > 0$，故有 $\dfrac{\mathrm{d}\rho_m}{\mathrm{d}x} > 0$，$\dfrac{\mathrm{d}p}{\mathrm{d}x} < 0$，$\dfrac{\mathrm{d}u_g}{\mathrm{d}x} > 0$，即化学反应效应使弛豫区内压力下降、密度和速度上升。

7.3 拐弯管道系统相关爆炸参数关系式

7.3.1 爆炸火焰锋面速度关系式

（1）爆炸火焰最大锋面速度关系式

通过前文试验数据分析及理论分析，可以发现爆炸火焰在拐弯管道内的最大火焰锋面速度与管道的拐弯角度有关，认为爆炸火焰最大锋面速度的函数关系式为 $v_{\max} = f(\sigma)$，$v_{\max}$ 代表爆炸火焰在拐弯管道内的最大锋面速度，σ 代表管道拐弯角度，以下符号代表的意义相同。$v_{\max} = f(\sigma)$ 函数关系式可表示为：

$$v_{\max} = a_1 + b_1 \sin\sigma + c_1 \sin\sigma^2 + d_1 \sin\sigma^3 \tag{7-61}$$

式中，a_1、b_1、c_1、d_1 为待定系数，由试验数据利用最小二乘法求得。式(7-61)适用于管道拐弯角度小于 90°的情况。

当管道拐弯角度大于 90°时，爆炸火焰最大锋面速度函数关系式可表示为：

$$v_{\max} = a_2 + b_2\cos(\pi - \sigma) + c_2\cos(\pi - \sigma)^2 + d_2\cos(\pi - \sigma)^3 \tag{7-62}$$

式中，a_2、b_2、c_2、d_2 为待定系数，由试验数据利用最小二乘法求得。式（7-62）适用于管道拐弯角度大于 90°的情况。

基于本书第 4 章拐弯管道试验部分所得瓦斯煤尘耦合爆炸火焰锋面速度数据，拟合公式为：

$$v_{\max} = -1\,105.14 + 5\,060.68\sin\sigma - 6\,908.18\sin\sigma^2 + 3\,198.13\sin\sigma^3 \tag{7-63}$$

$$v_{\max} = 245.49 + 118.33\cos(\pi - \sigma) - 61.4\cos(\pi - \sigma)^2 + 91.47\cos(\pi - \sigma)^3 \tag{7-64}$$

式（7-63）适用于管道拐弯角度小于 90°的情况，式（7-64）适用于管道拐弯角度大于 90°的情况。

（2）爆炸火焰锋面速度突变系数关系式

通过前文试验数据分析及理论分析，可以发现爆炸火焰锋面速度在管道拐弯处的突变系数和爆炸火焰的初始锋面速度、管道拐弯角度有关，认为爆炸火焰锋面速度函数关系式为 $v_2 = f(v_1, \sigma)$，v_1 代表爆炸火焰在管道拐弯前的锋面速度，v_2 代表爆炸火焰在管道拐弯后的锋面速度，σ 代表管道拐弯角度，v_0 代表 0.1 倍的标准状态声速，以下符号代表的意义相同。

对函数关系式进行无量纲化处理，然后泰勒展开为：

$$\frac{v_2}{v_1} = a_1 + b_1\frac{v_1}{v_0}\sin\sigma + c_1\left(\frac{v_1}{v_0}\sin\sigma\right)^2 + d_1\left(\frac{v_1}{v_0}\sin\sigma\right)^3 \tag{7-65}$$

式中，a_1、b_1、c_1、d_1 为待定系数，由试验数据利用最小二乘法求得。v_2/v_1 就是爆炸火焰锋面速度在管道拐弯处的突变系数 λ_1。式（7-65）适用于管道拐弯角度小于 90°的情况。

当管道拐弯角度大于 90°时，火焰锋面速度突变系数公式可表示为：

$$\frac{v_2}{v_1} = a_2 + b_2\frac{v_1}{v_0}\cos(\pi - \sigma) + c_2\left[\frac{v_1}{v_0}\cos(\pi - \sigma)\right]^2 + d_2\left[\frac{v_1}{v_0}\cos(\pi - \sigma)\right]^3 \tag{7-66}$$

式中，a_2、b_2、c_2、d_2 为待定系数，由试验数据利用最小二乘法求得。v_2/v_1 就是爆炸火焰锋面速度在管道拐弯处的突变系数 λ_1。式（7-66）适用于管道拐弯角度大于 90°的情况。

基于试验中所得的瓦斯煤尘耦合爆炸火焰在管道拐弯前后的锋面速度数据，拟合公式为：

$$\lambda_1 = -6.83 + 32.24\frac{v_1}{v_0}\sin\sigma - 31.39\left(\frac{v_1}{v_0}\sin\sigma\right)^2 + 10.58\left(\frac{v_1}{v_0}\sin\sigma\right)^3 \tag{7-67}$$

$$\lambda_1 = 4.6 + 0.56\frac{v_1}{v_0}\cos(\pi - \sigma) - 0.104\left[\frac{v_1}{v_0}\cos(\pi - \sigma)\right]^2 + 0.284\left[\frac{v_1}{v_0}\cos(\pi - \sigma)\right]^3 \tag{7-68}$$

式（7-67）适用于管道拐弯角度小于 90°的情况，式（7-68）适用于管道拐弯角度大于 90°的情况。

7.3.2　爆炸火焰持续时间关系式

（1）爆炸火焰最长持续时间关系式

通过前文试验数据分析及理论分析，可以发现爆炸火焰在拐弯管道内的最长持续时间与管道的拐弯角度有关，认为爆炸火焰最长持续时间的函数关系式为 $t_{\max} = f(\sigma)$，$t_{\max}$ 代表爆炸火焰在拐弯管道内的最长持续时间，σ 代表管道拐弯角度，以下符号代表的意义相同。

$t_{\max} = f(\sigma)$ 函数关系式可表示为：

$$t_{\max} = a_1 + b_1\sin\sigma + c_1\sin\sigma^2 + d_1\sin\sigma^3 \tag{7-69}$$

式中，a_1、b_1、c_1、d_1 为待定系数，由试验数据利用最小二乘法求得。式（7-69）适用于管道拐弯角度小于 90°的情况。

当管道拐弯角度大于 90°时,爆炸火焰最长持续时间函数关系式可表示为:

$$t_{\max} = a_2 + b_2\cos(\pi - \sigma) + c_2\cos(\pi - \sigma)^2 + d_2\cos(\pi - \sigma)^3 \tag{7-70}$$

式中,a_2、b_2、c_2、d_2 为待定系数,由试验数据利用最小二乘法求得。式(7-70)适用于管道拐弯角度大于 90°的情况。

基于第 4 章拐弯管道试验部分所得瓦斯煤尘耦合爆炸火焰持续时间数据,拟合公式为:

$$t_{\max} = 697.07 - 2\,119.94\sin\sigma + 3\,289.29\sin\sigma^2 - 1\,751.43\sin\sigma^3 \tag{7-71}$$

$$t_{\max} = 115 - 114.4\cos(\pi - \sigma) + 119.19\cos(\pi - \sigma)^2 - 63.4\cos(\pi - \sigma)^3 \tag{7-72}$$

式(7-71)适用于管道拐弯角度小于 90°的情况,式(7-72)适用于管道拐弯角度大于 90°的情况。

(2) 爆炸火焰持续时间突变系数关系式

通过前文试验数据分析及理论分析,可以发现爆炸火焰持续时间在管道拐弯处的突变系数和爆炸火焰的初始持续时间、管道拐弯角度有关,认为爆炸火焰持续时间函数关系式为 $t_2 = f(t_1, \sigma)$,t_1 代表爆炸火焰在管道拐弯前的持续时间,t_2 代表爆炸火焰在管道拐弯后的持续时间,σ 代表管道拐弯角度,$t_0 = \bar{t}_1$,以下符号代表的意义相同。

对函数关系式进行无量纲化处理,然后泰勒展开为:

$$\frac{t_2}{t_1} = a_1 + b_1\frac{t_1}{t_0}\sin\sigma + c_1\left(\frac{t_1}{t_0}\sin\sigma\right)^2 + d_1\left(\frac{t_1}{t_0}\sin\sigma\right)^3 \tag{7-73}$$

式中,a_1、b_1、c_1、d_1 为待定系数,由试验数据利用最小二乘法求得。t_2/t_1 就是爆炸火焰持续时间突变系数 λ_2。式(7-73)适用于管道拐弯角度小于 90°的情况。

当管道拐弯角度大于 90°时,火焰持续时间突变系数函数关系式可表示为:

$$\frac{t_2}{t_1} = a_2 + b_2\frac{t_1}{t_0}\cos(\pi - \sigma) + c_2\left[\frac{t_1}{t_0}\cos(\pi - \sigma)\right]^2 + d_2\left[\frac{t_1}{t_0}\cos(\pi - \sigma)\right]^3 \tag{7-74}$$

式中,a_2、b_2、c_2、d_2 为待定系数,由试验数据利用最小二乘法求得。t_2/t_1 就是爆炸火焰持续时间突变系数 λ_2。式(7-74)适用于管道拐弯角度大于 90°的情况。

基于试验中所得的瓦斯煤尘耦合爆炸火焰在管道拐弯前后的持续时间数据,拟合公式为:

$$\lambda_2 = -10.94 + 32.31\frac{t_1}{t_0}\sin\sigma - 30.28\left(\frac{t_1}{t_0}\sin\sigma\right)^2 + 9.33\left(\frac{t_1}{t_0}\sin\sigma\right)^3 \tag{7-75}$$

$$\lambda_2 = 0.32 - 1.62\frac{t_1}{t_0}\cos(\pi - \sigma) + 9.59\left[\frac{t_1}{t_0}\cos(\pi - \sigma)\right]^2 - 15.17\left[\frac{t_1}{t_0}\cos(\pi - \sigma)\right]^3$$

$$\tag{7-76}$$

式(7-75)适用于管道拐弯角度小于 90°的情况,式(7-76)适用于管道拐弯角度大于 90°的情况。

7.3.3 爆炸冲击波超压关系式

(1) 爆炸冲击波最大超压关系式

通过前文试验数据分析及理论分析,可以发现拐弯管道内的爆炸冲击波最大超压与管道的拐弯角度有关,认为爆炸冲击波最大超压的函数关系式为 $P_{\max} = f(\sigma)$,$P_{\max}$ 代表拐弯管道内的爆炸冲击波最大超压,σ 代表管道拐弯角度,以下符号代表的意义相同。$P_{\max} = f(\sigma)$ 函数关系式可表示为:

$$P_{\max} = a_1 + b_1\sin\sigma + c_1\sin\sigma^2 + d_1\sin\sigma^3 \tag{7-77}$$

式中，a_1、b_1、c_1、d_1 为待定系数，由试验数据利用最小二乘法求得。式(7-77)适用于管道拐弯角度小于 90°的情况。

当管道拐弯角度大于 90°时，管道内爆炸冲击波最大超压函数关系式可表示为：

$$P_{\max} = a_2 + b_2\cos(\pi - \sigma) + c_2\cos(\pi - \sigma)^2 + d_2\cos(\pi - \sigma)^3 \tag{7-78}$$

式中，a_2、b_2、c_2、d_2 为待定系数，由试验数据利用最小二乘法求得。式(7-78)适用于管道拐弯角度大于 90°的情况。

基于本书拐弯管道试验部分所得瓦斯煤尘耦合爆炸冲击波超压数据，拟合公式为：

$$P_{\max} = -145\,309 + 676\,107\sin\sigma - 1\,003\,328\sin\sigma^2 + 521\,267\sin\sigma^3 \tag{7-79}$$

$$P_{\max} = 48\,737 + 46\,152\cos(\pi - \sigma) - 28\,593\cos(\pi - \sigma)^2 + 32\,578\cos(\pi - \sigma)^3 \tag{7-80}$$

式(7-79)适用于管道拐弯角度小于 90°的情况，式(7-80)适用于管道拐弯角度大于 90°的情况。

(2) 爆炸冲击波超压突变系数关系式

通过前文试验数据分析及理论分析，可以发现冲击波超压在管道拐弯处的突变系数和冲击波初始超压、管道拐弯角度有关，认为冲击波超压函数关系式为 $P_2 = f(P_1, \sigma)$，P_1 代表冲击波在管道拐弯前超压，P_2 代表冲击波在管道拐弯后超压，σ 代表管道拐弯角度，P_0 代表当地大气压，以下符号代表的意义相同。

对函数关系式进行无量纲化处理，然后泰勒展开为：

$$\frac{P_2}{P_1} = a_1 + b_1\frac{P_1}{P_0}\sin\sigma + c_1\left(\frac{P_1}{P_0}\sin\sigma\right)^2 + d_1\left(\frac{P_1}{P_0}\sin\sigma\right)^3 \tag{7-81}$$

式中，a_1、b_1、c_1、d_1 为待定系数，由试验数据利用最小二乘法求得。P_2/P_1 就是冲击波超压突变系数 λ_3。式(7-81)适用于管道拐弯角度小于 90°的情况。

当管道拐弯角度大于 90°时，冲击波超压突变系数函数关系式可表达为：

$$\frac{P_2}{P_1} = a_2 + b_2\frac{P_1}{P_0}\cos(\pi - \sigma) + c_2\left[\frac{P_1}{P_0}\cos(\pi - \sigma)\right]^2 + d_2\left[\frac{P_1}{P_0}\cos(\pi - \sigma)\right]^3 \tag{7-82}$$

式中，a_2、b_2、c_2、d_2 为待定系数，由试验数据利用最小二乘法求得。P_2/P_1 就是冲击波超压突变系数 λ_3。式(7-82)适用于管道拐弯角度大于 90°的情况。

基于试验中所得的冲击波超压数据，拟合公式为：

$$\lambda_3 = 0.84 - 0.29\frac{P_1}{P_0}\sin\sigma + 0.82\left(\frac{P_1}{P_0}\sin\sigma\right)^2 - 0.97\left(\frac{P_1}{P_0}\sin\sigma\right)^3 \tag{7-83}$$

$$\lambda_3 = 0.78 - 0.09\frac{P_1}{P_0}\cos(\pi - \sigma) + 0.07\left[\frac{P_1}{P_0}\cos(\pi - \sigma)\right]^2 - 0.04\left[\frac{P_1}{P_0}\cos(\pi - \sigma)\right]^3 \tag{7-84}$$

式(7-83)适用于管道拐弯角度小于 90°的情况，式(7-84)适用于管道拐弯角度大于 90°的情况。

7.4　分叉管道系统相关爆炸参数关系式

7.4.1　爆炸火焰锋面速度关系式

(1) 爆炸火焰最大锋面速度关系式

通过前文试验数据分析及理论分析，可以发现爆炸火焰在分叉管道内的最大火焰锋面速度与管道分叉角度有关,认为直管段及斜管段爆炸火焰最大锋面速度函数关系式分别为 $v_{max1} = f(\sigma)$、$v_{max2} = f(\sigma)$,v_{max1} 代表直管段爆炸火焰最大锋面速度,v_{max2} 代表斜管段爆炸火焰最大锋面速度,σ 代表管道分叉角度,以下符号代表的意义相同。$v_{max1} = f(\sigma)$、$v_{max2} = f(\sigma)$ 函数关系式可表示为:

$$v_{max1} = a_1 + b_1 \sin \sigma + c_1 \sin \sigma^2 + d_1 \sin \sigma^3 \tag{7-85}$$

$$v_{max2} = a_2 + b_2 \sin \sigma + c_2 \sin \sigma^2 + d_2 \sin \sigma^3 \tag{7-86}$$

式中,a_1、b_1、c_1、d_1、a_2、b_2、c_2、d_2 为待定系数,由试验数据利用最小二乘法求得。式(7-85)和式(7-86)适用于管道分叉角度小于 90° 的情况。

当管道分叉角度大于 90° 时,爆炸火焰最大锋面速度函数关系式可表示为:

$$v_{max1} = a_3 + b_3 \cos(\pi - \sigma) + c_3 \cos(\pi - \sigma)^2 + d_3 \cos(\pi - \sigma)^3 \tag{7-87}$$

$$v_{max2} = a_4 + b_4 \cos(\pi - \sigma) + c_4 \cos(\pi - \sigma)^2 + d_4 \cos(\pi - \sigma)^3 \tag{7-88}$$

式中,a_3、b_3、c_3、d_3、a_4、b_4、c_4、d_4 为待定系数,由试验数据利用最小二乘法求得。式(7-87)和式(7-88)适用于管道分叉角度大于 90° 的情况。

基于本书第 5 章分叉管道试验部分所得瓦斯煤尘耦合爆炸火焰锋面速度数据,拟合公式为:

$$v_{max1} = 387.05 - 1\,421.17 \sin \sigma + 1\,741.85 \sin \sigma^2 - 500.53 \sin \sigma^3 \tag{7-89}$$

$$v_{max2} = 555.7 - 2\,194.9 \sin \sigma + 2\,911.65 \sin \sigma^2 - 1\,047.14 \sin \sigma^3 \tag{7-90}$$

$$v_{max1} = 207.2 + 46.64 \cos(\pi - \sigma) + 35.6 \cos(\pi - \sigma)^2 + 42.48 \cos(\pi - \sigma)^3 \tag{7-91}$$

$$v_{max2} = 225.31 + 147.37 \cos(\pi - \sigma) - 330.07 \cos(\pi - \sigma)^2 + 372.99 \cos(\pi - \sigma)^3 \tag{7-92}$$

式(7-89)、式(7-90)适用于管道分叉角度小于 90° 的情况,其中式(7-89)为直管段内瓦斯煤尘耦合爆炸火焰最大锋面速度拟合公式,式(7-90)为斜管段内瓦斯煤尘耦合爆炸火焰最大锋面速度拟合公式。式(7-91)、式(7-92)适用于管道分叉角度大于 90° 的情况,其中式(7-91)为直管段内瓦斯煤尘耦合爆炸火焰最大锋面速度拟合公式,式(7-92)为斜管段内瓦斯煤尘耦合爆炸火焰最大锋面速度拟合公式。

(2)爆炸火焰锋面速度突变系数关系式

通过前文试验数据分析及理论分析,可以发现爆炸火焰锋面速度在管道分叉处的突变系数和爆炸火焰的初始锋面速度、管道分叉角度有关,认为直管段及斜管段爆炸火焰锋面速度函数关系式分别为 $v_2 = f(v_1, \sigma)$、$v_3 = f(v_1, \sigma)$,v_1 代表爆炸火焰在管道分叉前的锋面速度,v_2 代表直管段爆炸火焰在管道分叉后的锋面速度,v_3 代表斜管段爆炸火焰在管道分叉后的锋面速度,σ 代表管道分叉角度,v_0 代表 0.1 倍的标准状态声速,以下符号代表的意义相同。

对函数关系式进行无量纲化处理,然后泰勒展开为:

$$\frac{v_2}{v_1} = a_1 + b_1 \frac{v_1}{v_0} \sin \sigma + c_1 \left(\frac{v_1}{v_0} \sin \sigma\right)^2 + d_1 \left(\frac{v_1}{v_0} \sin \sigma\right)^3 \tag{7-93}$$

$$\frac{v_3}{v_1} = a_2 + b_2 \frac{v_1}{v_0} \sin \sigma + c_2 \left(\frac{v_1}{v_0} \sin \sigma\right)^2 + d_2 \left(\frac{v_1}{v_0} \sin \sigma\right)^3 \tag{7-94}$$

式中,a_1、b_1、c_1、d_1、a_2、b_2、c_2、d_2 为待定系数,由试验数据利用最小二乘法求得。v_2/v_1 是直管段爆炸火焰锋面速度突变系数 λ_1,v_3/v_1 是斜管段爆炸火焰锋面速度突变系数 λ_2。

式(7-93)和式(7-94)适用于管道分叉角度小于90°的情况。

当管道分叉角度大于90°时,直管段及斜管段火焰锋面速度突变系数函数关系式可表示为:

$$\frac{v_2}{v_1} = a_3 + b_3 \frac{v_1}{v_0}\cos(\pi - \sigma) + c_3\left[\frac{v_1}{v_0}\cos(\pi - \sigma)\right]^2 + d_3\left[\frac{v_1}{v_0}\cos(\pi - \sigma)\right]^3 \qquad (7\text{-}95)$$

$$\frac{v_3}{v_1} = a_4 + b_4 \frac{v_1}{v_0}\cos(\pi - \sigma) + c_4\left[\frac{v_1}{v_0}\cos(\pi - \sigma)\right]^2 + d_4\left[\frac{v_1}{v_0}\cos(\pi - \sigma)\right]^3 \qquad (7\text{-}96)$$

式中,a_3、b_3、c_3、d_3、a_4、b_4、c_4、d_4 为待定系数,由试验数据利用最小二乘法求得。v_2/v_1 是直管段爆炸火焰锋面速度突变系数 λ_1,v_3/v_1 是斜管段爆炸火焰锋面速度突变系数 λ_2。式(7-95)和式(7-96)适用于管道分叉角度大于90°的情况。

基于试验中所得的瓦斯煤尘耦合爆炸火焰在管道分叉点前后的锋面速度数据,拟合公式为:

$$\lambda_1 = -1.51 + 12.05\frac{v_1}{v_0}\sin\sigma - 14.82\left(\frac{v_1}{v_0}\sin\sigma\right)^2 + 10.23\left(\frac{v_1}{v_0}\sin\sigma\right)^3 \qquad (7\text{-}97)$$

$$\lambda_2 = -1.91 + 12.53\frac{v_1}{v_0}\sin\sigma - 10.71\left(\frac{v_1}{v_0}\sin\sigma\right)^2 + 5.98\left(\frac{v_1}{v_0}\sin\sigma\right)^3 \qquad (7\text{-}98)$$

$$\lambda_1 = 4.3 + 3.2\frac{v_1}{v_0}\cos(\pi - \sigma) - 3.32\left[\frac{v_1}{v_0}\cos(\pi - \sigma)\right]^2 + 2.35\left[\frac{v_1}{v_0}\cos(\pi - \sigma)\right]^3 \qquad (7\text{-}99)$$

$$\lambda_2 = 4.68 + 3.12\frac{v_1}{v_0}\cos(\pi - \sigma) - 3.22\left[\frac{v_1}{v_0}\cos(\pi - \sigma)\right]^2 + 2.82\left[\frac{v_1}{v_0}\cos(\pi - \sigma)\right]^3$$

$$(7\text{-}100)$$

式(7-97)、式(7-98)适用于管道分叉角度小于90°的情况,其中式(7-97)为直管段内瓦斯煤尘耦合爆炸火焰锋面速度在分叉点前后的突变系数拟合公式,式(7-98)为斜管段内瓦斯煤尘耦合爆炸火焰锋面速度在分叉点前后的突变系数拟合公式。式(7-99)、式(7-100)适用于管道分叉角度大于90°的情况,其中式(7-99)为直管段内瓦斯煤尘耦合爆炸火焰锋面速度在分叉点前后的突变系数拟合公式,式(7-100)为斜管段内瓦斯煤尘耦合爆炸火焰锋面速度在分叉点前后的突变系数拟合公式。

7.4.2　爆炸火焰持续时间关系式

（1）爆炸火焰最长持续时间关系式

通过前文试验数据分析及理论分析,可以发现爆炸火焰在分叉管道内的最长火焰持续时间与管道分叉角度有关。与前文爆炸火焰最大锋面速度不同,不同分叉角度条件下爆炸火焰的最长持续时间均出现在分叉管道分叉点之前,因此,不用针对直管段及斜管段分别列爆炸火焰最长持续时间的函数关系式。认为直管段及斜管段爆炸火焰最长持续时间函数关系式同为 $t_{max} = f(\sigma)$,t_{max} 代表整个分叉管道内爆炸火焰的最长持续时间,σ 代表管道分叉角度,以下符号代表的意义相同。$t_{max} = f(\sigma)$ 函数关系式可表示为:

$$t_{max} = a_1 + b_1\sin\sigma + c_1\sin\sigma^2 + d_1\sin\sigma^3 \qquad (7\text{-}101)$$

式中,a_1、b_1、c_1、d_1 为待定系数,由试验数据利用最小二乘法求得。式(7-101)适用于管道分叉角度小于90°的情况。

当管道分叉角度大于90°时,爆炸火焰最长持续时间函数关系式可表示为:

$$t_{max} = a_2 + b_2\cos(\pi - \sigma) + c_2\cos(\pi - \sigma)^2 + d_2\cos(\pi - \sigma)^3 \qquad (7\text{-}102)$$

式中，a_2、b_2、c_2、d_2 为待定系数，由试验数据利用最小二乘法求得。式(7-102)适用于管道分叉角度大于 $90°$ 的情况。

基于本书第 5 章分叉管道试验部分所得瓦斯煤尘耦合爆炸火焰持续时间数据，拟合公式为：

$$t_{max} = -551.1 + 3\,409.39\sin\sigma - 4\,660.17\sin\sigma^2 + 1\,943.54\sin\sigma^3 \tag{7-103}$$

$$t_{max} = 141.67 - 67.32\cos(\pi-\sigma) + 50.4\cos(\pi-\sigma)^2 - 47.52\cos(\pi-\sigma)^3 \tag{7-104}$$

式(7-103)适用于管道分叉角度小于 $90°$ 的情况，式(7-104)适用于管道分叉角度大于 $90°$ 的情况。

（2）爆炸火焰持续时间突变系数关系式

通过前文试验数据分析及理论分析，可以发现爆炸火焰持续时间在管道分叉处的突变系数和爆炸火焰的初始火焰持续时间、管道分叉角度有关，认为直管段及斜管段爆炸火焰持续时间函数关系式分别为 $t_2 = f(t_1,\sigma)$、$t_3 = f(t_1,\sigma)$，t_1 代表爆炸火焰在管道分叉前的持续时间，t_2 代表直管段爆炸火焰在管道分叉后的持续时间，t_3 代表斜管段爆炸火焰在管道分叉后的持续时间，σ 代表管道分叉角度，$t_0 = \overline{t_1}$，以下符号代表的意义相同。

对函数关系式进行无量纲化处理，然后泰勒展开为：

$$\frac{t_2}{t_1} = a_1 + b_1\frac{t_1}{t_0}\sin\sigma + c_1(\frac{t_1}{t_0}\sin\sigma)^2 + d_1(\frac{t_1}{t_0}\sin\sigma)^3 \tag{7-105}$$

$$\frac{t_3}{t_1} = a_2 + b_2\frac{t_1}{t_0}\sin\sigma + c_2(\frac{t_1}{t_0}\sin\sigma)^2 + d_2(\frac{t_1}{t_0}\sin\sigma)^3 \tag{7-106}$$

式中，a_1、b_1、c_1、d_1、a_2、b_2、c_2、d_2 为待定系数，由试验数据利用最小二乘法求得。t_2/t_1 是直管段爆炸火焰持续时间突变系数 λ_3，t_3/t_1 是斜管段爆炸火焰持续时间突变系数 λ_4。式(7-105)和式(7-106)适用于管道分叉角度小于 $90°$ 的情况。

当管道分叉角度大于 $90°$ 时，直管段及斜管段火焰持续时间突变系数函数关系式可表示为：

$$\frac{t_2}{t_1} = a_3 + b_3\frac{t_1}{t_0}\cos(\pi-\sigma) + c_3\left[\frac{t_1}{t_0}\cos(\pi-\sigma)\right]^2 + d_3\left[\frac{t_1}{t_0}\cos(\pi-\sigma)\right]^3 \tag{7-107}$$

$$\frac{t_3}{t_1} = a_4 + b_4\frac{t_1}{t_0}\cos(\pi-\sigma) + c_4\left[\frac{t_1}{t_0}\cos(\pi-\sigma)\right]^2 + d_4\left[\frac{t_1}{t_0}\cos(\pi-\sigma)\right]^3 \tag{7-108}$$

式中，a_3、b_3、c_3、d_3、a_4、b_4、c_4、d_4 为待定系数，由试验数据利用最小二乘法求得。t_2/t_1 是直管段爆炸火焰持续时间突变系数 λ_3，t_3/t_1 是斜管段爆炸火焰持续时间突变系数 λ_4。式(7-107)和式(7-108)适用于管道分叉角度大于 $90°$ 的情况。

基于试验中所得的瓦斯煤尘耦合爆炸火焰在管道分叉点前后的持续时间数据，拟合公式为：

$$\lambda_3 = -22.27 + 72.58\frac{t_1}{t_0}\sin\sigma - 77.42(\frac{t_1}{t_0}\sin\sigma)^2 + 27.34(\frac{t_1}{t_0}\sin\sigma)^3 \tag{7-109}$$

$$\lambda_4 = -21.22 + 69.48\frac{t_1}{t_0}\sin\sigma - 74.18(\frac{t_1}{t_0}\sin\sigma)^2 + 26.21(\frac{t_1}{t_0}\sin\sigma)^3 \tag{7-110}$$

$$\lambda_3 = 0.21 - 1.17\frac{t_1}{t_0}\cos(\pi-\sigma) + 6.13\left[\frac{t_1}{t_0}\cos(\pi-\sigma)\right]^2 - 8.82\left[\frac{t_1}{t_0}\cos(\pi-\sigma)\right]^3$$

$$\tag{7-111}$$

$$\lambda_4 = 0.27 - 1.29 \frac{t_1}{t_0}\cos(\pi - \sigma) + 6.92\left[\frac{t_1}{t_0}\cos(\pi - \sigma)\right]^2 - 9.79\left[\frac{t_1}{t_0}\cos(\pi - \sigma)\right]^3$$

$$(7\text{-}112)$$

式(7-109)、式(7-110)适用于管道分叉角度小于 90°的情况,其中式(7-109)为直管段内瓦斯煤尘耦合爆炸火焰持续时间在分叉点前后的突变系数拟合公式,式(7-110)为斜管段内瓦斯煤尘耦合爆炸火焰持续时间在分叉点前后的突变系数拟合公式。式(7-111)、式(7-112)适用于管道分叉角度大于 90°的情况,其中式(7-111)为直管段内瓦斯煤尘耦合爆炸火焰持续时间在分叉点前后的突变系数拟合公式,式(7-112)为斜管段内瓦斯煤尘耦合爆炸火焰持续时间在分叉点前后的突变系数拟合公式。

7.4.3　爆炸冲击波超压关系式

（1）爆炸冲击波最大超压关系式

通过前文试验数据分析及理论分析,可以发现分叉管道内爆炸冲击波最大超压与管道分叉角度有关。同前文爆炸火焰最长持续时间一样,不同分叉角度条件下爆炸冲击波最大超压均出现在分叉管道分叉点之前,因此,不用针对直管段及斜管段分别列爆炸冲击波最大超压的函数关系式。认为直管段及斜管段爆炸冲击波最大超压函数关系式同为 $P_{max} = f(\sigma)$,P_{max} 代表整个分叉管道内爆炸冲击波最大超压,σ 代表管道分叉角度,以下符号代表的意义相同。$P_{max} = f(\sigma)$ 函数关系式可表示为:

$$P_{max} = a_1 + b_1\sin\sigma + c_1\sin\sigma^2 + d_1\sin\sigma^3 \tag{7-113}$$

式中,a_1、b_1、c_1、d_1 为待定系数,由试验数据利用最小二乘法求得。式(7-113)适用于管道分叉角度小于 90°的情况。

当管道分叉角度大于 90°时,爆炸冲击波最大超压函数关系式可表示为:

$$P_{max} = a_2 + b_2\cos(\pi - \sigma) + c_2\cos(\pi - \sigma)^2 + d_2\cos(\pi - \sigma)^3 \tag{7-114}$$

式中,a_2、b_2、c_2、d_2 为待定系数,由试验数据利用最小二乘法求得。式(7-114)适用于管道分叉角度大于 90°的情况。

基于本书第 5 章分叉管道试验部分所得瓦斯煤尘耦合爆炸冲击波超压数据,拟合公式为:

$$P_{max} = -261\,767 + 1\,148\,553\sin\sigma - 1\,563\,691\sin\sigma^2 + 724\,979d_1\sin\sigma^3 \tag{7-115}$$

$$P_{max} = 48\,074 + 39\,288\cos(\pi - \sigma) - 21\,755\cos(\pi - \sigma)^2 + 27\,733\cos(\pi - \sigma)^3$$

$$(7\text{-}116)$$

式(7-115)适用于管道分叉角度小于 90°的情况,式(7-116)适用于管道分叉角度大于 90°的情况。

（2）爆炸冲击波超压突变系数关系式

通过前文试验数据分析及理论分析,可以发现瓦斯煤尘耦合爆炸冲击波超压在管道分叉处的突变系数和爆炸初始冲击波超压、管道分叉角度有关,认为直管段及斜管段爆炸冲击波超压函数关系式分别为 $P_2 = f(P_1, \sigma)$、$P_3 = f(P_1, \sigma)$,P_1 代表管道分叉前的冲击波超压,P_2 代表直管段在管道分叉后的冲击波超压,P_3 代表斜管段在管道分叉后的冲击波超压,σ 代表管道分叉角度,P_0 代表标准大气压,以下符号代表的意义相同。

对函数关系式进行无量纲化处理,然后泰勒展开为:

$$\frac{P_2}{P_1} = a_1 + b_1\frac{P_1}{P_0}\sin\sigma + c_1\left(\frac{P_1}{P_0}\sin\sigma\right)^2 + d_1\left(\frac{P_1}{P_0}\sin\sigma\right)^3 \tag{7-117}$$

$$\frac{P_3}{P_1} = a_2 + b_2 \frac{P_1}{P_0} \sin \sigma + c_2 \left(\frac{P_1}{P_0} \sin \sigma\right)^2 + d_2 \left(\frac{P_1}{P_0} \sin \sigma\right)^3 \tag{7-118}$$

式中，a_1、b_1、c_1、d_1、a_2、b_2、c_2、d_2 为待定系数，由试验数据利用最小二乘法求得。P_2/P_1 是直管段瓦斯爆炸冲击波超压突变系数 λ_5，P_3/P_1 是斜管段瓦斯爆炸冲击波超压突变系数 λ_6。式(7-117)和式(7-118)适用于管道分叉角度小于 $90°$ 的情况。

当管道分叉角度大于 $90°$ 时，直管段及斜管段冲击波超压突变系数函数关系式可表示为：

$$\frac{P_2}{P_1} = a_3 + b_3 \frac{P_1}{P_0} \cos(\pi - \sigma) + c_3 \left[\frac{P_1}{P_0} \cos(\pi - \sigma)\right]^2 + d_3 \left[\frac{P_1}{P_0} \cos(\pi - \sigma)\right]^3 \tag{7-119}$$

$$\frac{P_3}{P_1} = a_4 + b_4 \frac{P_1}{P_0} \cos(\pi - \sigma) + c_4 \left[\frac{P_1}{P_0} \cos(\pi - \sigma)\right]^2 + d_4 \left[\frac{P_1}{P_0} \cos(\pi - \sigma)\right]^3 \tag{7-120}$$

式中，a_3、b_3、c_3、d_3、a_4、b_4、c_4、d_4 为待定系数，由试验数据利用最小二乘法求得。P_2/P_1 是直管段瓦斯爆炸冲击波超压突变系数 λ_5，P_3/P_1 是斜管段瓦斯爆炸冲击波超压突变系数 λ_6。式(7-119)和式(7-120)适用于管道分叉角度大于 $90°$ 的情况。

基于试验中所得的瓦斯煤尘耦合爆炸在管道分叉点前后的冲击波超压数据，拟合公式为：

$$\lambda_5 = 0.76 + 0.2 \frac{P_1}{P_0} \sin \sigma - 0.24 \left(\frac{P_1}{P_0} \sin \sigma\right)^2 + 0.08 \left(\frac{P_1}{P_0} \sin \sigma\right)^3 \tag{7-121}$$

$$\lambda_6 = 0.47 - 0.51 \frac{P_1}{P_0} \sin \sigma + 0.05 \left(\frac{P_1}{P_0} \sin \sigma\right)^2 + 0.75 \left(\frac{P_1}{P_0} \sin \sigma\right)^3 \tag{7-122}$$

$$\lambda_5 = 0.81 + 0.04 \frac{P_1}{P_0} \cos(\pi - \sigma) - 0.05 \left[\frac{P_1}{P_0} \cos(\pi - \sigma)\right]^2 + 0.03 \left[\frac{P_1}{P_0} \cos(\pi - \sigma)\right]^3 \tag{7-123}$$

$$\lambda_6 = 0.32 - 0.04 \frac{P_1}{P_0} \cos(\pi - \sigma) - 0.01 \left[\frac{P_1}{P_0} \cos(\pi - \sigma)\right]^2 + 0.04 \left[\frac{P_1}{P_0} \cos(\pi - \sigma)\right]^3 \tag{7-124}$$

式(7-121)、式(7-122)适用于管道分叉角度小于 $90°$ 的情况，其中式(7-121)为直管段内瓦斯煤尘耦合爆炸冲击波超压在分叉点前后的突变系数拟合公式，式(7-122)为斜管段内瓦斯煤尘耦合爆炸冲击波超压在分叉点前后的突变系数拟合公式。式(7-123)、式(7-124)适用于管道分叉角度大于 $90°$ 的情况，其中式(7-123)为直管段内瓦斯煤尘耦合爆炸冲击波超压在分叉点前后的突变系数拟合公式，式(7-124)为斜管段内瓦斯煤尘耦合爆炸冲击波超压在分叉点前后的突变系数拟合公式。

第8章　瓦斯煤尘耦合爆炸传播规律数值模拟分析

8.1　引　　言

本章主要在试验研究、理论分析研究的基础上，利用 ANSYS/Fluent 软件对不同角度拐弯管道、分叉管道内瓦斯煤尘耦合爆炸进行一系列数值模拟研究及分析，从而更深入地了解不同角度拐弯管道及分叉管道内瓦斯煤尘耦合爆炸火焰及冲击波的发展、传播特性及内在机理。

8.2　数值模拟模型

8.2.1　数学模型

（1）连续相流场模型

瓦斯煤尘耦合爆炸流场是高马赫数、高压力梯度的湍流流场。对于爆炸这样的高马赫数流场的分析，本研究采用总量 $E = e + u_i u_j /2$ 作为能量的度量，以此建立 $k\text{-}\varepsilon$ 湍流模型的连续相控制方程组，连续相控制方程汇总如下[186-187]。

① 质量方程：

$$\frac{\partial \rho}{\partial t} + \frac{\partial}{\partial x_i}(\rho u_i) = 0 \tag{8-1}$$

② 动量方程：

$$\frac{\partial}{\partial t}(\rho u_i) + \frac{\partial}{\partial x_i}(\rho u_i u_j + p) = \frac{\partial}{\partial x_j}\left[(\tau_{ij})_{\text{eff}}\right] \tag{8-2}$$

③ 组分方程：

$$\frac{\partial}{\partial t}(\rho f_s) + \frac{\partial}{\partial x_i}(\rho u_i f_s) = \frac{\partial}{\partial x_j}(D_{\text{eff}}\frac{\partial f_s}{\partial x_j}) - \omega_s \tag{8-3}$$

④ 能量方程：

$$\frac{\partial}{\partial t}(\rho E) + \frac{\partial}{\partial x_j}[u_j(\rho E + p)] = \frac{\partial}{\partial x_j}[u_i(\tau_{ij})_{\text{eff}}] + \frac{\partial}{\partial x_j}\left[k_{\text{eff}}(\frac{\partial T}{\partial x_j}) + \sum h_s J_s\right] \tag{8-4}$$

⑤ k 方程：

$$\frac{\partial}{\partial t}(\rho k) + \frac{\partial}{\partial x_i}(\rho k u_i) = \frac{\partial}{\partial x_j}(\alpha_k \mu_{\text{eff}}\frac{\partial k}{\partial x_j}) + G_k - \rho\varepsilon - Y_M \tag{8-5}$$

⑥ ε 方程：

$$\frac{\partial}{\partial t}(\rho\varepsilon) + \frac{\partial}{\partial x_i}(\rho\varepsilon u_i) = \frac{\partial}{\partial x_j}\left[\alpha_\varepsilon \mu_{\text{eff}}(\frac{\partial\varepsilon}{\partial x_j})\right] + C_{1\varepsilon}\frac{\varepsilon}{k}G_k - C_{2\varepsilon}\rho\frac{\varepsilon^2}{k} - R_\varepsilon \tag{8-6}$$

根据爆炸流场有较大压力梯度的特点,采用非平衡壁面函数补充壁面湍流边界条件,有压力梯度的壁面湍流动量条件为:

$$\frac{\widetilde{U} C_\mu^{0.25} k_P^{0.5}}{\tau_w/\rho} = \frac{1}{\kappa} \ln\left(E \frac{\rho C_\mu^{0.25} k_P^{0.5} y_P}{\mu} \right) \tag{8-7}$$

(2)瓦斯爆炸燃烧模型

以甲烷气体为爆炸反应介质,采用两步反应机理。其基本思想在于将甲烷燃烧的化学反应分为两步进行,各步的控制机理各异,各步释放的能量也不同。参考烃类燃烧模型的研究将组分化学反应过程、能量释放过程分为以下步骤。

反应 1: $\qquad\qquad 2CH_4 + 3O_2 \longrightarrow 2CO + 4H_2O + Q_1$

反应 2: $\qquad\qquad 2CO + O_2 \longrightarrow 2CO_2 + Q_2$

两步反应模型在计算湍流燃烧时,反应 1 用式(8-8)计算平均反应速率:

$$\omega_{1t} = A_1 \rho^2 f_1^{\alpha_1} f_2^{\beta_1} \exp\left(-\frac{E_1}{RT}\right) \tag{8-8}$$

参考 EBU 模型理论,反应 2 的湍流平均反应速率可以写为:

$$\omega_{2t} = C_\rho \frac{\varepsilon}{k} g^{\frac{1}{2}} \tag{8-9}$$

式中,g 的计算采用简化的 Magnusen 修正的表达式:

$$g \sim \min(\overline{Y}_1, \overline{Y}_2) \tag{8-10}$$

式中,$\overline{Y}_1$,$\overline{Y}_2$ 分别表示燃料摩尔浓度、氧化剂摩尔浓度。

(3)颗粒相模拟模型

颗粒的作用力平衡方程(颗粒惯性力=作用在颗粒上的各种力)在笛卡尔坐标系下的形式(x 方向)为:

$$\frac{du_p}{dt} = F_D(u - u_p) + \frac{g_x(\rho_p - \rho)}{\rho_p} + F_x \tag{8-11}$$

计算中采用随机轨道模拟或颗粒云模拟考虑颗粒运动的随机过程。

式(8-11)中,F_D 为相间速度差形成的作用力,作用力 F_x 在某些情况下可能很重要。这些"其他"作用力中最重要的一项是所谓的"视质量力"(附加质量力)。它是由使颗粒周围流体加速而引起的附加作用力。视质量力的表达式为:

$$F_x = \frac{1}{2} \frac{\rho}{\rho_p} \frac{d}{dt}(u - u_p) \tag{8-12}$$

计算中采用热平衡方程来关联颗粒温度 $T_p(t)$ 与颗粒表面的对流与辐射传热:

$$m_p c_p \frac{dT_p}{dt} = hA_p(T_\infty - T_p) + \varepsilon_p A_p \sigma(\theta_R^4 - T_p^4) \tag{8-13}$$

式中,ε_p 为颗粒表面的外反射率;σ 为颗粒表面每平方米每秒发射的热量;A_p 为颗粒的表面积。如果使用了 P-1 或离散转移辐射模型,就可以计算颗粒的辐射传热。

对于燃烧类型颗粒,当颗粒温度达到蒸发温度 T_p,并且颗粒质量 m_p 大于非挥发分质量时颗粒析出挥发组分。

脱挥发分时颗粒的传热包括对流给热、辐射给热以及挥发分引起的传热:

$$m_p c_p \frac{dT}{dt} = hA(T_\infty - T_p) + \frac{dm_p}{dt} h_{fg} + A_p \varepsilon_p \sigma(\theta_R^4 - T_p^4) \tag{8-14}$$

一旦挥发分全部析出之后,颗粒就开始进行表面反应,以烧掉颗粒的可燃组分 f_{comb}。此时,燃烧生效:

$$m_p < (1-f_{v,0})(1-f_{w,0})m_{p,0} \tag{8-15}$$

直到可燃组分全部消耗:

$$m_p > (1-f_{v,0})(1-f_{w,0})m_{p,0} \tag{8-16}$$

挥发分的燃烧反应与瓦斯爆炸燃烧反应的处理方法类似,在此不再复述。

8.2.2　计算方法

（1）连续相计算方法

爆炸模型中存在甲烷空气的爆炸性混合气体,所以模拟研究的基础是建立连续相计算方法。连续相计算方法应用广泛,控制方程相对比较成熟。Fluent 数值软件在计算迭代过程中采用有限体积法,考虑计算的准确性和计算的时长,在瓦斯爆炸流场控制方程计算过程中,将可燃物质的燃烧方程和其一起求解;同时也要进行能量方程和组分输运方程之间相应项的耦合。

（2）颗粒相计算方法

当计算颗粒的轨道时,可以跟踪计算颗粒沿轨道的热量、质量、动量的得失,这些物理量可应用于随后的连续相的计算中。因此,在连续相影响离散相的同时,也可以考虑离散相对连续相的作用。交替求解离散相与连续相的控制方程,直到两者均收敛（两者计算解不再变化）为止,这样,就实现了双向耦合计算。图 8-1 描述了连续相与颗粒相之间的质量、动量与热量间的交换。

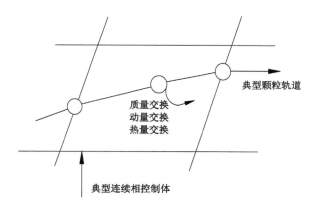

图 8-1　颗粒相计算示意图

颗粒动量变化量为:

$$F = \sum \left(\frac{18\beta\mu C_D R_e}{24\rho_p d_p^2}(u_p - u) + F_{\text{other}} \right) m_p \Delta t \tag{8-17}$$

当不存在化学反应时,热量交换量的计算式为:

$$Q = \left[\frac{\overline{m_p}}{m_{p,0}}c_p \Delta T_p + \frac{\Delta m_p}{m_{p,0}}\left(-h_{fg} + h_{\text{pyrol}} + \int_{T_{\text{ref}}}^{T_p} c_{p,i}\,\mathrm{d}T \right) \right] \dot{m}_{p,0} \tag{8-18}$$

质量变化量可简写为:

$$M = \frac{\Delta m_p}{m_{p,0}} \dot{m}_{p,0} \tag{8-19}$$

8.2.3 建模及网格划分

网格的划分是进行数值模拟与分析的关键步骤之一,由于对瓦斯、煤尘爆炸过程的模拟计算采用流场模拟的方法,在模型计算过程中必须对模型进行离散化和边界条件约束设定。

模拟计算所采用的物理模型同前面试验研究部分相同,分为拐弯管道和分叉管道两个类别,每个类别又分 30°、45°、60°、90°、120°、135° 及 150° 共 7 个角度,一共 14 个物理模型,在这里只展示 60° 分叉管道模型,如图 8-2 所示,其他物理模型制作方法同理,网格划分如图 8-3 所示。

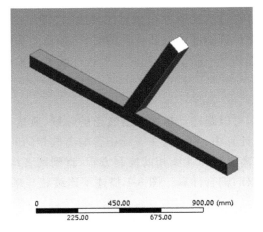

图 8-2　物理模型

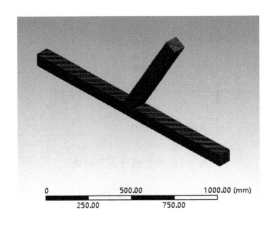

图 8-3　网格划分

8.2.4 初始及边界条件设定

初始条件:瓦斯浓度为 7.5%,点燃温度为 2 000 K,瓦斯充填区为全管段充填。空气为可压缩空气,不考虑质量力和黏性力,初始温度为 300 K,煤尘按照 100 g/m³ 浓度进行铺设。

边界条件:管道壁面为刚体,不考虑热传导,速度以及 k、ε 在固体壁面上的值为 0。

8.3　拐弯管道内瓦斯煤尘耦合爆炸数值模拟结果与分析

通过对管道拐弯角度为 30°、45°、60°、90°、120°、135°、150°情况下的瓦斯煤尘耦合爆炸进行数值模拟计算,得到了多组瓦斯煤尘耦合爆炸羟基分布云图、压力场分布云图。

8.3.1　瓦斯煤尘耦合爆炸火焰传播模拟结果及分析

（1）数值模拟结果

Fluent 软件无法直接显示火焰传播形态,研究人员多采用温度场、产物分布图等间接表示火焰锋面到达位置。羟基是瓦斯煤尘耦合爆炸主要生成产物,因此,本书主要通过羟基分布云图来确定瓦斯煤尘耦合爆炸火焰锋面所到达位置。不同拐弯角度条件下瓦斯煤尘耦合爆炸火焰传播至管道拐弯区域时的羟基分布情况如图 8-4 所示(扫描图中二维码获取彩图,下同)。

图 8-4 中所示仅为爆炸火焰传播至管道拐角处某一时刻图像,除此之外还有大量的其他时刻的图像数据。

（2）数值模拟结果分析

对模拟所得的一系列羟基分布云图进行仔细观察、分析,可以发现:

① 数值模拟结果与第 4 章试验结果呈现较为一致的爆炸火焰发展、传播规律,在爆炸的初始阶段,爆炸火焰锋面速度呈现平稳发展趋势。随着爆炸火焰持续发展,当时间发展至 15～20 ms 时,爆炸火焰锋面速度开始呈现比较明显的上升趋势,随后,爆炸火焰锋面速度急速上升,直至传播至试验管道出口。

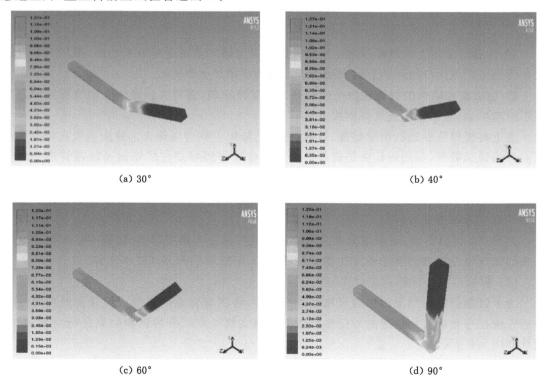

(a) 30°　　　　(b) 40°

(c) 60°　　　　(d) 90°

图 8-4　不同拐弯角度时羟基分布云图

(e) 120°

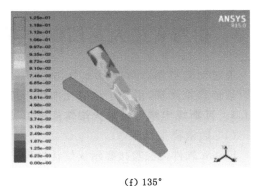
(f) 135°

(g) 150°

图 8-4(续)

② 管道内爆炸火焰锋面最终速度随着拐弯角度增加呈现逐渐增大趋势,爆炸火焰自点火点传播至管道出口所用的总时间随管道拐弯角度增加逐渐缩短。

③ 管道拐弯结构使得管道内产生较强烈的湍流火焰,拐弯点后爆炸火焰锋面缩窄且呈现不规则形状,火焰锋面速度急剧提升。

通过对模拟数据进行科学整理、计算,得到瓦斯煤尘耦合爆炸火焰锋面速度在管道拐角点前后的详细数据,利用爆炸火焰锋面速度数据计算得到爆炸火焰锋面速度在管道拐角点前后的突变系数 λ_1,进而绘制瓦斯煤尘耦合爆炸火焰锋面速度突变系数 λ_1 随拐弯角度变化曲线,具体如图 8-5 所示。为进行科学对比分析研究,此部分测点布置及突变系数计算公式同第 4 章拐弯管道试验部分。

由图 8-5 可以看出,瓦斯煤尘耦合爆炸火焰受管道拐弯角度影响,其锋面速度突变系数呈现随拐弯角度加大而逐渐增大的整体发展趋势,但增幅呈现逐渐减小态势。

(3) 模拟结果与试验结果对比分析

为了对数值模拟结果的准确可靠性进行检验,将拐弯管道内爆炸火焰锋面速度突变系数随管道拐弯角度变化情况的数值模拟结果与前文第 4 章部分的试验结果进行对比,对比曲线如图 8-6 所示。

由图 8-6 可以看出,拐弯管道内爆炸火焰锋面速度突变系数随管道拐弯角度变化情况的数值模拟值与前文试验值在整体发展趋势上保持一致,同样呈现随拐弯角度加大突变系数逐渐增大的整体发展趋势。具体数值方面,数值模拟值整体大于试验值,说明同等条件

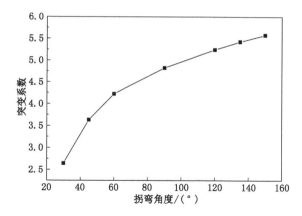

图 8-5　爆炸火焰锋面速度突变系数 λ_1 随管道拐弯角度变化曲线

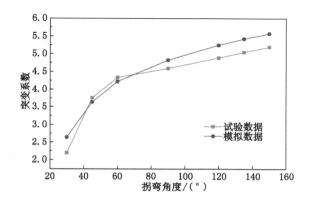

图 8-6　爆炸火焰锋面速度突变系数 λ_1 模拟值与试验值对比曲线

下,数值模拟得出的突变系数要比试验数据大,这主要是因为数值模拟过程中,不考虑气体质量力,也没有考虑管道壁面热损失、管道壁面粗糙度,从而使爆炸火焰锋面速度突变系数数值模拟计算结果偏大;此外,数值模拟过程中,认为管道壁面为刚体,而试验过程中,由于管道不能够达到绝对密封,会造成一定量的能量损失,这同样会对爆炸火焰的传播产生一定的抑制作用。

　　总体来说,试验、数值模拟结果大致相同,本节所用模拟模型可准确反映不同拐弯角度管道内瓦斯煤尘耦合爆炸其爆炸火焰在管道内的发展、传播规律,此外,数值模拟也为试验中的现象和结论做了有益的补充与解释。

8.3.2　瓦斯煤尘耦合爆炸冲击波超压模拟结果分析

　　(1) 数值模拟结果

　　通过计算模拟得到大量瓦斯煤尘耦合爆炸冲击波超压分布云图数据,不同拐弯角度条件下瓦斯煤尘耦合爆炸冲击波传播至管道拐角处时管道内部超压分布情况如图 8-7 所示。

　　(2) 数值模拟结果分析

　　对模拟所得的一系列爆炸冲击波超压云图进行仔细观察、分析,可以发现:

　　① 数值模拟结果同前文试验研究结果保持一致性。在整体分布上,瓦斯煤尘耦合爆炸

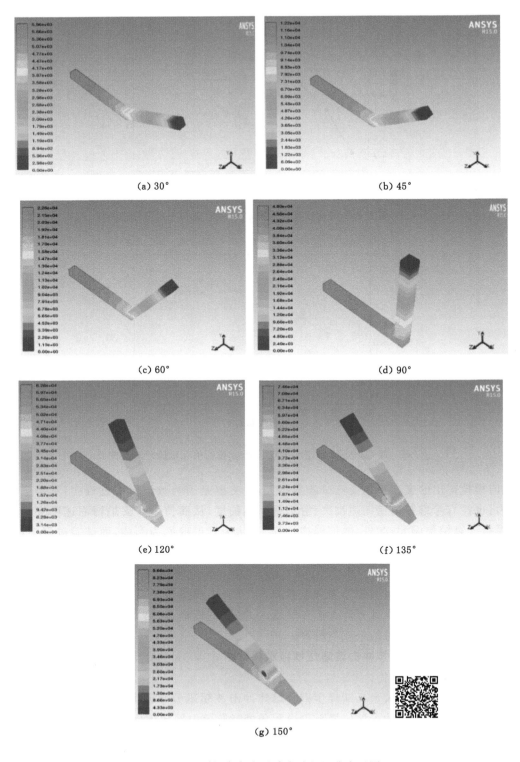

（a）30°   （b）45°

（c）60°   （d）90°

（e）120°   （f）135°

（g）150°

图 8-7　不同拐弯角度时冲击波超压分布云图

冲击波超压在拐角前呈平缓发展态势,在经过管道拐角之后迅速下降,直至发展至试验管道出口。具体冲击波超压数值方面,随着管道拐弯角度的逐渐增加,冲击波超压整体上逐渐增大。

②　爆炸反应所产生的爆炸冲击波的形态在发展过程中会发生一定程度的变化,特别是在传播至管道拐弯结构处时会发生比较显著的变化,爆炸冲击波会在管道拐弯结构部位发生比较明显的反射现象,在冲击波反射现象的作用下,爆炸冲击波会发生一定的叠加,进而使得拐角的上壁面和下壁面产生高压区,高压区的大小随管道拐弯角度的不同而呈现一定的区别。

③　在管道拐弯结构附近发生的冲击波反射现象会随着爆炸冲击波的继续向前发展、传播而逐渐趋于平缓,并且最终会逐渐发展成为平面波。爆炸冲击波由复杂的反射波成为平面波的整个过程随管道拐弯角度的不同而有一定的区别,整体表现为管道拐弯角度越大,整个演变过程越长。

通过对模拟数据进行科学整理、计算,得到瓦斯煤尘耦合爆炸冲击波超压在管道拐角处的详细数据,利用瓦斯煤尘耦合爆炸冲击波超压数据计算得到爆炸冲击波超压在管道拐角处的突变系数 λ_2,进而绘制瓦斯煤尘耦合爆炸冲击波超压突变系数 λ_2 随拐弯角度变化曲线,具体如图 8-8 所示。为进行科学对比分析研究,此部分测点布置及突变系数计算公式同第 4 章拐弯管道试验部分。

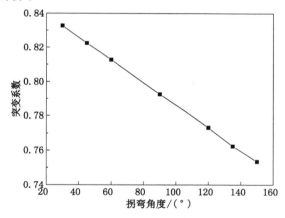

图 8-8　爆炸冲击波超压突变系数 λ_2 随管道拐弯角度变化曲线

从图 8-8 中曲线可以看出,在管道拐弯角度为 30°时,瓦斯煤尘耦合爆炸冲击波超压突变系数 λ_2 达最大值 0.832 7,管道拐弯角度增大,瓦斯煤尘耦合爆炸冲击波超压突变系数 λ_2 逐渐减小,在管道拐弯角度为 150°时,瓦斯煤尘耦合爆炸冲击波超压突变系数 λ_2 达最小值 0.753 4。可以发现,随着管道拐弯角度增大,瓦斯煤尘耦合爆炸冲击波超压突变系数 λ_2 整体上呈现逐渐减小的趋势。

（3）模拟结果与试验结果对比分析

为了对数值模拟结果的准确可靠性进行检验,将拐弯管道内爆炸冲击波超压突变系数随管道拐弯角度变化情况的数值模拟结果与前文第 4 章部分的试验结果进行对比,对比曲线如图 8-9 所示。

对图 8-9 中两条曲线进行分析可以发现,瓦斯煤尘耦合爆炸冲击波超压突变系数 λ_2 模

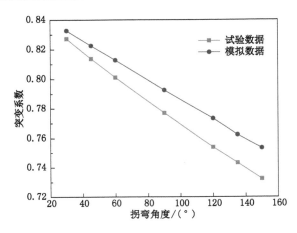

图 8-9　爆炸冲击波超压突变系数 λ_2 模拟值与试验值对比曲线

拟值与试验值整体发展趋势一致,即随着管道拐弯角度增大,瓦斯煤尘耦合爆炸冲击波超压突变系数 λ_2 整体上呈现逐渐减小的趋势。具体数值方面,在管道拐弯角度处于 $30°\sim150°$ 范围内时,试验所得到的瓦斯煤尘耦合爆炸冲击波超压突变系数 λ_2 取值处于 $0.732\,3\sim0.827\,2$ 范围,数值模拟所得到的瓦斯煤尘耦合爆炸冲击波超压突变系数 λ_2 取值处于 $0.753\,4\sim0.832\,7$ 范围,可以发现,数值模拟所得到的瓦斯煤尘耦合爆炸冲击波超压突变系数 λ_2 大于试验所得的数值,原因同前面爆炸火焰传播模拟部分。

　　总体来说,试验、数值模拟结果大致相同,本节所用模拟模型可准确反映不同拐弯角度管道内瓦斯煤尘耦合爆炸其爆炸冲击波超压在管道内的传播及分布规律,此外,数值模拟也为试验中的现象和结论做了有益的补充与解释。

8.4　分叉管道内瓦斯煤尘耦合爆炸数值模拟结果与分析

　　通过对管道分叉角度为 $30°$、$45°$、$60°$、$90°$、$120°$、$135°$、$150°$ 情况下的瓦斯煤尘耦合爆炸进行数值模拟计算,得到了多组瓦斯煤尘耦合爆炸羟基分布云图、压力场分布云图。

8.4.1　瓦斯煤尘耦合爆炸火焰传播模拟结果及分析

　　(1) 数值模拟结果

　　Fluent 软件无法直接显示火焰传播形态,研究人员多采用温度场、产物分布图等间接表示火焰锋面到达位置。羟基是瓦斯煤尘耦合爆炸主要生成产物,因此,本书主要通过羟基分布云图来确定瓦斯煤尘耦合爆炸火焰锋面所到达位置。不同分叉角度条件下瓦斯煤尘耦合爆炸火焰传播至管道分叉区域时的羟基分布情况如图 8-10 所示。

　　图 8-10 中所示仅为爆炸火焰传播至管道分叉处某一时刻图像,除此之外还有大量的其他时刻的图像数据。

　　(2) 数值模拟结果分析

　　对模拟所得的一系列羟基分布云图进行仔细观察、分析,可以发现:

　　① 直管段爆炸火焰发展、传播规律与第 5 章试验结果一致,在爆炸的初始阶段,爆炸火焰锋面速度呈现平稳发展趋势。随着爆炸火焰持续发展,当爆炸火焰经过分叉点之后,爆炸

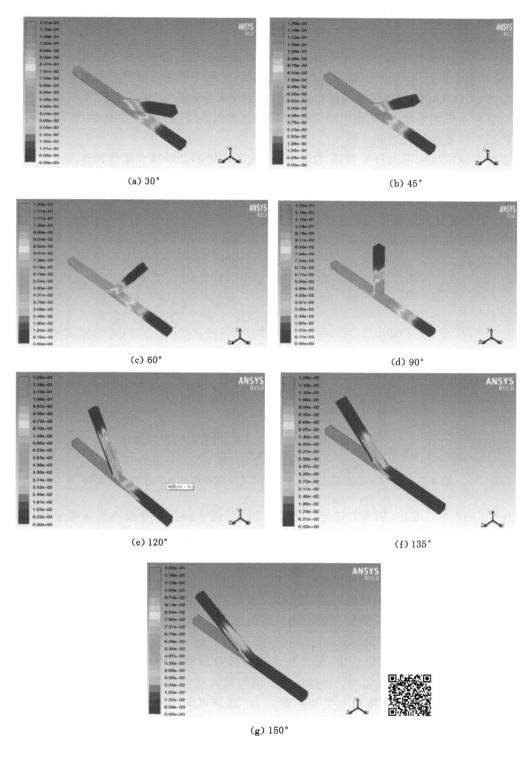

图 8-10　不同分叉角度时羟基分布云图

火焰锋面速度开始呈现急速上升的发展趋势,直至传播至管道出口处。斜管段内爆炸火焰的整体发展趋势同直管段。

　② 对不同分叉角度条件下管道内爆炸火焰锋面速度进行分析,可以发现随分叉角度增加,无论是直管段还是斜管段,爆炸火焰的锋面最终速度均呈现逐渐增大的趋势。

　③ 管道分叉结构使得管道内产生较强烈的湍流火焰,分叉点后直管段及斜管段内火焰锋面均呈现不规则形状,火焰出现非常明显的加速效果。经过一段时间的发展,爆炸火焰锋面形状逐渐恢复为较规则圆拱形。

　通过对模拟数据进行科学整理、计算,得到瓦斯煤尘耦合爆炸火焰锋面速度在管道分叉点前后的详细数据,利用爆炸火焰锋面速度数据计算得到直管段及斜管段内爆炸火焰锋面速度在管道分叉点前后的突变系数 λ_1、λ_2,进而绘制瓦斯煤尘耦合爆炸火焰锋面速度突变系数 λ_1、λ_2 随管道分叉角度的变化曲线,具体如图 8-11 所示。为进行科学对比分析研究,此部分测点布置及突变系数计算公式同第 5 章分叉管道试验部分。

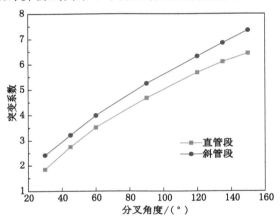

图 8-11　爆炸火焰锋面速度突变系数 λ_1、λ_2 随管道分叉角度的变化曲线

　由图 8-11 可以看出,随着管道分叉角度的增大,直管段及斜管段内瓦斯煤尘耦合爆炸火焰锋面速度突变系数 λ_1、λ_2 均呈现逐渐增大的整体趋势,相同分叉角度条件下,斜管段内瓦斯煤尘耦合爆炸火焰锋面速度突变系数 λ_2 大于直管段内爆炸火焰锋面速度突变系数 λ_1。

　(3) 模拟结果与试验结果对比分析

　为了对数值模拟结果的准确可靠性进行检验,将分叉管道内爆炸火焰锋面速度突变系数随管道分叉角度变化情况的数值模拟结果与前文第 5 章部分的试验结果进行对比,对比曲线如图 8-12 和图 8-13 所示。

　由图 8-12 和图 8-13 可以看出,分叉管道直管段及斜管段内爆炸火焰锋面速度突变系数 λ_1、λ_2 随管道分叉角度变化情况的数值模拟值与前文试验值在整体发展趋势上均保持一致,同样呈现随管道分叉角度增大突变系数 λ_1、λ_2 逐渐增大的整体发展趋势。具体数值方面,在管道分叉角度处于 30°～150° 范围内时,试验及数值模拟所得的直管段内爆炸火焰锋面速度突变系数 λ_1 取值范围分别为 1.609～5.909 4、1.843 2～6.442 1,试验及数值模拟所得的斜管段内爆炸火焰锋面速度突变系数 λ_2 取值范围分别为 1.801 5～6.502 2、2.415 4～7.348 3,直管段及斜管段内爆炸火焰锋面速度突变系数 λ_1、λ_2 数值模拟值整体上均不同程

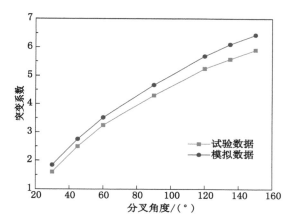

图 8-12　直管段爆炸火焰锋面速度突变系数模拟值与试验值对比曲线

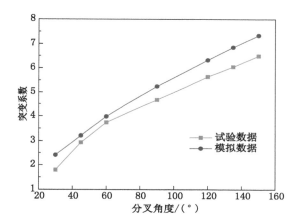

图 8-13　斜管段爆炸火焰锋面速度突变系数模拟值与试验值对比曲线

度大于试验值,说明相同分叉角度、相同管段条件下,数值模拟得出的突变系数值始终要大于试验所得数据。这主要是因为数值模拟过程中,不考虑气体质量力,也没有考虑管道壁面热损失、管道壁面粗糙度,从而使得数值模拟所得到的爆炸火焰锋面速度突变系数数据偏大;此外,数值模拟过程中,认为管道壁面为刚体,而试验过程中,由于管道不能够达到绝对密封,会造成一定量的能量损失,这同样会对爆炸火焰的传播产生一定的抑制作用。

　　总体来说,试验、数值模拟结果大致相同,本节所用模拟模型可准确反映不同分叉角度管道内瓦斯煤尘耦合爆炸其爆炸火焰在管道内的发展、传播规律,此外,数值模拟也为试验中的现象和结论做了有益的补充与解释。

8.4.2　瓦斯煤尘耦合爆炸冲击波超压模拟结果分析

　　(1) 数值模拟结果

　　通过计算模拟得到大量瓦斯煤尘耦合爆炸冲击波超压分布云图数据,不同分叉角度条件下瓦斯煤尘耦合爆炸冲击波传播至管道分叉处时管道内部超压分布情况如图 8-14 所示。

　　(2) 数值模拟结果分析

　　通过对爆炸冲击波在分叉管道内传播的冲击波超压分布云图进行仔细观察、分析,可以

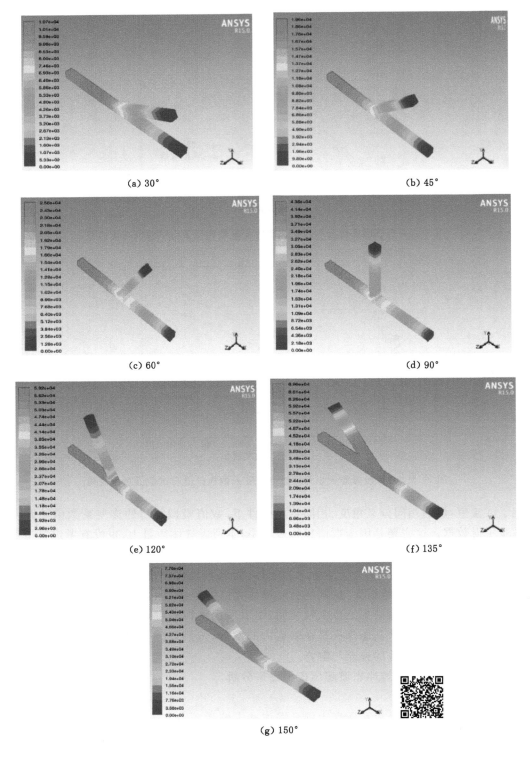

(a) 30°　　　　　　　　　　　(b) 45°

(c) 60°　　　　　　　　　　　(d) 90°

(e) 120°　　　　　　　　　　(f) 135°

(g) 150°

图 8-14　不同分叉角度时冲击波超压分布云图

发现：

① 分叉管道直管段内，分叉点前冲击波超压呈轻微上升或平缓发展态势，在经过管道分叉点之后，冲击波超压呈迅速下降态势，冲击波超压整体上随分叉角度增大而增大。分叉管道斜管段内，在经过管道分叉点之后，冲击波超压迅速下降，直至试验管道出口处，冲击波超压整体上同样随分叉角度增大而增大。

② 爆炸反应所产生的爆炸冲击波的形态在发展过程中会发生一定程度的变化，特别是在传播至管道分叉结构处时会发生比较显著的变化，爆炸冲击波会在管道分叉结构部位发生比较明显的反射现象，在冲击波反射现象的作用下，爆炸冲击波会发生一定的叠加，进而使得迎着直管段与斜管段交叉处位置下游区域壁面产生高压区，高压区的位置范围会随管道分叉角度的不同而呈现一定的区别，整体表现为随着管道分叉角度的增大，因爆炸冲击波反射产生的高压区逐渐向斜管段内的壁面转移，此外，当管道分叉角度等于或大于 90° 时，会在管道内产生比较显著的反射回流现象。

③ 受管道分叉结构的影响，在迎着管道分叉点位置上游区域壁面会产生相对低压区，低压区的范围也会随管道分叉角度的不同而有一定的区别，整体呈现随管道分叉角度增大低压区逐渐向斜管段内壁面转移的趋势。

④ 在管道分叉结构附近发生的冲击波反射现象会随着爆炸冲击波的继续向前发展、传播而逐渐趋于平缓，并且最终会逐渐发展成为平面波。爆炸冲击波由复杂的反射波发展成为平面波的整个过程会随管道分叉角度的不同而有一定的区别，整体表现为管道分叉角度越大其变化过程越长。

通过对模拟数据进行科学整理、计算，得到瓦斯煤尘耦合爆炸冲击波超压在管道分叉点前后的详细数据，利用爆炸冲击波超压数据计算得到直管段及斜管段内爆炸冲击波超压在管道分叉点前后的突变系数 λ_3、λ_4，进而绘制瓦斯煤尘耦合爆炸冲击波超压突变系数 λ_3、λ_4 随管道分叉角度的变化曲线，具体如图 8-15 所示。为进行科学对比分析研究，此部分测点布置及突变系数计算公式同第 5 章分叉管道试验部分。

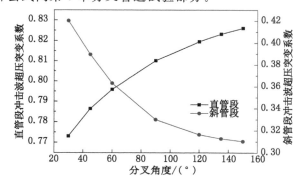

图 8-15　爆炸冲击波超压突变系数 λ_3、λ_4 随管道分叉角度的变化曲线

由图 8-15 可以看出，随着管道分叉角度的变化，数值模拟所得到的瓦斯煤尘耦合爆炸冲击波超压突变系数 λ_3、λ_4 呈现完全不同的发展趋势，直管段内爆炸冲击波超压突变系数 λ_3 随着管道分叉角度的增大而呈现逐渐增大的趋势，斜管段内爆炸冲击波超压突变系数 λ_4 随着管道分叉角度的增大而呈现逐渐减小的趋势。直管段内爆炸冲击波超压突变系数 λ_3

随着管道分叉角度的变化其取值范围为 0.773 1~0.826 1,斜管段内爆炸冲击波超压突变系数 λ_4 随着管道分叉角度的变化其取值范围为 0.310 3~0.420 1,直管段内爆炸冲击波超压突变系数 λ_3 整体上大于斜管段内爆炸冲击波超压突变系数 λ_4。变化幅度方面,斜管段内爆炸冲击波超压突变系数 λ_4 大于直管段内爆炸冲击波超压突变系数 λ_3。

（3）模拟结果与试验结果对比分析

为了对数值模拟结果的准确可靠性进行检验,将分叉管道内爆炸冲击波超压突变系数随管道分叉角度变化情况的数值模拟结果与前文第 5 章的试验结果进行对比,对比曲线如图 8-16 和图 8-17 所示。

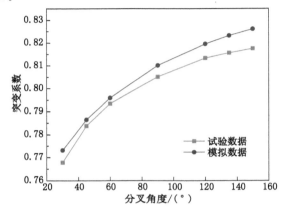

图 8-16　直管段爆炸冲击波超压突变系数 λ_3
模拟值与试验值对比曲线

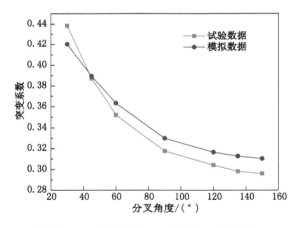

图 8-17　斜管段爆炸冲击波超压突变系数 λ_4
模拟值与试验值对比曲线

由图 8-16 和图 8-17 可以看出,分叉管道直管段及斜管段内爆炸冲击波超压突变系数 λ_3、λ_4 随管道分叉角度变化情况的数值模拟值与试验值在整体发展趋势上均保持一致,直管段内爆炸冲击波超压突变系数 λ_3 随着管道分叉角度的增大而呈现逐渐增大的趋势,斜管段内爆炸冲击波超压突变系数 λ_4 随着管道分叉角度的增大而呈现逐渐减小的趋势。爆炸冲击波超压突变系数的具体取值范围方面,从图中可以清晰地看出,模拟所得到的直管段及斜管段内爆炸冲击波超压突变系数 λ_3、λ_4 整体上均大于试验所得数值,原因同前面爆炸火焰传播模拟部分。

　　总体来说,试验、数值模拟结果大致相同,本节所用模拟模型可准确反映不同分叉角度管道内瓦斯煤尘耦合爆炸冲击波超压在管道内的传播及分布规律,此外,数值模拟也为试验中的现象和结论做了有益的补充与解释。

8.5　CO 气体分布数值模拟结果与分析

　　瓦斯煤尘耦合爆炸后,一方面压力及 CO 气体传播特性会对爆炸伤害产生影响,另一方面爆炸后温度场的分布也会对爆炸伤害产生影响。因此,本节通过数值模拟对试验进行补充和拓展,进一步研究瓦斯煤尘耦合爆炸后 CO 气体的分布特性,并分析其对爆炸伤害产生的影响。

8.5.1　建模及网格划分

　　通过数值模拟对瓦斯煤尘耦合爆炸进行研究,先要建立合适的三维物理模型。建模完成后,根据需求,选择合适的网格精度对模型进行网格划分。建立的物理模型与试验时使用的管道相同,截面为 80 mm×80 mm 的正方形,总长 2 m,网格单元长度为 3 mm,如图 8-18 所示。

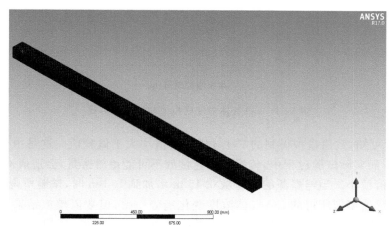

图 8-18　网格划分

8.5.2　初始边界条件及计算方法

　　初始条件:初始温度为 300 K;甲烷和煤尘填充在爆炸腔内,煤尘作为燃烧颗粒喷入,喷尘时间为 0.01 s;采用电点火方式点燃甲烷和煤尘,点火开始时间为 0.01 s;管道内其他区域为空气,初始超压为 0 MPa。

　　边界条件:壁面为刚体,壁面恒温 300 K。

　　在初始边界条件确定后,还需要选择合适的方法进行求解。SIMPLE 算法使用广泛,在应用计算流体力学(CFD)解决实际问题中一直发挥着不可替代的作用,并已被大多数工程数据所验证,因此本章对瓦斯煤尘耦合爆炸求解时采用 SIMPLE 算法。

8.5.3 CO 气体分布数值模拟结果及分析

(1) CO 气体模拟值与试验值对比

通过模拟得到距离爆源 0.45 m、0.625 m、0.875 m 和 1.3 m 处的 CO 气体浓度,并将模拟值与试验值进行对比,如表 8-1 所示。CO 气体浓度模拟结果与试验结果的对比如图 8-19 所示。

表 8-1 CO 气体浓度模拟值与试验值对比

与爆源的距离/m	0.45	0.625	0.875	1.3
CO 气体浓度试验值/($\times 10^{-6}$)	980	850	450	300
CO 气体浓度模拟值/($\times 10^{-6}$)	1 029	917	498	331

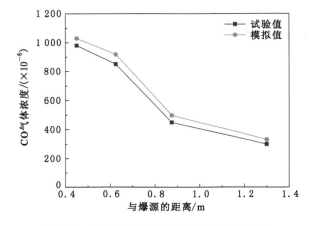

图 8-19 CO 气体浓度模拟值与试验值对比

由图 8-19 可知,数值模拟得到的 CO 气体浓度值均大于试验值。这是由于数值模拟时视壁面为刚体,而实际试验过程中,传播管道连接处不可能绝对密封,会造成 CO 气体损失,从而导致试验值偏小。当与爆源的距离从 0.45 m 增加到 1.3 m 时,试验所得的 CO 气体浓度变化趋势与数值模拟所得的 CO 气体浓度变化趋势一致,但数值模拟结果与试验存有一定的误差,误差范围 5%~11%,误差在可接受范围内。综上所述,模拟结果与试验结果基本一致,模拟采用的模型和初始边界条件合适,可以准确反映瓦斯煤尘耦合爆炸 CO 气体的传播特性。

(2) CO 气体分布锋面变化

通过模拟可以观察瓦斯煤尘耦合爆炸后 CO 气体的分布。将受 CO 气体传播影响的区域与未影响区域的接触面视为 CO 气体分布锋面,如图 8-20 所示。

在瓦斯煤尘耦合爆炸传播过程中,CO 气体是甲烷和煤尘与氧气反应生成的产物,因此,CO 气体的传播滞后于火焰锋面。冲击波和火焰的传播影响着 CO 气体的传播。CO 气体分布锋面从球形逐渐演变为侧 V 形,最终演变为斜平面,主要原因如下:

① 瓦斯煤尘耦合爆炸初期,爆炸反应从点火头处开始进行,则爆炸生成的 CO 气体等产物从点火头附近开始向外传播。CO 气体从管道中心向外传播,在未接触管道壁面时,由于各个方向不受限制,CO 气体以球形向外传播,因此 CO 气体分布锋面呈球形。

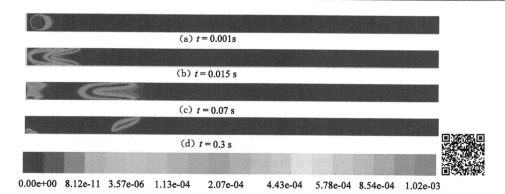

图 8-20　瓦斯煤尘耦合爆炸后 CO 气体浓度分布

② 当 CO 气体接触管道壁面时,受壁面的限制,CO 气体沿管道轴向的传播速度明显大于其他方向的速度,CO 气体分布锋面的球形现象逐渐消失。随着爆炸反应的进行,CO 气体分布锋面前方区域由于火焰和冲击波的作用压力逐渐增加,而 CO 气体分布锋面后的气体由于温度下降导致压力下降,高压区气体产物会向低压区传播,形成一系列稀疏波,进而导致 CO 气体分布锋面逐渐出现内凹现象。随着 CO 气体继续向前传播,凹陷沿爆炸传播方向不断拉伸,导致 CO 气体分布锋面形成明显的侧 V 形。

③ 随着爆炸反应的持续进行,甲烷和煤尘逐渐消耗,形成侧 V 形分布锋面的作用机制减弱,同时,反应生成的 CO 气体逐渐减少,CO 气体分布锋面侧 V 形逐渐消失,最终演变为平面。在 CO 气体传播后期,CO 气体分布锋面演变为斜平面。这主要是由于爆炸后生成的高温 CO 气体密度比空气小,高温气体产物在浮力作用下发生对流作用逐渐聚集到顶部,顶部 CO 气体浓度增大,CO 气体分布锋面成为斜平面。

（3）煤尘浓度对 CO 气体分布的影响

通过模拟得到不同浓度煤尘与甲烷耦合爆炸后 CO 气体分布云图,如图 8-21 所示。

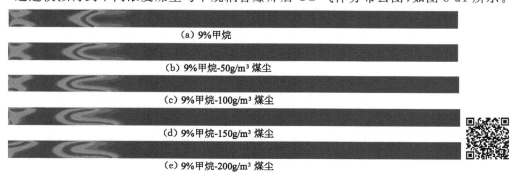

图 8-21　不同浓度煤尘与甲烷耦合爆炸 CO 气体分布

由图 8-21 可知,煤尘浓度越大,管道内 CO 气体分布越不对称。CO 气体分布的对称性下降在不同区域有不同的表现形式。在分布区域前端,CO 气体侧 V 形分布锋面出现下沉现象,即底部的 CO 气体浓度大于顶部,这是由于受重力作用,煤尘颗粒逐渐向底部集中,爆炸反应区域逐渐下移,与上部相比,底部爆炸反应生成的 CO 气体更多,从而导致 CO 气分布出现下沉趋势。在分布区域末端靠近爆源处,CO 气体分布出现上浮现象,即顶部的 CO 气体浓度大于底部。这是由于 CO 气体在受到传播方向正向推动力的同时还受到高温膨胀作用产生的向上的浮力,在两种力的综合作用下,CO 气体向前传播的同时逐渐向上移动,从而导致顶部 CO 气体浓度大于底部。

（4）甲烷浓度对 CO 气体分布的影响

通过模拟得到不同浓度甲烷与煤尘耦合爆炸后 CO 气体分布云图,如图 8-22 所示。

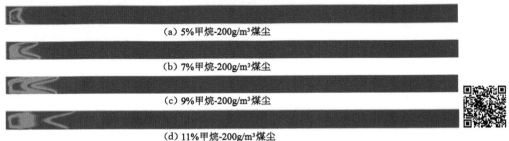

(a) 5%甲烷-200g/m³煤尘

(b) 7%甲烷-200g/m³煤尘

(c) 9%甲烷-200g/m³煤尘

(d) 11%甲烷-200g/m³煤尘

图 8-22　不同浓度甲烷与煤尘耦合爆炸 CO 气体分布

由图 8-22 可知,随着甲烷浓度的增加,CO 气体分布的对称性变化不大,但 CO 气体分布范围增大。甲烷浓度增加即参与爆炸的甲烷量增加,爆炸后生成的 CO 等气体产物增多且释放的能量增加,从而导致气体产物膨胀作用更强,CO 气体的分布范围扩大。

8.5.4　爆炸传播特性对伤害的影响

瓦斯煤尘耦合爆炸后,冲击波传播到的地方压力瞬间达到最大值,然后在短时间内出现压力上升下降的波动现象。压力的不稳定更容易造成人体组织器官和鼓膜的破裂。因此,瓦斯煤尘耦合爆炸后,井下作业人员处于压力上升下降波动的环境中受到的伤害比处于稳定压力环境中受到的伤害更加严重。

甲烷浓度对瓦斯煤尘耦合爆炸后温度和 CO 气体侧 V 形分布锋面的对称性影响较小,而煤尘浓度对瓦斯煤尘耦合爆炸后温度和 CO 气体侧 V 形分布锋面的对称性影响较大。煤尘浓度越大,温度和 CO 气体侧 V 形分布锋面越不对称。在温度和 CO 气体侧 V 形分布锋面处,温度和 CO 气体分布出现下沉现象,底部的温度和 CO 气体浓度大于顶部。由此可见,在瓦斯煤尘耦合爆炸传播过程中,温度和 CO 气体分布锋面呈侧 V 形时,随着煤尘浓度的增加,巷道底部温度和 CO 气体浓度均比顶部大,能够对作业人员造成更大的伤害。

瓦斯煤尘耦合爆炸传播后期,高温气体产物向上聚集,导致温度和 CO 气体分布锋面演变为斜平面。由此可知,瓦斯煤尘耦合爆炸后期,与巷道底部相比,巷道顶部温度和 CO 气体浓度更大,会对作业人员造成更大的伤害。

第9章 瓦斯煤尘耦合爆炸火焰热辐射伤害模型研究

9.1 引　　言

　　瓦斯煤尘耦合爆炸事故比单一瓦斯或煤尘爆炸事故更具有复杂性和危险性,爆炸形成的火焰热辐射也是造成煤矿爆炸事故伤害的重要因素之一。瓦斯煤尘耦合爆炸火焰锋面温度高达上千摄氏度。超出人体可承受水平的高温火焰能够灼伤作业人员,严重时可导致死亡。煤矿井下巷道属于受限空间,爆炸发生后火焰区域的人员极易受到火焰伤害,因此对爆炸后的火焰伤害进行研究有助于减少火焰区域的人员伤亡,提高事故发生后火焰区域应急救援决策的科学性。

　　本章将从理论角度探究瓦斯(甲烷)煤尘耦合爆炸火焰伤害机理及其影响因素,对比分析不同的火焰热辐射计算公式,建立瓦斯煤尘耦合爆炸火焰热辐射的计算公式,确定死亡、重伤和轻伤区域。通过火焰热辐射公式推导出对应的脆弱性当量,结合误差函数构建定量化的火焰热辐射伤害率模型。

9.2 火焰伤害作用机理

　　瓦斯煤尘耦合爆炸后产生的火焰主要通过三种途径对煤矿作业人员造成伤害:氧气浓度下降、火焰烧伤和热辐射。火焰区域内由于瓦斯和煤尘不断与氧气反应,氧气浓度下降。环境中氧气含量达21%时,人员思维敏捷,活动自由;当氧气浓度低于17%时,人员的肌肉功能逐渐减退;当氧气浓度为10%~15%时,人有意识,但肌肉协调性下降,行动迟缓,判断力下降;当氧气浓度低于6%时,人员呼吸困难,易造成大脑无知觉,心脏衰竭,甚至死亡。

　　烧伤是指火焰与人员直接接触后造成体表、眼睛和口腔等部位的组织损伤,主要为皮肤发红、水疱、疼痛等。瓦斯煤尘耦合爆炸后火焰与冲击波相互作用,火焰传播速度极快,巷道内的人员来不及躲避就会被火焰烧伤。在温度达66℃以上时,短时间内就会烧伤皮肤。重度烧伤时,会导致休克,对内脏器官造成损害,引起多器官功能衰竭等并发症;当烧伤面积较大时,会使血液供应减少,引起缺氧、休克,甚至危及生命[155]。

　　瓦斯煤尘耦合爆炸产生的火焰因温度高而以辐射的形式向外传递能量的过程,即热辐射。热辐射随着温度的升高而增强。人员受到强烈热辐射时,身体产热和受热超过散热,以致人体失水,热负荷过大,心血管负荷过重,下丘脑体温调节功能发生障碍,人体温度逐渐升高,超过40℃后,人会出现意识障碍、肝脏和肾脏等多器官多系统损伤[156]。目前常用的火焰热辐射伤害判别准则如下。

（1）热通量准则

热通量是指单位时间内单位面积发射或接收的热量。热通量准则仅以热通量作为衡量标准，超过（等于）人体可承受的临界热通量，则人员受到伤害；反之，人员不受伤害。人体受到不同伤害所对应的热通量阈值，如表 9-1 所示[165]。

表 9-1 人员不同程度伤害对应的热通量

热通量/(kW/m^2)	伤害反应
1.6	人员长时间暴露，无不适感
1.75	暴露时间不少于 1 min，人会感到疼痛
4.0	暴露超过 20 s，不起水泡，但感到疼痛
4.5	暴露 20 s 以上，会感到疼痛，一度烧伤
5.0	暴露时间不少于 15 s，会感到疼痛
6.4	暴露 8 s 疼痛阈值；超过 20 s，二度烧伤
12.5	1 min 内死亡 1%，10 s 内一度烧伤
25.0	1 min 内死亡 100%，10 s 内严重烧伤
37.5	1 min 内死亡 100%，10 s 内死亡 1%

（2）热剂量准则

热剂量准则将热剂量当作判断人员是否受伤的唯一参数，超过（等于）人体可承受的临界热剂量，则人员受到伤害。当热通量作用于人体的时间较短，人员接收到的热量来不及散失掉时，选用热剂量准则进行判断比较合适。

（3）热通量-热剂量准则

热通量-热剂量准则不用一个参数进行判断，而是综合考虑热通量和热剂量两个参数，认为人员受到的伤害同时取决于热通量和热剂量。以热剂量和热通量为横、纵坐标，人员受到伤害的临界状态会对应一条热通量-热剂量曲线，如图 9-1 所示。热通量-热剂量曲线的右上方为人员受到伤害区，左下方为人员不受伤害区。热通量准则和热剂量准则是热通量-热剂量准则的两种极限情况，因此，超出热通量准则和热剂量准则使用范围时可选用热通量-热剂量准则。

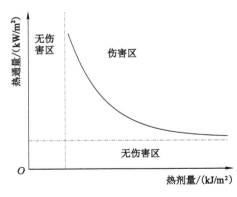

图 9-1 热通量-热剂量曲线

热通量、热剂量和时间三个参数中只要知道其中两个,就可以计算出另外一个参数。热通量-时间准则、热剂量-时间准则与热通量-热剂量准则是可以等价转换的,本章不再详细叙述热通量-时间准则和热剂量-时间准则。煤矿作业人员受到火焰伤害时与火焰接触时间较短,热量来不及散失,因此,本章根据热剂量准则划分火焰热辐射对应的死亡、重伤和轻伤区域。

9.3　火焰伤害影响因素

瓦斯煤尘耦合爆炸火焰对作业人员造成的伤害不仅受瓦斯和煤尘性质的影响,还与巷道环境等因素息息相关。对影响瓦斯煤尘耦合爆炸火焰的因素进行定性分析,有助于合理分析火焰传播的变化,进而提高瓦斯煤尘耦合爆炸火焰热辐射伤害模型的可靠性。影响瓦斯煤尘耦合爆炸火焰的因素主要有以下 7 种。

（1）煤尘成分

煤尘爆炸的化学反应本质是煤尘受热释放出的可燃性气体和碳颗粒与空气中的氧气发生链式反应。煤尘受热挥发出的气体(挥发分)是链反应中重要的反应物,因此,挥发分的含量影响链式反应,进而对火焰产生影响。研究表明,挥发分的增加可以延长火焰持续时间,且挥发分含量越大,火焰长度越长。除挥发分会对爆炸火焰产生影响外,水分也会对火焰传播产生影响。水分对火焰长度具有抑制作用,煤尘爆炸火焰长度随着水分的增加呈减小趋势。

（2）煤尘粒径

研究表明,随着粒径的减小,煤尘爆炸火焰长度增加。煤尘的粒径越小,煤尘颗粒的表面积越大。煤尘颗粒表面积的增加不仅能够增加与氧气的接触面积,还可以增加受热面积,提高传热效率,进而导致火焰长度和火焰传播速度增加。但当煤尘粒径小于 10 μm 时,煤尘颗粒在空气中易被氧化,爆炸性减弱。

（3）甲烷浓度和煤尘浓度

甲烷浓度会影响瓦斯煤尘耦合爆炸火焰的传播。甲烷浓度越小,火焰传播速度越小,这是由于甲烷比煤尘更容易被引爆,在爆炸初期以气相燃烧为主,甲烷浓度越小,释放出的热量越少,则参与爆炸的煤尘越少,越难维持火焰加速传播,从而导致火焰传播速度减小。当甲烷浓度一定时,煤尘浓度也会影响火焰传播速度。火焰传播速度随着煤尘浓度的增加呈先增加后减小的趋势。这是由于煤尘超过一定浓度后,氧气处于不足状态,部分煤尘反应不完全,释放能量减少,火焰传播速度减小。

（4）点火源

点火源作为瓦斯煤尘耦合爆炸必备三要素之一,对瓦斯煤尘耦合爆炸火焰的传播及燃烧转爆轰具有重要影响。点火能量越大,单位体积内活化分子越多,发生有效碰撞的活化分子越多,从而发生链反应的分子越多,释放能量越多,火焰传播速度越快。瓦斯煤尘爆炸火焰的最远传播距离随着点火温度的升高而增大。此外,点火方式也会对爆炸火焰产生影响。强点火方式下,瓦斯煤尘耦合爆炸剧烈可直接产生爆轰波;而弱点火方式下,瓦斯煤尘缓慢燃烧,甚至无法转化为爆轰。

（5）障碍物

瓦斯煤尘耦合爆炸火焰传播过程中遇到障碍物时,火焰形态会发生巨大变化。在障碍物附近,火焰阵面发生拉伸和褶皱变化,湍流度变大,因此,障碍物后一定范围内火焰传播出现加速现象。障碍物的阻塞比越大,火焰变形程度越高,燃烧面积增加越多,则火焰加速越明显。障碍物的形状不同,对爆炸的促进作用也不同。除此之外,障碍物的数量和位置也会影响瓦斯煤尘耦合爆炸火焰的传播。

(6)巷道壁面粗糙度

巷道壁面粗糙度的增加对火焰传播同时有促进和抑制两方面作用。巷道壁面粗糙度增加对火焰有促进作用,是因为火焰在巷道内传播时,火焰与壁面之间存在混合边界层,壁面粗糙度越大,壁面上的凸起越容易穿透边界层,从而增加火焰紊流度,进而导致燃烧速率加大,促进火焰传播速度的增大。另外,壁面粗糙度的增加会加大摩擦阻力,从而增加能量的消耗,抑制火焰传播速度的增大。因此,巷道壁面粗糙度对爆炸火焰传播的影响取决于促进和抑制两方面的综合作用,火焰传播速度随着巷道壁面粗糙度的增加整体上呈先增大后减小的变化趋势。

(7)巷道突变

瓦斯煤尘耦合爆炸火焰传播到拐弯处时,拐弯对火焰锋面的传播有促进作用,火焰最大锋面速度随着拐弯角度的增加而增加。瓦斯煤尘耦合爆炸火焰传播到分叉处时,直段内火焰最大锋面速度小于分叉段火焰最大锋面速度,且直段和分叉段火焰最大锋面速度均随分叉角度的增加而增加。总的来说,不同形式的巷道突变能对火焰传播产生影响是因为巷道突变引起湍流度增加,从而改变火焰最大锋面速度。突变引起的湍流现象越强烈,火焰传播速度受影响越大。

9.4　瓦斯煤尘耦合爆炸火焰热辐射计算模型

9.4.1　点源火焰热辐射模型

点源模型将火源视为一个点,辐射能量从该点处发射出来。点源模型具有适用范围广和计算方便等优点。一般来说,点源模型在计算与点源较远距离处的热辐射通量时误差较小,其计算公式如下所示[165]:

$$q_人 = \tau_{大气}\omega_{效率}\frac{q_源}{4\pi x^2}\cos\theta \tag{9-1}$$

式中　$q_人$——目标人员受到的热辐射通量,W/m^2;

　　　θ——人员和点源连线与人员法线之间的夹角;

　　　$\omega_{效率}$——效率系数,通常取 0.3;

　　　$\tau_{大气}$——大气投射系数,通常取 1;

　　　$q_源$——点源热释放速率,W;

　　　x——人与点源的距离,m。

在式(9-1)中,计算点源热释放速率 $q_源$ 时,需要先将瓦斯和煤尘爆炸的量转化为当量 TNT 质量,然后按式(9-2)计算点源热释放速率:

$$q_源 = \frac{m_{TNT}Q_{TNT}}{t} \tag{9-2}$$

式中 m_{TNT}——参与爆炸的当量 TNT 质量,kg;

$\qquad Q_{TNT}$——TNT 爆热,4 186 800 J/kg;

$\qquad t$——火焰持续时间,s。

常用的动量扩散的火焰持续时间计算如式(9-3)所示:

$$t = 0.45m_{TNT}^{1/3} \tag{9-3}$$

巷道内瓦斯煤尘耦合爆炸的火焰视为点源时,该点源位于巷道正中央位置,而巷道内作业人员身高与点源位置接近,因此人员和点源连线与人员法线之间的夹角 θ 可当作 0°。联立式(9-1)、式(9-2)和式(9-3)可得火焰热辐射通量计算公式:

$$q_人 = \frac{2.221 \times 10^5 m_{TNT}^{2/3}}{x^2} \tag{9-4}$$

9.4.2 Baker 火球模型

火灾主要分为火球、池火灾、蒸气云火灾、喷射火灾和固体火灾等形式。与其他火灾类型相比,煤矿瓦斯煤尘耦合爆炸火焰更近似于火球。爆炸火焰在巷道内传播受多种因素的影响,传播过程复杂多变,为进一步研究火焰热辐射对作业人员造成的伤害,需对火焰传播进行如下假设:

(1)参与爆炸的瓦斯和煤尘全部反应完全,不考虑瓦斯和煤尘反应不完全对爆炸火焰热辐射的影响。

(2)瓦斯煤尘耦合爆炸火焰以火球热辐射的形式对煤矿井下作业人员造成伤害。

(3)不考虑空气对火焰热辐射的影响。

目前,有不少国内外学者将爆炸火焰的发展过程看作准静态过程,因此,瓦斯煤尘耦合爆炸火焰热辐射可通过普适火球模型进行计算。普适火球模型中最广泛使用的是 Baker 模型[165]。Baker 模型的热辐射传播公式如式(9-5)所示:

$$\frac{Q_火}{B m_{燃料}^{1/3} T^{2/3}} = \frac{\dfrac{D_火^2}{x^2}}{\left(F + \dfrac{D_火^2}{x^2}\right)} \tag{9-5}$$

式中 $\quad Q_火$——火球热辐射剂量,J/m²;

$\qquad D_火$——火球直径,m;

$\qquad x$——人员与火球的距离,m;

$\qquad T$——火球温度,K;

$\qquad m_{燃料}$——火球消耗燃料的质量,kg;

$\qquad F$——常量,161.7;

$\qquad B$——常量,2.04×10⁴。

火球直径 $D_火$ 计算式如下:

$$D_火 = \frac{3.86m_球^{0.32}}{(T/3\ 600)^{1/3}} \tag{9-6}$$

火焰持续时间计算式如下:

$$t = \frac{0.299m_球^{0.32}}{(T/3\ 600)^{10/3}} \tag{9-7}$$

有关学者[165]对 Baker 火球热辐射传播曲线进行拟合,得到了距离与热辐射剂量的关系，如式（9-8）所示。

$$x = 4.64 m_{球}^{0.32} \left(\frac{B m_{球}^{1/3}}{Q_{火}} \right)^{\frac{1}{2}} \tag{9-8}$$

火焰热辐射通量计算式如式（9-9）所示。

$$q = 1.256 \times 10^{-7} T^4 \bigg/ \left[1 + 0.031\ 4 \left(\frac{T^{1/3} x}{m_{球}^{1/3}} \right)^2 \right] \tag{9-9}$$

式中　q——人接收到的热辐射通量，W/m^2；

　　　x——人员与火球的距离，m；

　　　T——火球温度，K；

　　　$m_{球}$——火球当量 TNT 质量，kg。

煤矿巷道内参与爆炸的瓦斯煤尘量转化为当量 TNT 质量，视为火球消耗燃料的质量，如式（9-10）所示。

$$m_{球} = m_{TNT} Q_{TNT}/Q_{火} = L_{填} S_{填} (1.58 c_{煤} + 0.945\ c_{CH_4}) Q_{TNT}/Q_{火} \tag{9-10}$$

式中　$L_{填}$——瓦斯煤尘填充区域长度，m；

　　　$S_{填}$——瓦斯煤尘填充区域横截面积，m^2；

　　　c_{CH_4}——瓦斯（甲烷）浓度，%；

　　　$c_{煤}$——煤尘浓度，kg/m^3。

将巷道内瓦斯煤尘耦合爆炸后的火焰热辐射剂量 $Q_{巷道}$ 换算为火球热辐射剂量 $Q_{火}$，换算公式如下：

$$2 Q_{巷道} S = 4\pi Q_{火} \left(\frac{D_{火}}{2} \right)^2 \tag{9-11}$$

式中　S——火焰传播的巷道截面积，m^2。

将式（9-8）、式（9-10）和式（9-11）联立，可得不同浓度瓦斯煤尘耦合爆炸后距离与热辐射剂量的关系式，如式（9-12）所示。

$$x = 48\ 510 [L_{填} S_{填} (1.258 c_{煤} + 0.752\ c_{CH_4})]^{0.807} / (S^{1/2}\ Q_{巷道}^{1/2}\ T^{1/3}) \tag{9-12}$$

将式（9-9）、式（9-10）和式（9-11）联立，可得不同浓度瓦斯煤尘耦合爆炸后热辐射通量计算公式，如式（9-13）所示。

$$q = 1.256 \times 10^{-7} T^4 \bigg/ \left[1 + 0.031\ 4 \left(\frac{T^{1/3} x}{(L_{填} S_{填} (1.258 c_{煤} + 0.752\ c_{CH_4}))^{\frac{1}{3}}} \right)^2 \right] \tag{9-13}$$

9.5　火焰热辐射伤害分区

人体受到不同伤害所对应的热剂量阈值，如表 9-2 所示[188]。当火焰热辐射剂量为 592 kJ/m^2 时，人员死亡，可将火焰热辐射剂量 592 kJ/m^2 所对应的距离作为死亡区域边界。当火焰热辐射剂量为 392 kJ/m^2 时，人员就会重伤，因此，将火焰热辐射剂量 392 kJ/m^2 所对应的距离作为重伤区域边界。当火焰热辐射剂量为 172 kJ/m^2 时，人员轻伤，因此将火焰热辐射剂量 172 kJ/m^2 所对应的距离作为轻伤区域边界。

表 9-2　人员不同程度伤害对应的热剂量值

热剂量/(kJ/m²)	伤害效应
65	皮肤疼痛
125	一度烧伤
172	轻伤
250	二度烧伤
375	三度烧伤
392	重伤
592	死亡

通常情况下,瓦斯煤尘耦合爆炸火焰温度在 2 500 K 左右,将死亡、重伤和轻伤对应的热剂量阈值和温度代入式(9-12),可计算出死亡、重伤和轻伤区域边界,如下所示:

(1) 死亡区域内边界为 0,火焰热辐射剂量为 592 kJ/m² 所对应的距离为死亡区域外边界,可推导出死亡区域外边界:

$$x \leqslant 4.645\ 4\left[L_{填}S_{填}(1.258c_{煤}+0.752\ c_{CH_4})\right]^{0.807}/S^{1/2} \tag{9-14}$$

(2) 重伤区域内边界即死亡区域的外边界,则重伤区域内边界:

$$x \geqslant 4.645\ 4\left[L_{填}S_{填}(1.258c_{煤}+0.752\ c_{CH_4})\right]^{0.807}/S^{1/2} \tag{9-15}$$

重伤区域外边界的火焰热辐射剂量为 392 kJ/m²,进而可推导出重伤区域外边界:

$$x \leqslant 5.708\ 7\left[L_{填}S_{填}(1.258c_{煤}+0.752\ c_{CH_4})\right]^{0.807}/S^{1/2} \tag{9-16}$$

(3) 轻伤区域内边界即重伤区域外边界,则轻伤区域内边界:

$$x \geqslant 5.708\ 7\left[L_{填}S_{填}(1.258c_{煤}+0.752\ c_{CH_4})\right]^{0.807}/S^{1/2} \tag{9-17}$$

轻伤区域外边界的火焰热辐射剂量为 172 kJ/m²,进而可推导出轻伤区域外边界:

$$x \leqslant 8.618\ 3\left[L_{填}S_{填}(1.258c_{煤}+0.752\ c_{CH_4})\right]^{0.807}/S^{1/2} \tag{9-18}$$

由式(9-14)至式(9-18)可知,火焰热辐射造成的死亡、重伤和轻伤区域外边界距离均与甲烷(瓦斯)浓度和煤尘浓度的幂函数呈正比关系,均随甲烷浓度和煤尘浓度的增加而增加。这是由于甲烷和煤尘浓度越大,参与爆炸的甲烷和煤尘越多,火焰热辐射剂量越大,从而导致火焰热辐射对应的伤害距离增加。

综合对比分析瓦斯煤尘耦合爆炸火焰热辐射对应的死亡区域外边界、重伤区域外边界和轻伤区域外边界可知,当瓦斯煤尘耦合爆炸所在巷道区域参数以及传播巷道面积一定时,重伤区域外边界是死亡区域外边界的 1.23 倍,轻伤区域外边界是重伤区域外边界的 1.51 倍。

以煤矿为例,对上述火焰伤害区域的划分方法进行应用。根据以往事故资料,当煤矿发生瓦斯煤尘耦合爆炸事故,参与爆炸的瓦斯浓度约为 5%～11%,煤尘浓度为 50～200 g/m³,填充长度为 50 m,巷道截面积为 18 m² 时,结合式(9-14)至式(9-18),火焰热辐射伤害对应的伤害区域外边界如表 9-3、表 9-4 和表 9-5 所示。

表 9-3　火焰热辐射对应的死亡区域外边界(单位:m)

煤尘浓度/(g/m³)	瓦斯浓度/%			
	5	7	9	11
50	41.515 3	46.460 7	51.283 0	55.999 0
100	61.454 7	65.980 4	70.433 0	74.819 2
150	79.926 5	84.186 5	88.395 5	92.557 1
200	97.419 9	101.488 3	105.518 1	109.511 5

表 9-4　火焰热辐射对应的重伤区域外边界(单位:m)

煤尘浓度/(g/m³)	瓦斯浓度/%			
	5	7	9	11
50	51.017 9	57.095 2	63.021 3	68.816 7
100	75.521 2	81.082 8	86.554 6	91.944 7
150	98.221 2	103.456 2	108.628 6	113.742 7
200	119.718 6	124.718 3	129.670 5	134.577 8

表 9-5　火焰热辐射对应的轻伤区域外边界(单位:m)

煤尘浓度/(g/m³)	瓦斯浓度/%			
	5	7	9	11
50	77.020 6	86.195 4	95.141 8	103.891 1
100	114.012 8	122.409 0	130.669 5	138.807 0
150	148.282 4	156.185 6	163.994 2	171.714 9
200	180.736 6	188.284 5	195.760 8	203.169 3

对表 9-3 至表 9-5 进行综合对比分析发现,随着瓦斯浓度和煤尘浓度的增加,死亡、重伤和轻伤区域外边界的最大增量分别为 67.996 2 m、83.559 9 m 和 126.148 7 m,死亡区域外边界的增量小于重伤区域外边界的增量,重伤区域外边界的增量小于轻伤区域外边界的增量。

9.6　瓦斯煤尘耦合爆炸火焰热辐射伤害模型

爆炸火焰温度会对热辐射通量的传播产生影响。与点源模型相比,基于 Baker 模型得到的瓦斯煤尘耦合爆炸火焰热辐射通量计算模型综合考虑了火焰温度对热辐射的影响,因此,基于 Baker 模型得到的热辐射通量计算模型更符合巷道内瓦斯煤尘耦合爆炸火焰热辐射实际情况,本章选用该模型对火焰热辐射伤害进行计算。瓦斯煤尘耦合爆炸火焰热辐射造成的人员伤害率计算流程如图 9-2 所示。

煤矿作业人员受到火焰伤害的程度与热通量和作用时间两个因素有关,为量化火焰对作业人员造成的伤害,以热通量函数和时间的积作为刺激当量,构建火焰热辐射脆弱性当量 Y,其经验系数[165]如表 9-6 所示。

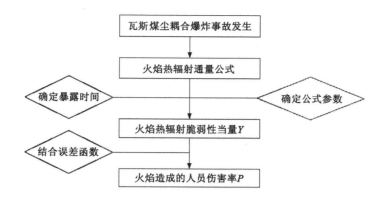

图 9-2　瓦斯煤尘耦合爆炸火焰热辐射造成的作业人员伤害率计算流程

表 9-6　脆弱性当量经验系数

伤害类型	刺激当量 x	k_1	k_2
死亡(有衣服,皮肤裸露 20%)	$tq^{4/3}$	2.56	-37.23
二度烧伤	$tq^{4/3}$	3.018 8	-43.14
一度烧伤	$tq^{4/3}$	3.018 6	-39.83

不同程度火焰伤害对应的人员脆弱性当量如式(9-19)至式(9-21)所示。

死亡(有衣服保护,皮肤裸露 20%)时,作业人员脆弱性当量:

$$Y = -37.23 + 2.56\ln\left(t q^{\frac{4}{3}}\right) \tag{9-19}$$

二度烧伤时,作业人员脆弱性当量:

$$Y = -43.14 + 3.018\,8\ln\left(t q^{\frac{4}{3}}\right) \tag{9-20}$$

一度烧伤时,作业人员脆弱性当量:

$$Y = -39.83 + 3.018\,6\ln\left(t q^{\frac{4}{3}}\right) \tag{9-21}$$

作业人员脆弱性当量 Y 对应的伤害率:

$$P = \begin{cases} 50\left[1 + \dfrac{Y-5}{|Y-5|}\text{erf}\left(\dfrac{|Y-5|}{\sqrt{2}}\right)\right] & \text{当 } Y \neq 5 \text{ 时} \\ 50 & \text{当 } Y = 5 \text{ 时} \end{cases} \tag{9-22}$$

联立式(9-13)、式(9-19)、式(9-20)、式(9-21)和式(9-22),可计算出不同浓度的瓦斯煤尘耦合爆炸火焰热辐射致死率、二度烧伤率和一度烧伤率。

煤矿瓦斯煤尘耦合爆炸通常发生在采掘工作面,巷道断面积约为 6~20 m²。本章以巷道断面积为 18 m²、瓦斯煤尘混合区域长度为 50 m 以及瓦斯积聚浓度为 7% 为例,分析瓦斯与不同浓度煤尘在巷道内爆炸后不同距离处的作业人员伤害率,得到瓦斯煤尘耦合爆炸火焰热辐射造成的作业人员死亡率、二度烧伤伤害率和一度烧伤伤害率随煤尘浓度和与爆源距离的变化特性,如图 9-3 至图 9-5 所示。

当煤矿爆炸事故发生后,参与爆炸的煤尘浓度确定时,可根据图 9-3、图 9-4 和图 9-5 确

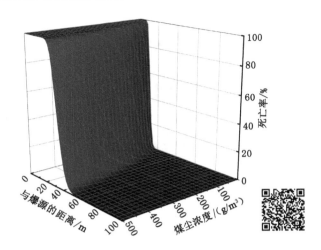

图 9-3　火焰热辐射造成的作业人员死亡率随煤尘浓度和与爆源距离的变化特性

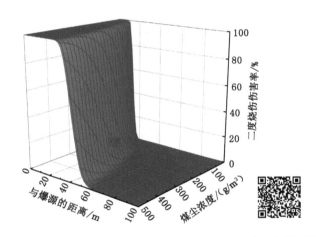

图 9-4　火焰热辐射造成的作业人员二度烧伤伤害率随煤尘浓度和与爆源距离的变化特性

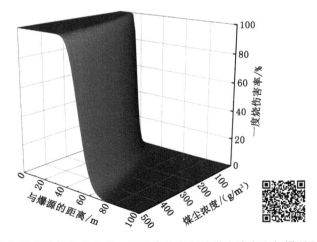

图 9-5　火焰热辐射造成的作业人员一度烧伤伤害率随煤尘浓度和与爆源距离的变化特性

定火焰热辐射造成的作业人员死亡率、二度烧伤伤害率和一度烧伤伤害率随距离变化的特性曲线。火焰热辐射造成的作业人员死亡率、二度烧伤伤害率和一度烧伤伤害率均随距离的增加呈反"S"形衰减。煤尘浓度从 0 增加到 500 g/m³,当与爆源距离小于 20 m 时,火焰热辐射造成的作业人员死亡率大于 80%,属于高危险区域;当与爆源距离大于 60 m 时,火焰热辐射造成的作业人员死亡率小于 1%,属于基本不会危及生命安全的区域;当与爆源距离大于 80 m 时,火焰热辐射造成的一度烧伤伤害率小于 5%,属于轻伤区域。

第10章 瓦斯煤尘耦合爆炸冲击波超压伤害模型研究

10.1 引 言

在煤矿日常生产中,瓦斯煤尘耦合爆炸是后果较为严重的恶性事故之一。瓦斯煤尘耦合爆炸的伤害类型与瓦斯爆炸或煤尘爆炸的伤害类型相同,主要包括冲击波、火焰热辐射和有毒有害气体对作业人员造成的伤害。瓦斯煤尘耦合爆炸产生的冲击波可在巷道内传播上千米,是三种伤害类型中破坏范围较广的一种伤害。研究瓦斯煤尘耦合爆炸冲击波超压对作业人员造成的伤害,既有利于在事故发生前采取有效措施缩小爆炸冲击波伤害范围,改善煤矿的安全管理水平,又能够在事故发生时辅助煤矿事故应急救援,优化应急逃生路线,提高应急决策的科学性。

本章将对比分析不同的爆炸冲击波超压衰减经验公式,建立瓦斯煤尘耦合爆炸冲击波压力衰减公式,划分冲击波超压伤害所对应的死亡、重伤和轻伤区域。结合人员伤害率模型,构建瓦斯煤尘耦合爆炸冲击波超压伤害率模型,深入研究瓦斯煤尘耦合爆炸冲击波的超压伤害。

10.2 瓦斯煤尘耦合爆炸冲击波超压伤害机理

瓦斯煤尘耦合爆炸冲击波对煤矿井下作业人员的伤害分两种:直接伤害和间接伤害。间接伤害主要有两种形式:一种是冲击波抛掷作业人员,使作业人员撞击巷道壁面及巷道内的其他物体;另一种是冲击波卷携煤碎片等物体,划破或刺穿作业人员身体,造成作业人员的外伤。直接伤害是指冲击波超压直接作用于作业人员的身体,引起器官组织的损伤,主要包括三种形式:体内含气器官在高压作用下破裂;冲击波从身体高密度部位传向低密度部位产生的散裂作用;不同组织密度差异产生的剪切力导致破裂。瓦斯煤尘耦合爆炸冲击波的直接伤害可导致作业人员的脑、肺、脾、心脏、肠胃和耳朵鼓膜的损伤,且人体的肺和鼓膜相较其他组织器官更容易受到伤害。

瓦斯煤尘耦合爆炸冲击波传播到作业人员的胸腔,胸腔受压变形,胸腔内气体体积迅速缩小,局部压力急剧增加,从而破坏肺正常工作时所处的压力环境。胸腔内压力的传播和反射,会使肺部受到复杂的压力刺激而发生压缩和膨胀等一系列变化,从而导致肺泡受损、肺泡隔变薄、肺泡膜撕裂及血管破裂,引起急性呼吸功能不全、急性呼吸衰竭、失血性休克以及空气栓塞。空气栓塞易引发心功能不全,造成人员死亡。因此,爆炸冲击波对肺造成的损伤属于致命伤,可以将肺的受损程度作为划分人员死亡和重伤的依据。

煤矿井下作业人员的鼓膜受到冲击波超压作用后,鼓膜两侧压力大小不等,形成压差,导致鼓膜破裂,造成作业人员耳内剧痛、耳鸣和耳聋。鼓膜破裂属于非致命伤,常被用来衡量轻伤程度,并以此划分轻伤距离。

由于无法通过试验得到冲击波对人的伤害判别准则,国内外大部分专家学者基于一定数量的动物群体试验,然后从人与动物的相似性类推得到冲击波对人的伤害判别准则。目前广为接受的冲击波伤害判别准则主要包括以下三个。

(1)超压准则

超压是指冲击波压力与大气压力之差。不同量级的超压会对人员造成不同程度的伤害。超压准则认为超压的大小唯一决定爆炸冲击波对人造成的伤害,当超压大于人体承受阈值时才会对人造成伤害。采用超压准则计算爆炸冲击波对煤矿作业人员的伤害时,适用范围如式(10-1)所示。

$$\omega_{目标} T_+ > 40 \qquad\qquad (10-1)$$

式中　$\omega_{目标}$——目标响应角频率,1/s;

　　　T_+——超压正相持续时间,s。

20 世纪 70 年代,苏联确定了空气冲击波入射超压对人造成不同伤害所对应的阈值,如表 10-1 所示[168]。

表 10-1　人体损伤与超压关系

伤害程度	超压阈值 ΔP/kPa
耳膜破裂	34.39~102.97
轻伤	19.61~39.23
重伤	39.23~98.07
1%死亡	235.37~304.02
50%死亡	304.09~372.67
99%死亡	372.67~441.32

美国在爆炸设计手册中划分了较短作用时间内不同冲击波超压造成的人体伤亡情况,如表 10-2 所示[168]。

表 10-2　TM5-1300 超压准则

鼓膜伤害超压/kPa		肺伤害超压/kPa		死亡超压/kPa	
阈值	50%破裂	阈值	50%损伤	50%死亡	100%死亡
34.32	102.97	206.99~275.58	551.15	896.39~1 240.59	1 378.89~1 724.07

以质量 70 kg 的人群为样本对象,Richmond 等通过试验确定了不同死亡率对应的伤害阈值,如表 10-3 所示[189]。

表 10-3 人群死亡率对应的超压阈值

正压作用时间/ms	99％死亡率超压阈值/kPa	50％死亡率超压阈值/kPa	1％死亡率超压阈值/kPa
400	499.8	362.6	254.8
60	548.8	401.8	284.2
39	607.6	441.0	313.6
10	931.0	676.2	480.2
5	1 724.8	1 274.0	901.6
3	4 145.4	2 979.2	2 146.2

（2）冲量准则

冲击波超压会造成人员内伤，其伤害程度不仅与超压大小有关，还与冲击波的作用时间相关。冲量是关于超压和作用时间的函数，如式（10-2）所示，因此冲量准则结合超压和时间两个因素来判定人员伤害。冲量准则认为人员受伤程度只取决于冲量，当冲量大于临界值时，人员受到相应程度的伤害[173]。通常情况下，冲量准则的适用范围如式（10-3）所示。

$$I_+ = \int_0^{T_+} \Delta P(t) \, dt \tag{10-2}$$

$$\omega_{目标} T_+ < 0.4 \tag{10-3}$$

式中 I_+ ——冲量；

ΔP ——超压；

$\omega_{目标}$ ——目标响应角频率，1/s；

T_+ ——超压正相持续时间，s。

（3）超压-冲量准则

超压准则和冲量准则都只采用单一指标衡量爆炸冲击波对人员造成的伤害，有关专家学者认为单一指标衡量冲击波对人的伤害缺乏全面性，提出了超压-冲量准则。该准则认为爆炸冲击波对人员的伤害是超压和冲量共同造成的，即在超压和冲量同时作用下，超过临界值时人员才会受到伤害[173]，如图 10-1 所示。

$$(\Delta P - P_{临界})(I_+ - I_{临界}) = C \tag{10-4}$$

式中 C ——常量，取决于人员本身的性质和伤害程度；

$P_{临界}$ ——造成人员伤害的最小临界超压；

$I_{临界}$ ——造成人员伤害的最小临界冲量。

煤矿井下瓦斯煤尘耦合爆炸冲击波传播速度极快，作用于作业人员的时间极短，可忽略爆炸冲击波超压作用时间对伤害的影响。同时，冲量准则和超压-冲量准则所涉及的冲量是超压和时间的函数，计算复杂，会增加研究瓦斯煤尘耦合爆炸冲击波伤害的复杂程度，而超压准则仅需计算超压，过程简单，可降低研究瓦斯煤尘耦合爆炸冲击波伤害的复杂程度，实用性更强。因此本章采用超压准则估算煤矿瓦斯煤尘耦合爆炸冲击波对作业人员造成的伤害。

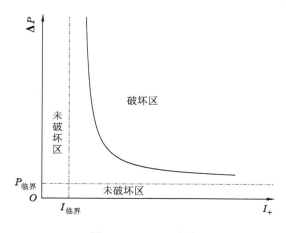

图 10-1　ΔP-I_+ 曲线

10.3　瓦斯煤尘耦合爆炸冲击波超压伤害影响因素

煤矿井下巷道内生产环境复杂,多种因素会影响爆炸冲击波超压的衰减特性,进而影响超压造成的伤害。针对巷道内各种不同的因素进行定性分析,有助于合理构建瓦斯煤尘耦合爆炸冲击波超压伤害模型,提高超压伤害的计算精度。影响瓦斯煤尘耦合爆炸冲击波超压伤害的因素主要有以下 7 种。

（1）煤尘量和瓦斯量

造成人员伤亡的爆炸冲击波能量主要来源于瓦斯煤尘耦合爆炸反应释放的能量。参与爆炸的瓦斯、煤尘越多,瓦斯和煤尘与氧气反应过程中释放的能量越多,冲击波从爆炸反应中获得的能量越多,则冲击波超压越大、破坏性越强,死亡、重伤和轻伤区域随之增大,从而造成更多的人员伤亡。

（2）煤尘成分

煤尘挥发分的主要成分是可燃性气体,煤尘挥发分含量越大,煤尘爆炸性越强。此外,煤尘的主要成分还包括水分、灰分和固定碳。水分和灰分都对煤尘爆炸起抑制作用。灰分不具备可燃性,会阻碍爆炸反应过程中的能量传递和热辐射,特别是当灰分大于 15% 时,灰分对煤尘爆炸性的抑制效果更明显。水分通过吸热、凝聚和稀释三种方式降低煤尘爆炸性。水分可以将小颗粒煤尘凝聚成较大的颗粒,使煤尘的总表面积减小,减少煤尘与空气的接触面积。水本身可以吸收爆炸反应过程中的热量,同时水吸热汽化成为水蒸气,起到稀释氧气的作用,进而对爆炸起抑制作用。

（3）煤尘浓度和粒径

悬浮在空气中的煤尘达到爆炸浓度范围才会发生爆炸。单一煤尘的爆炸下限约为 20～60 g/m³,爆炸上限约为 2 000～6 000 g/m³,最大爆炸压力所对应的浓度约为 400～500 g/m³。当有瓦斯参与爆炸时,煤尘爆炸下限显著降低,促使煤尘爆炸性增强。反之,煤尘也会降低瓦斯的爆炸下限,使瓦斯爆炸性增强。在一定范围内,粒径的减小也会降低煤尘爆炸下限。煤尘粒径直接影响煤尘与空气的接触面积。粒径越小,煤尘表面积越大,煤尘越容易受热释放挥发分,从而导致煤尘爆炸危险性增加。煤尘浓度和煤尘粒径通过影响爆炸冲击波超压而影响爆炸冲击波的伤害后果。

(4)点火能量

点火源是瓦斯煤尘耦合爆炸必备三要素之一。随着点火能量的增加,分子的热运动加快,分子的碰撞反应概率增大,从而使瓦斯煤尘耦合爆炸压力增加,进而导致爆炸冲击波对作业人员造成的伤害增加。

(5)巷道突变(分叉、拐弯和截面突变等)

由于环境和技术条件的限制,煤矿井下巷道的分叉、拐弯和截面突变等随处可见。冲击波传播到巷道分叉和拐弯处,会撞击分叉和拐弯处的巷道壁面,发生复杂的反射过程。反射波的压力远大于入射冲击波的压力,在拐弯和分叉处附近形成高压区,从而加重对该区域作业人员的伤害。相同大小的冲击波压力经过分叉巷道后,直巷道冲击波压力随着分叉角度的增加而增加,分叉巷道冲击波压力随分叉角度的增加而减小。爆炸冲击波经过拐弯巷道时,拐弯后冲击波压力随着拐弯角度的增加而减小。巷道截面突变会直接影响冲击波波阵面面积,进而影响冲击波超压峰值。当冲击波从大截面传播到小截面时,压力增加。当冲击波从小截面传播到大截面时,压力变小。截面突变率越大,冲击波超压变化程度越大。

(6)障碍物

障碍物对瓦斯煤尘耦合爆炸冲击波的分布具有重要影响。瓦斯煤尘耦合爆炸冲击波遇到障碍物时发生反射,反射波压力大于冲击波原始压力,从而造成障碍物附近区域出现局部高压区。同时,障碍物使巷道截面积突然减小,从而造成冲击波湍流度增加,冲击波对作业人员造成的伤害增加。障碍物的大小、数量以及形状等因素会对冲击波压力造成不同的影响。障碍物阻塞比越大,冲击波局部压力增加越明显。巷道内的诸多设备及悬挂的物件均起到障碍物的作用,且分布较为密集,会造成冲击波在短距离内与多个障碍物发生碰撞,多道反射波叠加在一起会造成冲击波压力激增现象,从而加重冲击波对作业人员造成的伤害。在瓦斯煤尘耦合爆炸冲击波可能传播的区域内应尽可能少陈列物资设备,物品摆放应整齐,同时清除不必要的障碍物,以减少爆炸冲击波造成的伤害。

(7)巷道壁面粗糙度

由于摩擦引起的冲击波压力变化不仅取决于冲击波传播的距离,还与巷道壁面粗糙度有关。巷道壁面粗糙度会影响雷诺数 Re 的大小,雷诺数较小时,巷道壁面粗糙度对冲击波传播的影响较小,但随着巷道壁面粗糙度的增加,雷诺数变大,巷道壁面粗糙度对空气冲击波压力传播的影响逐渐增大,成为分析冲击波压力传播特性不可忽略的因素之一。在实际生产中,煤矿井下巷道壁面非常粗糙。为提高巷道壁面的质量,有些巷道会喷涂颗粒较大的沙砾混合物,绝对粗糙度在 $0.8\sim20$ mm 之间。巷道壁面粗糙度对冲击波超压有抑制和激励两方面的作用。抑制作用主要体现在巷道壁面的粗糙度越大,雷诺数 Re 越大,冲击波与巷道壁面之间的摩擦损失越大,越有利于空气冲击波超压的衰减。激励作用主要体现在巷道壁面粗糙度可以增加燃烧区的湍流度,从而加快化学反应速率,压力增大。因此,巷道壁面粗糙度的激励作用超过抑制作用时,压力增加,对井下作业人员造成的伤害增加。反之,抑制作用超过激励作用时,压力随巷道壁面粗糙度的增加而减小,压力对井下作业人员的伤害减弱。

10.4 瓦斯煤尘耦合爆炸超压理论公式

10.4.1 Henrych 经验公式

TNT 当量法是计算易燃易爆物质爆炸破坏后果的经验方法,具有步骤简单和使用方便等优点。TNT 当量法的主要内容是根据能量的大小将爆炸反应物的质量转化为等效 TNT 质量,换算公式如式(10-5)所示:

$$m_{TNT} = \omega \frac{\tau m_{爆炸物质} Q_{爆炸物质}}{Q_{TNT}} \tag{10-5}$$

式中　m_{TNT}——爆炸物质转化的等效 TNT 质量,kg;

$m_{爆炸物质}$——爆炸物质的质量,kg;

Q_{TNT}——TNT 的爆热,一般取 4 186 800 J/kg;

$Q_{爆炸物质}$——爆炸物质的爆热;

ω——TNT 转化率,一般取 0.2;

τ——爆炸系数。

甲烷转化为等效 TNT 质量的换算公式如式(10-6)所示:

$$m_{TNT} = \omega \frac{\tau Q_{CH_4} \rho_{CH_4} V_{CH_4}}{Q_{TNT}} = 0.945 V_{CH_4} \tag{10-6}$$

式中　V_{CH_4}——甲烷的体积,m³;

$\rho_{甲烷}$——甲烷的密度,0.716 kg/m³;

Q_{CH_4}——甲烷的爆热,46 054 800 J/kg;

τ——甲烷爆炸系数,取 0.6。

将煤尘视为无定形炭,完全反应时生成 CO_2,反应释放热量为 34 080 552 J/kg,不完全反应时生成 CO,反应释放能量为 10 215 792 J/kg。煤尘转化为等效 TNT 质量时,主要取决于煤尘爆炸反应过程的放热量和生成 CO 气体的量,其换算公式如式(10-7)所示:

$$m_{TNT} = \omega\tau \frac{(1 - \psi_{CO}) m_{煤} Q_{CO_2} + \psi_{CO} m_{煤} Q_{CO}}{Q_{TNT}}$$
$$\approx 1.628 \, m_{煤} (1 - \delta) = 1.58 \, m_{煤} \tag{10-7}$$

式中　τ——煤尘爆炸系数,取 1;

ψ_{CO}——反应生成 CO 的煤尘百分比;

δ——爆炸热量误差,通常煤尘燃烧后会生成 2%～3% 的 CO,δ 一般取 2.91%。

根据爆炸相似定律,不同质量的 TNT 炸药发生爆炸后,当距离 r 与装药量 M 的立方根之比相等时,冲击波超压相同。若将比例距离 R 定义为距离 r 与装药量 M 的立方根之比,TNT 爆炸冲击波超压与比距离的函数关系如式(10-8)所示:

$$\Delta P = f(R) = f\left(\frac{r}{\sqrt[3]{M_{TNT}}}\right) \tag{10-8}$$

目前与 TNT 当量法结合使用较为广泛的超压 ΔP 与比例距离 R 的经验公式包括 Brode 公式、Henrych 公式、Mills 公式、Chengqing Wu 和 Hong Hao 公式以及 Sadovakyi 公式。已有学者通过对比分析发现,在大量试验数据基础上拟合得到的 Henrych 公式较为可靠[190-192],具体如式(10-9)、式(10-10)和式(10-11)所示。

当 $0.05 \leqslant R \leqslant 0.3$ 时:

$$\Delta P = \frac{1.407\ 17}{R} + \frac{0.553\ 97}{R^2} - \frac{0.035\ 72}{R^3} + \frac{0.000\ 625}{R^4} \tag{10-9}$$

当 $0.3 < R \leqslant 1$ 时:

$$\Delta P = \frac{0.619\ 38}{R} - \frac{0.032\ 62}{R^2} + \frac{0.213\ 24}{R^3} \tag{10-10}$$

当 $1 < R \leqslant 10$ 时:

$$\Delta P = \frac{0.066\ 2}{R} + \frac{0.405}{R^2} + \frac{0.328\ 8}{R^3} \tag{10-11}$$

Henrych 经验公式是对地面开敞空间的试验数据进行拟合确定的,而煤矿巷道属于受限空间,与地面爆炸的环境有极大不同。在巷道中传播的爆炸冲击波压力比同等距离下的地面爆炸压力大,冲击波传播距离增加,当比例距离 R 超过 10 后,Henrych 经验公式未明确给出压力计算的经验公式。结合前述瓦斯煤尘耦合爆炸试验数据,多个工况点超出 Henrych 经验公式中比例距离 R 的适用范围,无法对 Henrych 经验公式进行验证,因此本章不采用 Henrych 经验公式计算瓦斯煤尘耦合爆炸冲击波的压力。

10.4.2 点源爆炸冲击波超压经验公式

地面发生爆炸时,受到约束少,很少发生反射,其冲击波能量下降较快,压力衰减快。煤矿巷道内传播的冲击波遇到巷道壁面时会发生反射,反射压力远超过原本冲击波压力,从而导致同等距离时巷道中传播的冲击波压力大于地面传播的冲击波压力,因此需要对 TNT 当量法进行修正。

$$\frac{m_{TNT}^1}{4\pi r^2} = \frac{m_{TNT}}{2S} \tag{10-12}$$

式中　m_{TNT}^1——修正后的 TNT 质量,kg;

　　　m_{TNT}——修正前的 TNT 质量,kg;

　　　r——与爆源的距离,m;

　　　S——巷道面积,m^2。

目前普遍使用的点源爆炸冲击波超压计算公式如式(10-13)所示:

$$\Delta P = 0.084\ \frac{m_{TNT}^{1/3}}{r} + 0.27\left(\frac{m_{TNT}^{1/3}}{r}\right)^2 + 0.7\left(\frac{m_{TNT}^{1/3}}{r}\right)^3 \tag{10-13}$$

将式(10-12)代入式(10-13),得到修正后的巷道内冲击波超压计算公式:

$$\Delta P = 0.155\left(\frac{m_{TNT}}{Sr}\right)^{\frac{1}{3}} + 0.92\left(\frac{m_{TNT}}{Sr}\right)^{\frac{2}{3}} + 4.4\ \frac{m_{TNT}}{Sr} \tag{10-14}$$

根据 TNT 当量法,当瓦斯(甲烷)煤尘耦合爆炸时,瓦斯和煤尘的量按式(10-15)进行转化:

$$m_{TNT} = 1.58\ m_{煤} + 0.945\ V_{CH_4} = L_{填}S_{填}(1.58c_{煤} + 0.945c_{CH_4}) \tag{10-15}$$

式中　$S_{填}$——瓦斯煤尘填充巷道的面积,m^2;

　　　$L_{填}$——瓦斯煤尘填充区域的长度,m;

　　　$c_{煤}$——煤尘浓度,kg/m^3;

　　　c_{CH_4}——甲烷浓度。

将式(10-15)代入式(10-14),则巷道内瓦斯煤尘耦合爆炸冲击波超压计算公式为:

$$\Delta P = 0.155 \left[\frac{L_{填} S_{填} (1.58 c_{煤} + 0.945 c_{CH_4})}{Sr} \right]^{\frac{1}{3}} + 0.92 \left[\frac{L_{填} S_{填} (1.58 c_{煤} + 0.945 c_{CH_4})}{Sr} \right]^{\frac{2}{3}} +$$

$$4.4 \frac{L_{填} S_{填} (1.58 c_{煤} + 0.945 c_{CH_4})}{Sr} \tag{10-16}$$

　　为验证该方法建立的冲击波超压计算公式是否适用于瓦斯煤尘耦合爆炸冲击波超压的计算,将理论压力值与试验压力值进行对比。对比结果表明,点源爆炸冲击波超压公式计算得到的理论压力值远大于试验压力值,误差较大。该公式存在高估瓦斯煤尘耦合爆炸压力的问题。瓦斯、煤尘转换为等效的 TNT 质量后,TNT 爆炸释放的能量会转化为热量、冲击波后气流的能量等形式。TNT 爆炸仅有部分能量转化为冲击波的能量,进而形成超压。但该公式计算瓦斯煤尘耦合爆炸冲击波超压时未考虑爆炸能量转换为冲击波能量的效率,从而导致压力值严重偏大。因此本章不采用点源爆炸经验公式计算瓦斯煤尘耦合爆炸冲击波的压力。

10.4.3　能量法冲击波超压衰减公式

　　煤矿巷道内瓦斯、煤尘遇到点火源后发生爆炸,爆炸冲击波以球面形式沿着巷道向前传播。冲击波传播过程中遇到巷道壁面则发生反射。随着冲击波的传播,冲击波与巷道壁面之间的入射角逐渐增加,反射从规则反射发展为马赫反射,最终冲击波以平面波的形式向前传播,如图 10-2 所示。

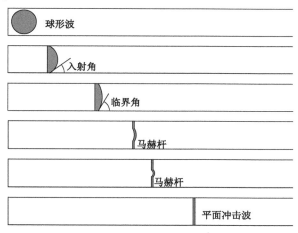

图 10-2　瓦斯煤尘耦合爆炸平面冲击波形成过程

　　瓦斯煤尘耦合爆炸发生后,受瓦斯浓度、煤尘浓度和氧气浓度等因素的限制,火焰传播距离有限,导致冲击波与火焰共同传播的距离有限,大部分是单纯的空气冲击波在巷道内传播。瓦斯煤尘耦合爆炸冲击波是一个厚度极薄(以 10^{-9} m 为单位)的突跃面,壁面摩擦和热交换可以忽略不计,因此冲击波从初始状态到终止状态可视为能量守恒过程。将冲击波与一个速度相等、方向相反的波叠加,冲击波转化为驻立冲击波,然后建立计算冲击波前后两侧状态参数的方程,如式(10-17)至式(10-19)所示。

　　质量守恒方程:

$$\rho_0 (v_0 - D) = \rho_1 (v_1 - D) \tag{10-17}$$

　　动量守恒方程:

$$P_0 + \rho_0 (v_0 - D)^2 = P_1 + \rho_1 (v_1 - D)^2 \tag{10-18}$$

能量守恒方程：

$$u_0 + \frac{P_0}{\rho_0} + \frac{1}{2}(v_0 - D)^2 = u_1 + \frac{P_1}{\rho_1} + \frac{1}{2}(v_1 - D)^2 \tag{10-19}$$

式中　P_0——冲击波前压力，MPa；

　　　P_1——冲击波后压力，MPa；

　　　v_0——冲击波前速度，m/s；

　　　v_1——冲击波后速度，m/s；

　　　ρ_0——冲击波前气体密度，kg/m³；

　　　ρ_1——冲击波后气体密度，kg/m³；

　　　u_0——冲击波前气体比内能，J/kg；

　　　u_1——冲击波后气体比内能，J/kg；

　　　D——驻立波速度，m/s。

联合式(10-17)和式(10-18)，可得到：

$$(D - v_0)^2 = \frac{\rho_1(P_1 - P_0)}{\rho_0(\rho_1 - \rho_0)} \tag{10-20}$$

$$(D - v_1)^2 = \frac{\rho_0(P_1 - P_0)}{\rho_1(\rho_1 - \rho_0)} \tag{10-21}$$

将式(10-20)、式(10-21)与式(10-19)联立可得：

$$u_1 - u_0 = \frac{P_0 + P_1}{2}\left(\frac{1}{\rho_0} - \frac{1}{\rho_1}\right) \tag{10-22}$$

冲击波前后的气体比内能又可按照式(10-23)计算：

$$u = \frac{P}{\rho(\gamma - 1)} \tag{10-23}$$

$$u_1 - u_0 = \frac{P_1}{\rho_1(\gamma - 1)} - \frac{P_0}{\rho_0(\gamma - 1)} \tag{10-24}$$

联立式(10-22)和式(10-24)可得：

$$\frac{P_1}{P_0} = \frac{(\gamma + 1)\rho_1 - (\gamma - 1)\rho_0}{(\gamma + 1)\rho_0 - (\gamma - 1)\rho_1} \tag{10-25}$$

$$\frac{\rho_1}{\rho_0} = \frac{(\gamma + 1)P_1 + (\gamma - 1)P_0}{(\gamma + 1)P_0 + (\gamma - 1)P_1} \tag{10-26}$$

式(10-25)和式(10-26)称为完全气体的冲击绝热方程或雨贡钮方程。

由式(10-17)和式(10-18)可得：

$$P_1 - P_0 = \rho_0(D - v_0)^2\left(1 - \frac{\rho_0}{\rho_1}\right) \tag{10-27}$$

由于空气的初始声速 $c_0^2 = \gamma P_0/\rho_0$，将式(10-26)代入式(10-27)可得：

$$P_1 - P_0 = \frac{2}{\gamma + 1}\rho_0(D - v_0)^2\left[1 - \frac{c_0^2}{(D - v_0)^2}\right] \tag{10-28}$$

即

$$\frac{P_1}{P_0} = 1 + \frac{2\gamma}{\gamma + 1}\left[\frac{(D - v_0)^2}{c_0^2} - 1\right] \tag{10-29}$$

当瓦斯煤尘耦合爆炸时，在爆炸瞬间产生的超压极高，可以按照强冲击波进行计算，但

在传播过程中,冲击波并不是一直以极强状态传播,而是以马赫数趋于 1 的状态传播,则冲击波压力可近似为:

$$\frac{P_1}{P_0} \approx 1 + \frac{4\gamma}{\gamma+1}\frac{D}{c_0} \tag{10-30}$$

即

$$\Delta P \approx \frac{4\gamma P_0}{(\gamma+1)c_0}D \tag{10-31}$$

平面冲击波在巷道内传播时像活塞一样将所经过区域的空气压缩到冲击波薄层内。冲击波厚度极薄,视薄层内气体密度为常数且等于冲击波后气体密度,因此冲击波传播到距离点火源 x 位置处,冲击波薄层内的气体质量如式(10-32)所示:

$$M = S\rho_1\Delta x = S\rho_0 x \tag{10-32}$$

式中　M——冲击波薄层气体质量,kg;

　　　S——巷道面积,m²;

　　　x——与爆源的距离,m;

　　　Δx——冲击波薄层厚度,m。

冲击波薄层内气体速度为常数,等于冲击波后气体速度 v_1,薄层内气体压强 P 为冲击波后气体压强的 λ 倍,则针对冲击波薄层内气体,由牛顿第二定律可得:

$$\frac{d}{dt}(Mv_1) = S(\lambda P_1 - P_0) \tag{10-33}$$

将式(10-32)代入式(10-33),同时根据 $P_0 = \rho_0 c_0^2/\gamma$ 和 $\frac{d}{dt} = \frac{d}{dx}\cdot\frac{dx}{dt} = D\cdot\frac{d}{dx}$ 化简,得到式(10-34):

$$(\lambda-1)^{-1}\left(1+\frac{c_0^2}{D^2}\right)dD\left(1+\frac{\gamma+1}{2\gamma}\cdot\frac{c_0^2}{D^2}\right)^{-1}D^{-1} = \frac{dx}{x} \tag{10-34}$$

对式(10-34)进行积分可得:

$$\sqrt{D^2+\frac{1-\gamma}{2\gamma}c_0^2}\left[D^2\left(D^2+\frac{1-\gamma}{2\gamma}c_0^2\right)^{-1}\right]^{\frac{\gamma}{1-\gamma}} = Ax^{\lambda-1} \tag{10-35}$$

式(10-35)中 A 为待定系数。当驻立波速度 D 远大于声速时,即 c_0^2/D^2 趋近于 0,则式(10-35)可简化为:

$$D = Ax^{\lambda-1} \tag{10-36}$$

冲击波对被压缩气体所做的功等于冲击波薄层内气体的动能和内能之和,则:

$$E_k = \frac{1}{2}Mv_1^2 \tag{10-37}$$

$$E_r = \frac{Sx\lambda P_1}{\gamma-1} \tag{10-38}$$

式中　E_k——冲击波薄层内气体动能;

　　　E_r——冲击波薄层内气体内能。

联立式(10-32)、式(10-37)和式(10-38)可得:

$$E = E_r + E_k = 2S\rho_0\left[\frac{1}{(\gamma+1)^2}+\frac{\lambda}{\gamma^2-1}\right]A^2x^{2\lambda-1} \tag{10-39}$$

当参与爆炸的瓦斯煤尘的量一定时,冲击波对被压缩气体做的功是一定的,即 E 是一

个常数,与 x 无关,则 λ 等于 0.5,驻立波速度 D 如式(10-40)所示:

$$D = \sqrt{\frac{(\gamma-1)(\gamma+1)^2 E}{(3\gamma-1)S\rho_0}}\, x^{-\frac{1}{2}} \tag{10-40}$$

采用 TNT 当量法,计算冲击波对压缩气体做的功 E。将瓦斯(甲烷)和煤尘的量转化为 TNT 质量,则:

$$m_{\text{TNT}} = 1.58 m_煤 + 0.945 V_{\text{CH}_4} = L_填 S_填 (1.58 c_煤 + 0.945 c_{\text{CH}_4}) \tag{10-41}$$

$$E = \eta Q_{\text{TNT}} m_{\text{TNT}} \tag{10-42}$$

式中　$S_填$——甲烷煤尘填充巷道的面积,m^2;

$\quad\quad L_填$——甲烷煤尘填充的长度,m;

$\quad\quad c_煤$——煤尘浓度,kg/m^3;

$\quad\quad c_{\text{CH}_4}$——甲烷浓度,%;

$\quad\quad Q_{\text{TNT}}$——TNT 的爆热,$4\,186\,800\ \text{J/kg}$;

$\quad\quad \eta$——TNT 爆炸总能量转化为冲击波初始能量的系数;

$\quad\quad m_{\text{TNT}}$——由甲烷和煤尘转化的 TNT 质量,kg。

将式(10-31)、式(10-40)、式(10-41)和式(10-42)联合,可得瓦斯煤尘耦合爆炸冲击波超压随距离衰减公式:

$$\Delta P = \frac{4\gamma P_0}{c_0}\left[\frac{(\gamma-1)\eta Q_{\text{TNT}} S_填 L_填 (1.58 c_煤 + 0.945 c_{\text{CH}_4})}{(3\gamma-1)S\rho_0}\right]^{\frac{1}{2}} x^{-\frac{1}{2}} \tag{10-43}$$

若甲烷煤尘的填充巷道面积与冲击波传播巷道面积相等,则式(10-43)可简化为:

$$\Delta P = \frac{4\gamma P_0}{c_0}\left[\frac{(\gamma-1)\eta Q_{\text{TNT}} L_填 (1.58 c_煤 + 0.945 c_{\text{CH}_4})}{(3\gamma-1)\rho_0}\right]^{\frac{1}{2}} x^{-\frac{1}{2}} \tag{10-44}$$

由式(10-44)可知,在爆炸传播过程中,冲击波超压与甲烷浓度和煤尘浓度呈正相关关系。冲击波超压与距离的平方根呈反比关系,距离越大,冲击波超压越小。为对上述推导的冲击波超压衰减公式进行验证,需要先对试验进行理论求解,如表 10-4 所示。

表 10-4　瓦斯煤尘耦合爆炸冲击波超压理论衰减公式

甲烷浓度/%	煤尘浓度/(g/m³)	超压/Pa
5	0	$2\,001.052\,7 x^{-1/2}$
	100	$4\,170.606\,3 x^{-1/2}$
	200	$5\,548.306\,2 x^{-1/2}$
	300	$6\,646.310\,8 x^{-1/2}$
	400	$7\,587.041\,1 x^{-1/2}$
	500	$8\,423.356\,7 x^{-1/2}$
7	0	$4\,322.767\,8 x^{-1/2}$
	50	$6\,403.324\,4 x^{-1/2}$
	100	$7\,957.311\,5 x^{-1/2}$
	150	$9\,253.920\,7 x^{-1/2}$
	200	$10\,389.961\,0 x^{-1/2}$

表 10-4(续)

甲烷浓度/%	煤尘浓度/(g/m³)	超压/Pa
9	0	$15\,500.087\,3x^{-1/2}$
	50	$21\,527.078\,9x^{-1/2}$
	100	$26\,202.624\,8x^{-1/2}$
	150	$30\,161.896\,0x^{-1/2}$
	200	$33\,658.615\,4x^{-1/2}$
11	0	$24\,233.951\,3x^{-1/2}$
	50	$32\,149.793\,7x^{-1/2}$
	100	$38\,469.911\,3x^{-1/2}$
	150	$43\,889.166\,3x^{-1/2}$
	200	$48\,709.175\,3x^{-1/2}$

距离爆源 1.3 m 处的冲击波超压理论值与试验值的对比如图 10-3 至图 10-6 所示。

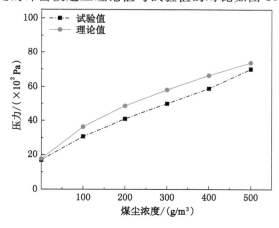

图 10-3　5%甲烷与不同浓度煤尘耦合爆炸的理论压力与试验值对比

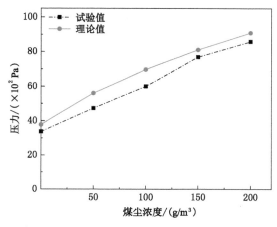

图 10-4　7%甲烷与不同浓度煤尘耦合爆炸的理论压力与试验值对比

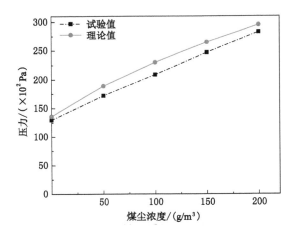

图 10-5　9％甲烷与不同浓度煤尘耦合爆炸的理论压力与试验值对比

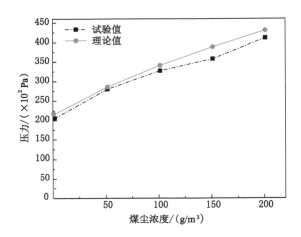

图 10-6　11％甲烷与不同浓度煤尘耦合爆炸的理论压力与试验值对比

　　对比图 10-3 至图 10-6 可知，整体上理论计算的冲击波压力值略大于试验值，这是由于理论计算时不考虑冲击波传播过程中由摩擦和热传递等因素导致的能量消耗，而实际试验时摩擦和热传递等因素会消耗冲击波的能量，从而使试验压力值小于理论值。当甲烷浓度为 5％时，理论压力值与试验值误差较大，在 4％～19％范围内波动；而当甲烷浓度为 7％、9％和 11％时，理论压力值接近试验值，误差仅为 2％～18％。这是由于当甲烷浓度较低时，爆炸反应不剧烈，与 TNT 烈性炸药反应强度相差较大，进而高估瓦斯煤尘耦合爆炸压力，导致该冲击波超压衰减公式计算的压力与实际误差较大。整体来看，理论压力值与试验压力值变化趋势相同，误差在可接受范围内。

　　对比 Henrych 经验公式、点源爆炸冲击波超压经验公式和能量法冲击波超压衰减公式可知，三个模型推导出的冲击波超压均与距离的幂函数呈反比关系，冲击波超压衰减趋势相同。但能量法推导的冲击波超压衰减公式能够弥补 Henrych 经验公式和点源爆炸冲击波超压经验公式的不足，是三种冲击波超压公式中误差较小的公式。综上所述，本章采用能量法冲击波超压衰减公式进行冲击波超压伤害的研究。

10.5　冲击波超压伤害分区

根据人员不同程度伤害对应的超压值(表 10-5)可知[193],当瓦斯煤尘耦合爆炸冲击波超压大于 0.1 MPa 时,作业人员大部分死亡,可将冲击波超压 0.1 MPa 所对应的距离作为死亡区域边界。当冲击波超压大于 0.05 MPa 时,作业人员受到中等程度的伤害,可将冲击波超压 0.05 MPa 所对应的距离作为重伤区域边界。当冲击波超压大于 0.02 MPa 时,作业人员受到轻微伤害,可将冲击波超压 0.02 MPa 对应的距离作为轻伤区域边界。

表 10-5　不同超压下人员伤亡情况

超压/MPa	伤害程度	伤害情况
<0.02	安全无伤	安全
0.02~0.03	轻微挫伤	轻微
0.03~0.05	听觉、气管损伤;中等挫伤、骨折	中等
0.05~0.1	内脏严重挫伤,可造成死亡	严重
>0.1	大部分人死亡	极严重

不同浓度瓦斯煤尘耦合爆炸后,冲击波超压造成的死亡区域、重伤区域和轻伤区域划分如下。

(1) 死亡区域

死亡区域的内边界为 0,死亡区域外边界即冲击波超压 0.1 MPa 所对应的距离:

$$\frac{4\gamma P_0}{c_0}\left[\frac{(\gamma-1)\eta Q_{\mathrm{TNT}}S_{填}L_{填}(1.58c_{煤}+0.945c_{\mathrm{CH_4}})}{(3\gamma-1)S\rho_0}\right]^{\frac{1}{2}}x^{-\frac{1}{2}}\geqslant 0.1 \tag{10-45}$$

进而可推导出死亡区域外边界:

$$x\leqslant\frac{2.259\,9S_{填}L_{填}(1.58c_{煤}+0.945c_{\mathrm{CH_4}})}{S} \tag{10-46}$$

(2) 重伤区域

$$0.05\leqslant\frac{4\gamma P_0}{c_0}\left[\frac{(\gamma-1)\eta Q_{\mathrm{TNT}}S_{填}L_{填}(1.58c_{煤}+0.945c_{\mathrm{CH_4}})}{(3\gamma-1)S\rho_0}\right]^{\frac{1}{2}}x^{-\frac{1}{2}}\leqslant 0.1 \tag{10-47}$$

重伤区域的内边界即死亡区域的外边界,进而可推导出重伤区域内边界:

$$x\geqslant\frac{2.259\,9S_{填}L_{填}(1.58c_{煤}+0.945c_{\mathrm{CH_4}})}{S} \tag{10-48}$$

重伤区域的外边界的冲击波超压为 0.05 MPa,进而可推导出重伤区域外边界:

$$x\leqslant\frac{9.039\,5S_{填}L_{填}(1.58c_{煤}+0.945c_{\mathrm{CH_4}})}{S} \tag{10-49}$$

(3) 轻伤区域

$$0.02\leqslant\frac{4\gamma P_0}{c_0}\left[\frac{(\gamma-1)\eta Q_{\mathrm{TNT}}S_{填}L_{填}(1.58c_{煤}+0.945c_{\mathrm{CH_4}})}{(3\gamma-1)S\rho_0}\right]^{\frac{1}{2}}x^{-\frac{1}{2}}\leqslant 0.05 \tag{10-50}$$

轻伤区域的内边界即重伤区域的外边界,进而可推导出轻伤区域内边界:

$$x \geqslant \frac{9.039\,5S_{填}L_{填}(1.58c_{煤}+0.945c_{CH_4})}{S} \tag{10-51}$$

轻伤区域的外边界的冲击波超压为 0.02 MPa,进而可推导出轻伤区域外边界:

$$x \leqslant \frac{56.496\,8S_{填}L_{填}(1.58c_{煤}+0.945c_{CH_4})}{S} \tag{10-52}$$

由式(10-45)至式(10-52)可知,死亡、重伤和轻伤区域外边界均与甲烷浓度和煤尘浓度呈正相关关系,均随甲烷浓度或煤尘浓度的增加而增加,与试验所得的甲烷、煤尘浓度对伤害范围的影响相吻合。甲烷浓度或煤尘浓度的增加导致冲击波从爆炸中获取的初始能量增加,超压增大,传播过程中造成的破坏更加严重,进而导致伤害距离增加。

综合分析式(10-45)至式(10-52)可知,当甲烷、煤尘所在巷道区域参数以及传播巷道面积一定时,重伤区域外边界是死亡区域外边界的 4.0 倍,轻伤区域外边界是重伤区域外边界的 6.25 倍。

以煤矿为例,对上述冲击波伤害区域的划分方法进行应用。通常情况下,煤矿巷道断面积约为 6～20 m²,本章以巷道断面积为 18 m² 为例进行分析。结合式(10-45)至式(10-52),只需要得知参与爆炸的瓦斯量和煤尘量就可以确定死亡、重伤和轻伤区域外边界。据以往发生过的事故资料来看,煤矿发生瓦斯煤尘耦合爆炸事故时,参与爆炸的瓦斯浓度约为 5%～11%,当煤尘浓度为 50～200 g/m³、填充长度为 50 m 时,爆炸冲击波超压对应的伤害区域外边界如表 10-6、表 10-7 和表 10-8 所示。

表 10-6 冲击波超压对应的死亡区域外边界(单位:m)

煤尘浓度/(g/m³)	瓦斯浓度/%			
	5	7	9	11
50	42.796 3	49.203 0	55.609 8	62.016 6
100	69.575 8	75.982 5	82.389 3	88.796 0
150	96.355 3	102.762 1	109.168 8	115.575 5
200	123.134 8	129.541 5	135.948 3	142.355 0

表 10-7 冲击波超压对应的重伤区域外边界(单位:m)

煤尘浓度/(g/m³)	瓦斯浓度/%			
	5	7	9	11
50	171.185 4	196.812 3	222.439 3	248.066 2
100	278.303 3	303.930 3	329.557 2	355.184 2
150	385.421 3	411.048 2	436.675 2	462.302 1
200	492.539 2	518.166 2	543.793 1	569.420 1

表 10-8　冲击波超压对应的轻伤区域外边界(单位:m)

煤尘浓度/(g/m³)	瓦斯浓度/%			
	5	7	9	11
50	1 069.908 3	1 230.076 9	1 390.245 4	1 550.413 8
100	1 739.395 7	1 899.564 2	2 059.732 6	2 219.901 1
150	2 408.882 9	2 569.051 4	2 729.219 9	2 889.388 4
200	3 078.370 2	3 238.538 7	3 398.707 2	3 558.875 6

对表 10-6、表 10-7 和表 10-8 进行综合对比分析发现,随着瓦斯浓度和煤尘浓度的增加,死亡区域外边界最大增量为 99.558 7 m,重伤区域外边界最大增量为 398.234 7 m,轻伤区域外边界最大增量为 2 488.967 3 m。随着瓦斯浓度和煤尘浓度的增加,死亡区域外边界的增量小于重伤区域外边界的增量,重伤区域外边界的增量小于轻伤区域外边界的增量。

10.6　人员伤害率模型

10.6.1　构建瓦斯煤尘耦合爆炸伤害率模型应遵循的原则

根据现有的人员伤害率模型所遵循的原则,得到构建瓦斯煤尘耦合爆炸伤害率模型时应遵循以下原则。

(1)系统性原则

为提高伤害率模型的可靠性,以系统工程的基本思想为指导,综合考虑"人-物-环-管"四个方面的因素,根据煤矿巷道实际环境,分析瓦斯煤尘耦合爆炸造成不同伤害的机理,在此基础上建立人员伤害率模型。

(2)客观性原则

人员伤害率模型涉及经验参数的选取,确定参数时应参照具有科学依据的试验、统计数据和文献资料,减少个人主观因素的影响,以严谨的科学态度全面、准确、客观地构建伤害率模型。

(3)可行性原则

瓦斯煤尘耦合爆炸事故具有突发性和偶然性,伤害机理十分复杂,影响因素多种多样。构建人员伤害率模型时必须进行一些假设才具有可行性,否则,人员伤害率模型会过于复杂,难以应用。

(4)最大危险性原则

瓦斯煤尘耦合爆炸事故具有超压伤害、火焰伤害和有毒有害气体伤害等多种伤害形式,且每种伤害形式对作业人员造成的伤害后果差异较大,在预测时应按照最严重的伤害考虑。

(5)综合性原则

瓦斯煤尘耦合爆炸参数的计算涉及燃烧学、流体力学和数学等多个学科领域,爆炸特性参数的计算方式多种多样,应对比分析后选择最优方式对爆炸参数进行计算,从而减少伤害率模型的误差。

(6)科学性原则

人员伤害率模型是基于客观事实并按照科学的原理方法构建的,能够在一定程度上反映客观实际,预测事故的伤害。因此,在建立人员伤害率模型时,要有足够的理论依据,保障人员伤害率模型的科学性。

10.6.2 人员伤害率模型概述

19世纪50年代费希纳在韦伯定律基础上建立了韦伯-费希纳定律,明确指出人的感觉量与刺激的对数量成正比,其表达式如式(10-53)所示:

$$S_{感觉} = k \log R + C \tag{10-53}$$

式中　$S_{感觉}$——感觉量;

　　　R——客观刺激量;

　　　k, C——常数。

韦伯-费希纳定律在灾害学中得到广泛应用,常被用来计算系统的脆弱性,特别是在化工行业和天然气管道运输行业等的爆炸事故中,已有广泛认可的人员伤害率模型。本书引入韦伯-费希纳定律,量化煤矿井下作业人员受到冲击波、火焰和CO气体的伤害,构建瓦斯煤尘耦合爆炸人员伤害率模型。

针对煤矿瓦斯煤尘耦合爆炸事故,用脆弱性当量 Y 表示井下作业人员遇到爆炸冲击波、火焰和CO气体时可能遭受伤害的程度。作业人员的脆弱性当量 Y 越大,冲击波、火焰和CO气体造成的伤害越大。以冲击波超压、火焰热辐射和CO气体作为刺激量 $x_{刺激}$,则脆弱性当量 Y 按照式(10-54)计算:

$$Y = k_1 \ln x_{刺激} + k_2 \tag{10-54}$$

式中　Y——脆弱性当量;

　　　$x_{刺激}$——作业人员受到的刺激量,包括冲击波超压、火焰热辐射和CO气体;

　　　k_1, k_2——经验系数。

国内外诸多学者经过长期努力,总结出计算不同类型脆弱性当量的 k_1 和 k_2 经验值[194-195],如表10-9所示。

表 10-9　脆弱性当量系数值

伤害类型	刺激量 x	k_1	k_2
肺出血死亡	ΔP	6.91	-77.10
耳膜破裂	ΔP	1.93	-15.60
CO致死	ct	3.70	-37.98
火焰热辐射致死	$tq^{4/3}$	2.56	-37.23

注:ΔP 为超压,Pa;c 为CO气体浓度,10^{-6};q 为有效辐射强度,W/m²;t 为刺激量作用时间,s。

在有关学者开展的人群反应-刺激试验中发现样本中每个人对于刺激的反应符合正态分布。以此类推,煤矿井下作业人员受到冲击波、火焰和CO气体刺激时,作业人员受到的伤害服从正态分布,如图10-7所示,其函数关系式如式(10-55)所示。

$$f(Y) = \frac{1}{\sigma \sqrt{2\pi}} e^{-\frac{1}{2} \left(\frac{Y - \mu}{\sigma}\right)^2} \tag{10-55}$$

式中　$f(Y)$——受到不同程度伤害的作业人员概率密度;

　　　Y——脆弱性当量;

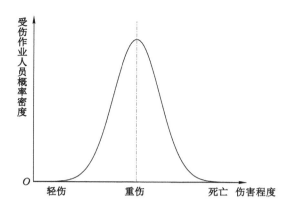

图 10-7　不同程度伤害的作业人员概率密度

σ——标准偏差;

μ——平均值。

当作业人员暴露于瓦斯煤尘耦合爆炸环境中时,受到不同程度伤害的作业人员概率密度与对应的横坐标轴之间的面积表示受到某种伤害的作业人员概率。在概率统计学中,累积概率分布函数可计算概率密度函数与对应的横坐标轴之间的面积,即煤矿井下作业人员伤害率函数如式(10-56)所示:

$$F(Y) = \frac{1}{\sigma\sqrt{2\pi}} \int_{-\infty}^{Y} e^{-\frac{(y-\mu)^2}{2\sigma^2}} dy \tag{10-56}$$

为简化计算,对煤矿井下作业人员进行如下假设:

① 井下作业人员均为年龄相近的健康男性,无疾病史,体重为 70 kg。

② 井下作业人员暴露于瓦斯煤尘耦合爆炸环境中时,不考虑作业人员个人行为对伤害程度的影响。

③ 井下作业人员暴露于瓦斯煤尘耦合爆炸环境中时,未使用防护器材,不考虑防护器材对作业人员的保护作用。

在上述假设条件下,暴露于瓦斯煤尘耦合爆炸环境中的作业人员伤害率函数按式(10-57)进行计算:

$$F(Y) = P(y \leqslant Y) = \frac{1}{\sqrt{2\pi}} \int_{-\infty}^{Y} e^{-\frac{y^2}{2}} dy \tag{10-57}$$

为保证 $F(Y) \leqslant 0.5$ 时,脆弱性当量 Y 不小于 0,根据文献[196]对式(10-57)进行修正,如式(10-58)所示:

$$F(Y) = P(y \leqslant Y) = \frac{1}{\sqrt{2\pi}} \int_{-\infty}^{Y-5} e^{-\frac{y^2}{2}} dy \tag{10-58}$$

在概率统计学中,累积概率分布函数可通过误差函数简化计算,则式(10-58)转化为式(10-59)。

$$P = F(Y) = \begin{cases} 50\left[1 + \dfrac{Y-5}{|Y-5|}\mathrm{erf}\left(\dfrac{|Y-5|}{\sqrt{2}}\right)\right] & \text{当 } Y \neq 5 \text{ 时} \\ 50 & \text{当 } Y = 5 \text{ 时} \end{cases} \tag{10-59}$$

式中 P——作业人员伤害率，%；

　　　erf——误差函数。

作业人员伤害率与脆弱性当量之间的关系如图 10-8 所示。由图 10-8 可知，作业人员伤害率介于 0 到 100% 之间，脆弱性当量值为 5 时，作业人员伤害率是 50%。作业人员伤害率随脆弱性当量的增加而增加，增加趋势呈"S"形。当脆弱性当量较小时，作业人员伤害率随脆弱性当量的增加而缓慢增加。当脆弱性当量达到一定值后，作业人员伤害率曲线近似水平，趋于最大值 100%。

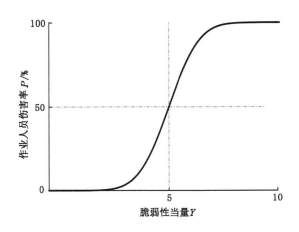

图 10-8　煤矿井下作业人员伤害率与脆弱性当量之间的关系

10.7　瓦斯煤尘耦合爆炸冲击波超压伤害模型

根据上述的作业人员伤害率模型，将式（10-43）代入式（10-54），按照表 10-9 确定 k_1 和 k_2，可得瓦斯煤尘耦合爆炸冲击波超压脆弱性当量，如式（10-60）和式（10-61）所示。

以肺为脆弱部位的脆弱性当量：

$$Y_{肺} = 18.37 + 6.91\ln\left\{\frac{4\gamma P_0}{c_0}\left[\frac{(\gamma-1)\eta Q_{TNT}S_{填}L_{填}(1.58c_{煤}+0.945c_{CH_4})}{(3\gamma-1)S\rho_0}\right]^{\frac{1}{2}}x^{-\frac{1}{2}}\right\}$$

$$(10\text{-}60)$$

以鼓膜为脆弱部位的脆弱性当量：

$$Y_{鼓膜} = 11.06 + 1.93\ln\left\{\frac{4\gamma P_0}{c_0}\left[\frac{(\gamma-1)\eta Q_{TNT}S_{填}L_{填}(1.58c_{煤}+0.945c_{CH_4})}{(3\gamma-1)S\rho_0}\right]^{\frac{1}{2}}x^{-\frac{1}{2}}\right\}$$

$$(10\text{-}61)$$

综上所述，瓦斯煤尘耦合爆炸发生后，计算冲击波超压造成的作业人员伤害率的流程如图 10-9 所示。

按照上述流程，可计算不同浓度瓦斯煤尘耦合爆炸时，不同距离处冲击波超压对作业人员造成的伤害率。煤矿瓦斯煤尘耦合爆炸通常发生在采掘工作面，巷道断面积约为 6～20 m²。本章以巷道断面积为 18 m²、瓦斯煤尘混合区域长度为 50 m 以及瓦斯积聚浓度为

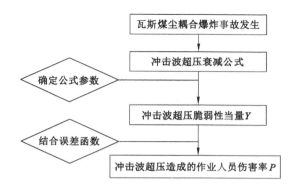

图 10-9　冲击波超压造成作业人员伤害率的计算流程

7%为例,计算瓦斯与不同浓度煤尘在巷道内爆炸后不同距离处的作业人员伤害率,得到瓦斯煤尘耦合爆炸冲击波超压造成的肺伤害率和鼓膜伤害率随煤尘浓度和距离变化的三维图形,分别如图 10-10 和图 10-11 所示。

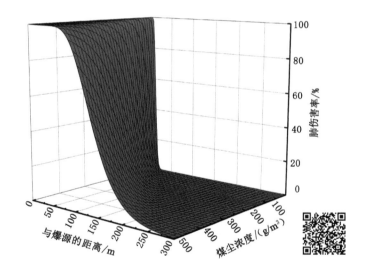

图 10-10　肺伤害率随煤尘浓度和距离变化的特性

　　当煤矿发生爆炸事故,煤尘浓度确定时,即可对照图 10-10 和图 10-11 得到相应肺伤害率和鼓膜伤害率随距离变化的曲线。当煤矿发生爆炸事故后,与爆源一定距离位置处作业人员的肺伤害率和鼓膜伤害率均与煤尘浓度呈正相关关系;当参与爆炸的煤尘浓度确定时,伤害率随距离的增加呈反"S"形衰减。煤尘浓度从 100 g/m³ 增加到 500 g/m³,当与爆源距离小于 30 m 时,冲击波超压造成的肺伤害率大于 60%,属于严重威胁作业人员生命安全的危险区域;当与爆源距离大于 300 m 时,冲击波超压造成的作业人员肺伤害率小于 5%,属于基本不会危及生命安全的区域。当有煤尘参与爆炸时,冲击波超压能够在上千米范围内对作业人员的鼓膜造成伤害。冲击波超压造成鼓膜伤害率 50% 时对应的距离超过肺伤害率 50% 对应距离的 2 倍。

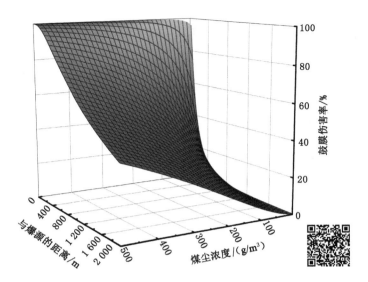

图 10-11　鼓膜伤害率随煤尘浓度和距离变化的特性

第 11 章　瓦斯煤尘耦合爆炸 CO 气体伤害模型研究

11.1　引　　言

据不完全统计,爆炸事故造成的死亡人员中超过 50％的人员死于 CO 中毒。瓦斯煤尘耦合爆炸后,不仅会造成氧气浓度下降、CO_2 气体浓度上升,而且还会生成其他有毒有害气体,主要有 CO 等。CO 气体是一种无色、无味、无臭的气体,难溶于水,标准状况下气体密度为 1.25 g/L,和空气密度相差很小,易导致人员中毒。

爆炸生成的 CO 气体传播分为两个阶段:瓦斯煤尘与氧气反应生成的 CO 气体在火焰和冲击波作用下的传播和 CO 气体在巷道中的扩散传播。第一阶段,CO 气体的总量主要取决于瓦斯煤尘与氧气发生的化学反应,其传播受火焰和冲击波双重作用的影响。第二阶段,根据气体扩散理论,建立 CO 气体在巷道内传播时的浓度衰减公式,并确定 CO 气体对应的死亡、重伤和轻伤区域。本章将 CO 气体浓度计算模型与人员伤害率模型相结合,构建 CO 气体对应的作业人员伤害率模型。

11.2　CO 气体伤害作用机理

瓦斯(甲烷)煤尘耦合爆炸会使巷道环境中的不同气体含量发生改变,使空气中的氧气含量降低,CO_2 气体含量增加,还会有 CO 等多种有毒有害气体生成。在这些有毒有害气体中,含量最高的是 CO 气体。当甲烷浓度从 9.5％增加到 13％时,CO 气体含量可以从 0.36％增加到6.4％[197]。当煤尘参与甲烷爆炸后,CO 气体含量会更高。CO 气体被吸入体内后,会经由肺泡进入血液,与血液中的血红蛋白(Hb)发生可逆的结合。一方面,90％以上的 CO 与血红蛋白结合生成碳氧血红蛋白(HbCO)。由于 CO 与血红蛋白(Hb)的亲和力远远胜过 O_2,CO 可以将氧合血红蛋白(HbO_2)中的氧排挤出来,形成碳氧血红蛋白(HbCO)。另一方面,碳氧血红蛋白(HbCO)的离解比氧合血红蛋白(HbO_2)慢。CO 对血红蛋白(Hb)的双重作用直接影响血红蛋白携氧供给人体正常生理需求,最终导致人体各组织缺氧,出现中毒症状。

人体最重要的心脏和大脑均对缺氧比较敏感。CO 影响血红蛋白正常携氧功能时,心肌摄氧数量减少,心肌血氧不足引发心脏功能失调。人吸入 CO 过多后,脑部严重缺氧,引发脑血液循环障碍,进一步加剧脑部缺血缺氧,导致昏迷。总的来看,轻微 CO 中毒时,人会出现肢体乏力、行动迟缓等症状;较重 CO 中毒时,人会出现视听障碍、头晕、恶心和心跳加快等症状;严重 CO 中毒时,人会出现眩晕、痉挛和呼吸停顿等症状,重则导致昏迷和死亡[198]。

常见的有毒有害气体判别准则主要有以下三种。

（1）毒物浓度伤害准则

毒物浓度伤害准则认为毒物浓度决定是否会对人造成伤害。人体对毒物有一定的承受能力，存在临界浓度。当毒物浓度超过临界浓度时，人才会受到伤害。

（2）毒物浓时积准则

毒物浓时积准则需要依据两个参数来判断毒物对人造成的伤害：一是毒物浓度 c；二是人暴露于毒物中的时间，即暴露时间 t。毒物浓度 c 和暴露时间 t 的乘积（ct 值）用来表示毒性大小。临界 ct 值作为衡量毒物对人造成伤害的阈值，小于此值时对人造成的伤害忽略不计，超过此值时，引起中毒，对人造成伤害。

（3）毒负荷准则

毒负荷准则用毒负荷来判断毒物对人造成的伤害，其计算方法如下：

$$\text{TL} = kc^n t^m \tag{11-1}$$

式中　TL——毒负荷，决定中毒程度；

　　　　k——与毒物靶剂量有关的系数，通常 $k \leqslant 1$；

　　　　c——毒物浓度，10^{-6}；

　　　　t——接触时间，min；

　　　　n——浓度对毒负荷 TL 贡献的修正指数，反映毒物浓度在中毒效应中的作用；

　　　　m——接触时间对毒负荷 TL 贡献的修正指数，反映接触时间在中毒效应中的作用。

常见爆炸生成的有毒有害气体毒负荷如表 11-1 所示[199]。

表 11-1　常见毒物的毒负荷

毒物名称	毒负荷表达式	死亡区浓度（30 min）/（$\times 10^{-6}$）	重伤区浓度（30 min）/（$\times 10^{-6}$）
一氧化碳 CO	$197^{-1} c^{0.858} t^{0.53}$	5 000	3 280
硫化氢 H_2S	$ct^{0.1}$	360	200
二氧化硫 SO_2	$ct^{1/3}$	800	200

11.3　CO 气体伤害影响因素

瓦斯煤尘被点燃后，生成的气体产物膨胀，形成前驱冲击波压缩加热火焰前的气体，从而加快燃烧反应和火焰传播速度，使滞后于火焰锋面的 CO 气体也以一定的初速度向前传播。受支护环境、障碍物和巷道突变（分叉、拐弯和截面突变等）等多种因素的影响，瓦斯煤尘耦合爆炸火焰和冲击波的传播会发生复杂的变化，进而影响 CO 气体的传播。当 CO 气体在巷道内扩散时，风流对 CO 气体传播影响较大，影响 CO 气体传播的因素主要有以下几个方面。

（1）瓦斯量和煤尘量

爆炸后生成的 CO 气体量随着瓦斯和煤尘量的变化而变化。通常情况下，爆炸时煤尘不能完全反应生成 CO_2，反应不完全的煤尘会生成 CO 气体。瓦斯爆炸后也会生成少量的 CO 气体。因此，参与爆炸的瓦斯和煤尘量越大，生成的 CO 气体总量越多，造成的作业人员伤亡越严重。

（2）煤化程度及煤尘粒径

煤化作用是指煤在形成过程中经历的化学变化和物理变化。化学变化影响煤尘的碳、氢和氧含量及挥发分的产率等，而物理变化可以改变煤的孔隙率、反射率及光学异向性等性质。不同煤化程度的煤具有不同的理化性质，爆炸后生成的气体含量不同。随着煤化程度的加深，爆炸后生成的 CO 与 CO_2 之比呈下降趋势。研究表明，粒径对煤尘爆炸后生成的气体含量有影响。随着煤尘粒径的减小，爆炸生成的 CO_2 气体含量减少，而 CO 气体含量增加。由此可知，煤化程度越低、煤尘粒径越小，生成的 CO 气体含量越大，对作业人员造成的伤害越大。

（3）氧气浓度

氧气作为瓦斯煤尘耦合爆炸必备要素之一，是影响瓦斯煤尘耦合爆炸化学反应进程的重要因素。氧气作为反应物参与瓦斯煤尘耦合爆炸化学反应过程，化学反应方程式如下所示。

甲烷氧化反应：

$$2CH_4 + 3O_2 \longrightarrow 2CO + 4H_2O$$
$$CO + 1/2O_2 \longrightarrow CO_2$$

煤尘氧化反应：

$$2CH_4 + 4O_2 \longrightarrow 4H_2O + 2CO_2$$
$$C + O_2 \longrightarrow CO_2$$
$$2C + O_2 \longrightarrow 2CO$$
$$C + CO_2 \longrightarrow 2CO$$
$$CO + 1/2O_2 \longrightarrow CO_2$$

当环境中氧气浓度达到 18% 以上时，煤尘才能发生爆炸。瓦斯能被点爆的环境氧气浓度低于煤尘，约为 12.4%。当氧气浓度较大，即富氧状态时，瓦斯和煤尘的完全氧化反应程度高，更易生成 CO_2 气体。反之，当氧气浓度较低，即处于贫氧状态时，瓦斯和煤尘氧化不完全，更易生成 CO。

（4）点火能量

点火能量影响煤尘挥发分的析出及煤尘爆炸的行为特性。点火能量增加，有助于煤尘挥发分的析出，进而导致煤尘爆炸需氧量增加。在煤矿巷道这种受限空间内，氧气量是一定的，则点火能量的增加会导致煤尘爆炸不完全反应程度增加，生成更多的 CO。为此，在生产过程中应尽量杜绝高能量点火源的存在，避免瓦斯煤尘耦合爆炸后 CO 气体对作业人员造成更大的伤害。

（5）巷道风流速度

瓦斯煤尘耦合爆炸生成的有毒有害气体在巷道内扩散时，不同位置处的 CO 气体浓度均随时间延长先迅速增加再逐渐减小，近似呈正态分布趋势。距离爆源越远，该位置达到 CO 气体浓度峰值所需的时间越长。巷道内风流速度发生变化，会影响 CO 气体浓度达到峰值所用的时间和 CO 气体浓度随时间衰减的速度。随着风流速度的增大，CO 气体传播速度加快，巷道内各地点 CO 气体浓度达到峰值所需的时间缩短。同时，风流速度的增加也会加剧风流对 CO 气体的吹散稀释作用。风流速度越大，CO 气体浓度达到峰值后的衰减速度越快。合理利用巷道风流速度对 CO 气体浓度的影响规律,有助于减少巷道内 CO 气体的聚集,提高巷道内空气质量,降低 CO 气体对作业人员的伤害。

（6）巷道突变

瓦斯煤尘耦合爆炸后生成的 CO 气体在传播过程中遇到转弯时,会产生涡流现象。部分气体会被聚集在转弯处,转弯处 CO 气体浓度会突增。转弯角度越大,气体在转弯时遇到的局部阻力越大,涡流现象越严重,该处的 CO 气体浓度越大。巷道转弯角度越大,传播到转角后巷道内的 CO 气体越少,对此处作业人员造成的伤害越小。

11.4　瓦斯煤尘耦合爆炸 CO 气体膨胀距离计算

CO 气体在火焰和冲击波作用下传播时,由于爆炸在极短时间内释放大量能量,温度急剧升高,巷道内气体迅速膨胀。气体产物的膨胀起到活塞的作用,活塞加速压缩火焰前方气体,激励火焰加速向前传播,从而导致火焰后的气体产物随着火焰一起传播。因此,火焰的传播范围影响该阶段 CO 气体的传播范围。火焰在传播过程中存在卷吸作用,携带其经过地点的瓦斯煤尘混合物一起向前传播,火焰传播范围超过原始瓦斯煤尘混合区域,则该阶段 CO 气体传播范围大于原始瓦斯煤尘混合区域。

CO 气体在冲击波和火焰作用下的传播非常复杂,传播距离通常用膨胀距离表示。总的来看,爆炸后气体膨胀的原因有两个:一是反应后产物中气体摩尔数比反应前增加;二是反应后气体温度升高导致气体体积膨胀。瓦斯煤尘耦合爆炸反应速率快,可将 CO 气体膨胀视为瞬时等容绝热过程。根据理想气体状态方程,爆炸温度估算公式如式(11-2)所示:

$$\frac{T_1}{T_0} = \frac{P_1}{P_0} \tag{11-2}$$

则气体膨胀前后体积之比如式(11-3)所示:

$$\frac{V_1}{V_0} = \frac{T_1}{T_0} = \frac{P_1}{P_0} \tag{11-3}$$

式中　P_0,P_1——爆炸前后的压力,Pa;

T_0,T_1——爆炸前后的温度,K;

V_0,V_1——气体膨胀前后的体积,m³。

煤矿巷道环境温度约为 298 K,压力为 0.101 325 MPa,若煤矿巷道内瓦斯煤尘爆炸压力按照巷道爆炸平均压力理论值 0.736 MPa 计算,则瓦斯煤尘耦合爆炸后 CO 气体膨胀距离约为瓦斯煤尘混合区域长度的 7 倍。一般来说,CO 气体膨胀区域内浓度较高,该范围内的作业人员大部分会中毒死亡。

11.5　瓦斯煤尘耦合爆炸 CO 气体浓度计算模型

瓦斯煤尘耦合爆炸结束后,爆温逐渐下降到与环境温度平衡,CO 气体膨胀过程结束,开始扩散传播。目前常用的气体扩散模型很多,本书将对比分析两种常用的气体扩散模型,建立瓦斯煤尘耦合爆炸 CO 气体浓度计算模型。

11.5.1　基于能量守恒理论的气体扩散模型

瓦斯煤尘耦合爆炸后会产生具有一定温度和浓度的有毒有害气体烟流。有毒有害气体烟流在巷道中传播时,不断与新鲜风流进行物质交换和能量交换。新鲜风流在有毒有害气体烟流中不断流入和流出使烟流温度逐渐下降,有毒有害气体浓度逐渐下降,如图 11-1 所示。

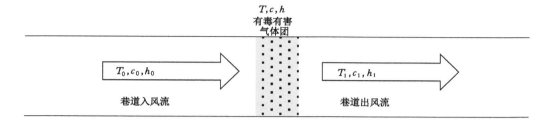

图 11-1　有毒有害气体传播模型

假设烟流区域内温度分布均匀,烟流区域内不同成分的气体不发生化学反应,烟流区域瞬时压强和体积不发生变化。初始条件 $t=0$ 时,$c=c_0$,则烟流区域有毒有害气体浓度变化可用式(11-4)表示:

$$dc = \frac{dt}{V}(D_i - D_{出}c) \tag{11-4}$$

式中　c——烟流区域有毒有害气体浓度,%;

t——时间,s;

V——烟流区域体积,m^3;

D_i——流入烟流区域的有毒有害气体流量,m^3/s;

$D_{出}$——流出烟流区域的混合气体流量,m^3/s。

对式(11-4)进行积分可得有毒有害气体浓度计算公式:

$$c = \frac{D_i}{D} + \left(c_0 - \frac{D_i}{D}\right)\exp\left(-\frac{D}{V}t\right) \tag{11-5}$$

依据式(11-5),有毒有害气体浓度呈指数型衰减,如图 11-2 所示。

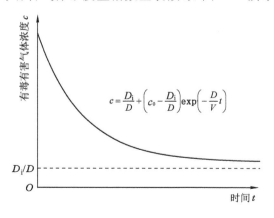

图 11-2　有毒有害气体浓度衰减示意图

有毒有害气体在巷道内传播时,流入和流出烟流区域的风量、热量和气体成分不断发生变化。因此,将有毒有害气体烟流区域在巷道内的传播划分为若干个连续的时间段,前一刻流出烟流区域的气体浓度即下一刻流入烟流区域的气体浓度,循环计算得出传播过程中不同位置处有毒有害气体的浓度。该有毒有害气体浓度计算模型考虑了有毒有害气体浓度随时间、温度和风量等因素的变化,但考虑因素过多导致步骤复杂,不利于瓦斯煤尘耦合爆炸事故发生后在最短时间内迅速计算出不同位置处 CO 气体浓度。

11.5.2 高斯烟团气体扩散模型

CO 气体与空气密度相近,相对密度为 0.97,可以忽略 CO 气体扩散时重力下沉和浮力上升的作用。另外,瓦斯煤尘耦合爆炸后在极短时间内生成大量 CO 气体,而 CO 气体扩散时间较长。综合考虑这两方面因素,瓦斯煤尘耦合爆炸后 CO 气体扩散宜选用高斯烟团模型。

对巷道内 CO 气体扩散建模时,需要进行如下假设:

(1) 瓦斯煤尘耦合爆炸产生 CO 气体的过程为点源释放。当 $t=0$ 时,$c(x,y,z,t)|_{(0,0,0,0)} \rightarrow \infty$;当 $t \rightarrow \infty$ 时,$c(x,y,z,t)|_{(t \rightarrow \infty)}=0$。

(2) 瓦斯煤尘耦合爆炸产生的 CO 气体全部参与扩散,CO 气体在扩散过程中不发生化学反应。

(3) 不考虑巷道内的压力、温度、湿度以及重力等因素对 CO 扩散的影响。

根据菲克定律,无边界气体三维扩散基本方程如式(11-6)所示:

$$\frac{\partial c}{\partial t}=E_{t,x}\frac{\partial^2 c}{\partial x^2}+E_{t,y}\frac{\partial^2 c}{\partial y^2}+E_{t,z}\frac{\partial^2 c}{\partial z^2}-u_x\frac{\partial c}{\partial x}-u_y\frac{\partial c}{\partial y}-u_z\frac{\partial c}{\partial z}-Kc \tag{11-6}$$

式中　c——巷道内 CO 气体浓度;

　　　t——扩散时间;

　　　u_x,u_y,u_z——巷道内 x,y 和 z 方向的平均风速;

　　　$E_{t,x},E_{t,y},E_{t,z}$——巷道内 x,y 和 z 方向的湍流扩散系数;

　　　K——巷道壁面吸收等因素造成的 CO 气体浓度衰减系数。

结合煤矿巷道实际情况,巷道内风流主要沿 x 方向流动,y 和 z 方向的风流可以忽略不计,即 u_y 和 u_z 取为 0。巷道壁面吸收 CO 气体极少,可以忽略不计,即 K 为 0,则式(11-6)可简化为式(11-7):

$$\frac{\partial c}{\partial t}=E_{t,x}\frac{\partial^2 c}{\partial x^2}+E_{t,y}\frac{\partial^2 c}{\partial y^2}+E_{t,z}\frac{\partial^2 c}{\partial z^2}-u_x\frac{\partial c}{\partial x} \tag{11-7}$$

对式(11-7)进行积分可得:

$$c(x,y,z,t)=\frac{Q}{8(\pi^3 E_{t,x}E_{t,y}E_{t,z}t^3)^{\frac{1}{2}}}\exp\left\{-\frac{1}{4t}\left[\frac{(x-u_xt)^2}{E_{t,x}}+\frac{y^2}{E_{t,y}}+\frac{z^2}{E_{t,z}}\right]\right\} \tag{11-8}$$

式中　Q——CO 气体总量。

令 $\sigma_x^2=2E_{t,x}t$,$\sigma_y^2=2E_{t,y}t$,$\sigma_z^2=2E_{t,z}t$,则式(11-8)变为式(11-9):

$$c(x,y,z,t)=\frac{Q}{(2\pi)^{\frac{3}{2}}\sigma_x\sigma_y\sigma_z}\exp\left\{-\left[\frac{(x-u_xt)^2}{2\sigma_x^2}+\frac{y^2}{2\sigma_y^2}+\frac{z^2}{2\sigma_z^2}\right]\right\} \tag{11-9}$$

巷道内 CO 气体传播时,受巷道壁面限制,属于有边界瞬时点源扩散,且巷道内 CO 气体释放源位于巷道底面到顶面的正中间。有界情形下,坐标系的建立与无界扩散的坐标系略有不同,有毒有害气体释放源在巷道底面的投影点即坐标原点。巷道底面对有毒有害气体扩散起全反射作用,可采用像源法处理。实源是指无界情形下,释放源造成的该点处有毒有害气体浓度。由巷道底面反射造成的浓度增加视为像源造成的该点处有毒有害气体浓度。实源和像源共同作用下的浓度之和是该点处的有毒有害气体浓度,如图 11-3 所示。

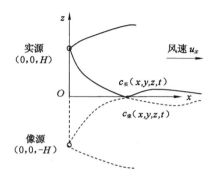

图 11-3　有界点源反射示意图

实源造成的有毒有害气体浓度如式(11-10)所示:

$$c_{实}(x,y,z,t) = \frac{Q}{(2\pi)^{\frac{3}{2}}\sigma_x\sigma_y\sigma_z}\exp\left\{-\left[\frac{(x-u_xt)^2}{2\sigma_x^2}+\frac{y^2}{2\sigma_y^2}+\frac{(z-H)^2}{2\sigma_z^2}\right]\right\} \quad (11\text{-}10)$$

像源造成的有毒有害气体浓度如式(11-11)所示:

$$c_{像}(x,y,z,t) = \frac{Q}{(2\pi)^{\frac{3}{2}}\sigma_x\sigma_y\sigma_z}\exp\left\{-\left[\frac{(x-u_xt)^2}{2\sigma_x^2}+\frac{y^2}{2\sigma_y^2}+\frac{(z+H)^2}{2\sigma_z^2}\right]\right\} \quad (11\text{-}11)$$

则该处的有毒有害气体浓度如式(11-12)所示:

$$c(x,y,z,t) = c_{像}(x,y,z,t) + c_{实}(x,y,z,t)$$
$$= \frac{Q}{(2\pi)^{\frac{3}{2}}\sigma_x\sigma_y\sigma_z}\exp\left\{-\left[\frac{(x-u_xt)^2}{2\sigma_x^2}+\frac{y^2}{2\sigma_y^2}\right]\right\}\left\{\exp\left[-\frac{(z-H)^2}{2\sigma_z^2}\right]+\exp\left[-\frac{(z+H)^2}{2\sigma_z^2}\right]\right\}$$
$$(11\text{-}12)$$

$$c_{\max} = \frac{2Q}{(2\pi)^{\frac{3}{2}}\sigma_x\sigma_y\sigma_z} \quad (11\text{-}13)$$

目前扩散系数 σ_x, σ_y 和 σ_z 很难精确测定,往往采取近似估计算法确定,普遍使用的是美国 ASME 扩散参数算法,因此本章也采用此方法进行计算。根据文献[200],在水平方向上 $\sigma_x = \sigma_y$,扩散系数如表 11-2 所示。

表 11-2　扩散系数计算公式

大气稳定度等级	σ_y	σ_z
A	$0.40x^{0.91}$	$0.40x^{0.91}$
B~C	$0.36x^{0.86}$	$0.33x^{0.86}$
D	$0.32x^{0.78}$	$0.22x^{0.78}$
E~F	$0.31x^{0.71}$	$0.06x^{0.71}$

大气稳定度可依据风速和太阳辐射等级进行确定,如表 11-3 所示。

表 11-3　大气稳定度等级

风速 /(m/s)	太阳辐射等级					
	+3	+2	+1	0	−1	−2
≤1.9	A	A～B	B	D	E	F
2.0～2.9	A～B	B	C	D	E	F
3.0～4.9	B	B～C	C	D	D	E
5.0～5.9	C	C～D	D	D	D	D
≥6.0	C	D	D	D	D	D

由于煤矿采掘工作面最高容许风速为 4 m/s,且巷道内无太阳辐射,综合考虑巷道断面积和巷道内环境因素的影响,选取 E 等级,即 $\sigma_x = \sigma_y = 0.31x^{0.71}$, $\sigma_z = 0.06x^{0.71}$。

瓦斯煤尘耦合爆炸生成的 CO 气体总量 Q 按式(11-14)计算:

$$Q = (\omega_{CH_4} c_{CH_4} + \omega_{煤} c_{煤}) L_{填} S_{填} \tag{11-14}$$

式中　c_{CH_4}——甲烷浓度,%;

$\quad\quad c_{煤}$——煤尘浓度,kg/m³;

$\quad\quad L_{填}$——甲烷煤尘填充区域长度,m;

$\quad\quad S_{填}$——甲烷煤尘填充区域截面积,m²;

$\quad\quad \omega_{CH_4}$——甲烷爆炸生成 CO 气体的系数,一般取 0.05 kg/m³。

煤尘爆炸后空气中 CO 气体浓度最高达 4%～8%,取煤尘爆炸最强烈(300～400 g/m³)时生成 4%CO 气体,即 $\omega_{煤}$ 约为 0.11～0.15。当进行伤害计算时,根据最大危险性原则,取 $\omega_{煤}$ 为 0.15。

联立式(11-13)和式(11-14)可得不同浓度瓦斯煤尘耦合爆炸 CO 气体最大浓度扩散模型,如式(11-15)所示。

$$c_{max} = \frac{2(\omega_{CH_4} c_{CH_4} + \omega_{煤} c_{煤}) L_{填} S_{填}}{0.005\ 766(2\pi)^{\frac{3}{2}} x^{2.13}} \tag{11-15}$$

由式(11-15)可知,在爆炸传播过程中,CO 气体浓度与甲烷浓度和煤尘浓度呈正相关关系,甲烷和煤尘浓度越大,CO 气体浓度越大。CO 气体浓度与距离的幂函数呈反比关系,距离越大,CO 气体浓度越小,且距离爆源较远时,CO 气体浓度衰减速度逐渐减小。为对上述推导的 CO 气体浓度公式进行验证,需要对试验进行理论求解,如表 11-4 所示。距离爆源 1.3 m 处的 CO 气体浓度理论值与试验值的对比如图 11-4 至图 11-7 所示。

表 11-4　不同浓度瓦斯(甲烷)煤尘耦合爆炸 CO 气体浓度扩散公式

甲烷浓度/%	煤尘浓度/(g/m³)	CO 气体浓度扩散公式
5	0	70.475 1/$x^{2.13}$
	100	493.325 5/$x^{2.13}$
	200	916.176 0/$x^{2.13}$
	300	1 339.026 4/$x^{2.13}$
	400	1 761.876 9/$x^{2.13}$
	500	2 184.727 3/$x^{2.13}$

表 11-4(续)

甲烷浓度/%	煤尘浓度/(g/m³)	CO 气体浓度扩散公式
7	0	$98.665\ 1/x^{2.13}$
	50	$310.090\ 3/x^{2.13}$
	100	$521.515\ 6/x^{2.13}$
	150	$732.940\ 8/x^{2.13}$
	200	$944.366\ 0/x^{2.13}$
9	0	$126.855\ 1/x^{2.13}$
	50	$338.280\ 4/x^{2.13}$
	100	$549.705\ 6/x^{2.13}$
	150	$761.130\ 8/x^{2.13}$
	200	$972.556\ 0/x^{2.13}$
11	0	$155.045\ 2/x^{2.13}$
	50	$366.470\ 4/x^{2.13}$
	100	$577.895\ 6/x^{2.13}$
	150	$789.320\ 8/x^{2.13}$
	200	$1\ 000.746\ 1/x^{2.13}$

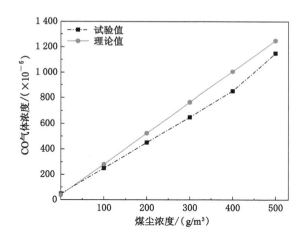

图 11-4　5% 甲烷与煤尘耦合爆炸 CO 气体浓度理论与试验值对比

　　由图 11-4 至图 11-7 可知,当 5% 甲烷与煤尘耦合爆炸时,CO 气体浓度误差较大,误差在 8%～18% 范围内波动。当 7%、9% 和 11% 甲烷与煤尘耦合爆炸时,CO 气体浓度误差较小,误差范围为 2%～16%。当甲烷浓度不相同时,误差大小不同,这是由于模型中 ω_{CH_4} 和 $\omega_{煤}$ 选用的是普遍认可的经验常数。但实际上,ω_{CH_4} 和 $\omega_{煤}$ 随着甲烷浓度和煤尘浓度的变化而变化,不是一个固定值,因此该模型计算的 CO 气体浓度理论值与试验值不可避免地存有误差。总的来说,该理论模型得出的 CO 气体浓度变化趋势与试验结果相同,误差在可接受范围内,采用该理论模型计算出的 CO 气体浓度是可靠的。

　　基于高斯烟团模型构建的 CO 气体浓度衰减模型与根据能量守恒理论推导出的 CO 气

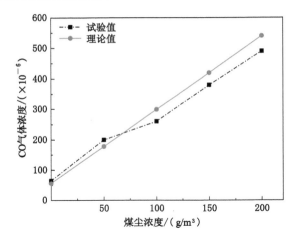

图 11-5　7％甲烷与煤尘耦合爆炸 CO 气体浓度理论与试验值对比

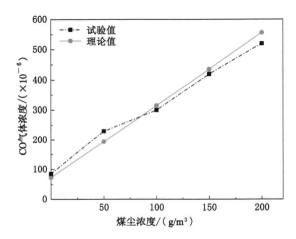

图 11-6　9％甲烷与煤尘耦合爆炸 CO 气体浓度理论与试验值对比

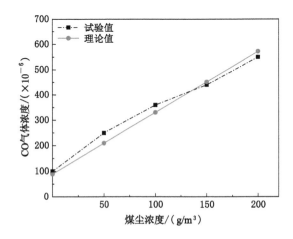

图 11-7　11％甲烷与煤尘耦合爆炸 CO 气体浓度理论与试验值对比

体浓度衰减模型采用的方法原理不同,但两者计算出的巷道中 CO 气体浓度衰减趋势相同。基于高斯烟团模型构建的 CO 气体浓度衰减公式具有方法简单、计算量小、误差较小等优点。因此,本章选用基于高斯烟团模型构建的 CO 气体浓度衰减模型来研究 CO 气体造成的作业人员伤害率。

11.6　CO 气体伤害分区

由 CO 气体危害浓度表 11-5 可知[152],当人在 CO 气体浓度为 3.2×10^{-3} 环境中暴露 30 min 时有死亡危险,可将 CO 气体浓度为 3.2×10^{-3} 对应的距离作为死亡区域边界;当人在 CO 气体浓度为 1.6×10^{-3} 环境中暴露 20 min 时,会头疼头晕,60 min 会昏迷并死亡,可将 CO 气体浓度为 1.6×10^{-3} 对应的距离作为重伤区域边界;当人在 CO 气体浓度为 2.0×10^{-4} 环境中暴露 120 min 时,轻微头痛、乏力,可将 CO 气体浓度为 2.0×10^{-4} 对应的距离作为轻伤区域边界。

表 11-5　CO 气体危害浓度

危害程度	CO 气体浓度/$(\times10^{-6})$
健康成年人在 8 h 内可承受的最大浓度	50
2 h 后轻微头痛、乏力	200
1~2 h 后前额头痛并呕吐,2~3.5 h 后眩晕	400
45 min 内头痛、头晕、呕吐;2 h 内昏迷,可能死亡	800
20 min 内头痛、呕吐,1 h 内昏迷并死亡	1 600
5~10 min 内头痛、头晕;30 min 内无知觉,有死亡危险	3 200

不同浓度瓦斯煤尘耦合爆炸后,CO 气体造成的死亡区域、重伤区域和轻伤区域划分如下所示。

（1）死亡区域

死亡区域内边界为 0,死亡区域外边界即 CO 气体浓度为 3.2×10^{-3} 对应的距离,将 CO 气体浓度 3.2×10^{-3} 代入式(11-15),可推导出死亡区域外边界:

$$x \leqslant 57.050\ 1\left[(0.05c_{CH_4}+0.15c_{煤})L_{填}S_{填}\right]^{1/2.13} \tag{11-16}$$

（2）重伤区域

重伤区域的内边界即死亡区域的外边界,进而可得出重伤区域内边界:

$$x \geqslant 57.050\ 1\left[(0.05c_{CH_4}+0.15c_{煤})L_{填}S_{填}\right]^{1/2.13} \tag{11-17}$$

重伤区域外边界 CO 气体浓度为 1.6×10^{-3},将 CO 气体浓度 1.6×10^{-3} 代入式(11-15),可推导出重伤区域外边界:

$$x \leqslant 78.992\ 3\left[(0.05c_{CH_4}+0.15c_{煤})L_{填}S_{填}\right]^{1/2.13} \tag{11-18}$$

（3）轻伤区域

轻伤区域的内边界即重伤区域的外边界,进而可得轻伤区域内边界:

$$x \geqslant 78.992\ 3\left[(0.05c_{CH_4}+0.15c_{煤})L_{填}S_{填}\right]^{1/2.13} \tag{11-19}$$

轻伤区域外边界的 CO 气体浓度为 2.0×10^{-4},将 CO 气体浓度 2.0×10^{-4} 代入式(11-15),可推导出轻伤区域外边界:

$$x \leqslant 209.686\,6\left[(0.05c_{CH_4} + 0.15c_{煤})L_{填}S_{填}\right]^{1/2.13} \qquad (11\text{-}20)$$

由式(11-16)至式(11-20)可知,CO气体造成的死亡、重伤和轻伤区域外边界距离均与甲烷浓度和煤尘浓度的幂函数呈正相关关系,均随甲烷浓度和煤尘浓度的增加而增加。这是由于甲烷和煤尘浓度越大,参与爆炸的甲烷和煤尘越多,生成的CO气体越多,从而导致CO气体对应的伤害距离增加。通过模型计算的不同程度伤害区域外边界随甲烷浓度和煤尘浓度的增加而增加,与试验所得的甲烷、煤尘浓度对伤害范围的影响相吻合。

综合分析瓦斯煤尘耦合爆炸CO气体对应的死亡区域外边界、重伤区域外边界和轻伤区域外边界可知,当瓦斯、煤尘所在巷道区域参数一定时,重伤区域外边界是死亡区域外边界的1.38倍,轻伤区域外边界是重伤区域外边界的2.65倍。

以煤矿为例,对上述CO气体伤害区域的划分方法进行应用。一般来说,煤矿巷道断面积约为6~20 m²,本章以巷道断面积为18 m²为例进行分析。据以往发生过的事故来看,煤矿发生瓦斯煤尘耦合爆炸事故时,参与爆炸的瓦斯浓度约为5%~11%,当煤尘浓度为50~200 g/m³、填充长度为50 m时,结合式(11-16)至式(11-20),得出CO气体伤害对应的死亡、重伤和轻伤区域外边界如表11-6、表11-7和表11-8所示。

表 11-6　CO气体伤害对应的死亡区域外边界(单位:m)

煤尘浓度/(g/m³)	瓦斯浓度/%			
	5	7	9	11
50	160.050 6	167.375 0	174.353 9	181.030 5
100	208.142 0	213.643 7	218.989 8	224.192 3
150	246.084 1	250.657 4	255.138 2	259.531 9
200	278.341 6	282.330 1	286.256 0	290.121 9

表 11-7　CO气体伤害对应的重伤区域外边界(单位:m)

煤尘浓度/(g/m³)	瓦斯浓度/%			
	5	7	9	11
50	221.608 3	231.749 7	241.412 8	250.657 4
100	288.196 2	295.814 0	303.216 2	310.419 7
150	340.731 5	347.063 6	353.267 9	359.351 4
200	385.395 6	390.918 2	396.353 9	401.706 7

表 11-8　CO气体伤害对应的轻伤区域外边界(单位:m)

煤尘浓度/(g/m³)	瓦斯浓度/%			
	5	7	9	11
50	588.263 5	615.184 0	640.834 9	665.374 9
100	765.022 5	785.243 9	804.893 4	824.015 1
150	904.478 3	921.287 2	937.756 5	953.905 2
200	1 023.040 2	1 037.699 9	1 052.129 2	1 066.338 4

对表 11-6、表 11-7 和表 11-8 进行综合对比分析发现,随着瓦斯浓度和煤尘浓度的增加,死亡区域外边界的最大增量为 130.071 3 m,重伤区域外边界的最大增量为 180.098 4 m,轻伤区域外边界的最大增量为 478.074 9 m。随着瓦斯浓度和煤尘浓度的增加,死亡区域外边界的增量小于重伤区域外边界的增量,重伤区域外边界的增量小于轻伤区域外边界的增量。

11.7　瓦斯煤尘耦合爆炸 CO 气体伤害模型

计算 CO 气体造成的作业人员伤害率流程如图 11-8 所示。

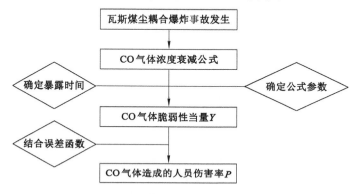

图 11-8　CO 气体造成作业人员伤害率的计算流程

煤矿作业人员受到 CO 气体伤害的程度与 CO 气体浓度和作用时间两个因素有关,为量化 CO 气体对作业人员造成的伤害,以 CO 气体浓度 c 与暴露时间 t 的乘积为刺激量,按照表 11-9 选取经验参数[194-195],则作业人员脆弱性当量 Y 的计算公式如式(11-21)所示。

$$Y = -37.98 + 3.7\ln(ct) \tag{11-21}$$

表 11-9　脆弱性当量系数值

伤害类型	刺激量 x	k_1	k_2
CO 致死	ct	3.70	-37.98

注:c 为 CO 气体浓度,10^{-6};t 为暴露时间,min;

结合式(11-15)和式(11-21),可得不同浓度瓦斯煤尘耦合爆炸 CO 气体对应的脆弱性当量 Y,如式(11-22)所示:

$$Y = -37.98 + 3.7\ln\left\{t\left[\frac{2(\omega_{CH_4}c_{CH_4} + \omega_{煤}c_{煤})L_{填}S_{填}}{0.005\,766(2\pi)^{\frac{3}{2}}x^{2.13}}\right]\right\} \tag{11-22}$$

$$P = \begin{cases} 50\left[1 + \dfrac{Y-5}{|Y-5|}\text{erf}\left(\dfrac{|Y-5|}{\sqrt{2}}\right)\right] & \text{当 } Y \neq 5 \text{ 时} \\ 50 & \text{当 } Y = 5 \text{ 时} \end{cases} \tag{11-23}$$

将式(11-22)代入式(11-23)可得瓦斯煤尘耦合爆炸后 CO 气体伤害对应的作业人员伤害率。

当 CO 气体在巷道中扩散时,传播速度较慢,作业人员能够尽快逃离毒物区。诸多毒物泄漏伤害事故表明,受伤严重的人员与高浓度毒物的接触时间一般不超过 30 min[153]。因此,本章研究 CO 气体对煤矿作业人员造成的伤害时,人员暴露在 CO 气体环境中的时间取 30 min。

　　煤矿瓦斯煤尘耦合爆炸通常发生在采掘工作面,巷道断面积约为 6～20 m²。本章以巷道断面积为 18 m²、瓦斯煤尘混合区域长度为 50 m 以及瓦斯积聚浓度为 7% 为例,分析瓦斯与不同浓度煤尘在巷道内爆炸后,不同距离处的作业人员伤害率,得到 CO 气体造成的作业人员伤害率随煤尘浓度和距离变化的三维图形,如图 11-9 所示。

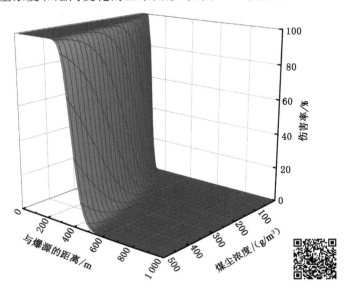

图 11-9　人员伤害率随煤尘浓度和距离变化的特性

　　当发生瓦斯煤尘耦合爆炸事故,参与爆炸的煤尘浓度确定时,即可从图 11-19 中得到 CO 气体造成的作业人员伤害率随距离变化的特性曲线,CO 气体造成的人员伤害率随距离的增加呈反"S"形衰减。煤尘浓度从 0 增加到 500 g/m³,当与爆源的距离小于 80 m 时,CO 气体造成的作业人员伤害率大于 80%,属于高危险区域;当与爆源的距离大于 600 m 时,CO 气体造成的作业人员伤害率小于 10%,属于安全区域。当作业人员所处位置与爆源的距离确定时,CO 气体造成的作业人员伤害率随煤尘浓度的增加而增加,这与煤矿发生瓦斯煤尘耦合爆炸事故后勘测的现场事实相符合。由此可见,本章所构建的 CO 气体伤害模型能够为煤矿瓦斯煤尘耦合爆炸事故抢险救灾提供可靠的理论支撑。

第 12 章　瓦斯煤尘耦合爆炸综合伤害后果模型研究与案例分析

12.1　引　　言

瓦斯煤尘耦合爆炸可以通过冲击波超压、CO 气体和火焰热辐射等多种形式对作业人员造成伤害。单项伤害模型有利于分析伤害变化特性,但不能全面体现瓦斯煤尘耦合爆炸的伤害后果,因此需要建立瓦斯煤尘耦合爆炸综合伤害后果模型。目前,已有专家学者对炸药爆炸事故后果进行综合评估,提出爆炸综合毁伤后果模型和综合毁伤概率模型。但这些模型多数是基于地面爆炸提出的,针对煤矿巷道内瓦斯煤尘耦合爆炸综合伤害后果的研究有待进一步开展。

本章将在瓦斯煤尘耦合爆炸冲击波超压、CO 气体和火焰热辐射伤害模型基础上,结合概率统计理论,构建瓦斯煤尘耦合爆炸综合伤害率模型和综合伤害后果模型,并结合事故案例,应用建立的伤害模型进行实证分析。

12.2　瓦斯煤尘耦合爆炸综合伤害率模型

瓦斯煤尘耦合爆炸后产生冲击波、CO 气体和火焰等多种形式的伤害,作业人员承受的不单是某一种形式的伤害,而是多种形式的综合伤害,因此应按照图 12-1 所示流程计算瓦斯煤尘耦合爆炸综合伤害率。

在第 9 章至第 11 章中已分别建立火焰热辐射、冲击波超压和 CO 气体对应的伤害率模型,如下所示。

冲击波对肺造成伤害的脆弱性当量计算公式:

$$Y = -77.1 + 6.91\ln \Delta P \tag{12-1}$$

冲击波对鼓膜造成伤害的脆弱性当量计算公式:

$$Y = -15.6 + 1.93\ln \Delta P \tag{12-2}$$

CO 气体造成伤害的脆弱性当量计算公式:

$$Y = -37.98 + 3.7\ln(ct) \tag{12-3}$$

火焰热辐射致死时脆弱性当量计算公式:

$$Y = -37.23 + 2.56\ln\left(tq^{\frac{4}{3}}\right) \tag{12-4}$$

火焰热辐射二度烧伤时,脆弱性当量计算公式:

$$Y = -43.14 + 3.0188\ln\left(tq^{\frac{4}{3}}\right) \tag{12-5}$$

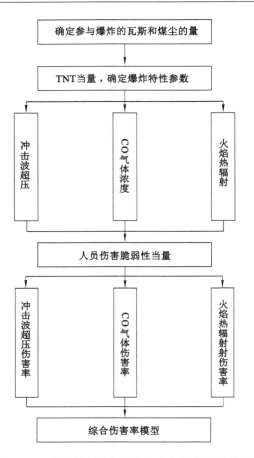

图 12-1 瓦斯煤尘耦合爆炸综合伤害率计算流程

火焰热辐射一度烧伤时，脆弱性当量计算公式：

$$Y = -39.83 + 3.018\ 6\ln(tq^{\frac{4}{3}})$$ (12-6)

伤害率计算公式：

$$P = \begin{cases} 50\left[1 + \dfrac{Y-5}{|Y-5|}\mathrm{erf}\left(\dfrac{|Y-5|}{\sqrt{2}}\right)\right] & 当\ Y \neq 5\ 时 \\ 50 & 当\ Y = 5\ 时 \end{cases}$$ (12-7)

将式(12-1)至式(12-6)分别代入式(12-7)即可计算出不同形式的伤害造成的作业人员伤害率。综合伤害率与冲击波超压伤害率、CO 气体伤害率和火焰热辐射伤害率之间的逻辑关系如图 12-2 所示。

综合伤害率与冲击波超压伤害率、CO 气体伤害率和火焰热辐射伤害率用或门连接，结合概率统计学相关理论，可得综合死亡率的计算公式，如式(12-8)所示：

$$P_{死亡} = 1 - \prod_{i=1}^{3}(1 - P_{i死亡})$$ (12-8)

式中　$P_{死亡}$——综合死亡率；

　　　$P_{i死亡}(i=1,2,3)$——冲击波超压、CO 气体和火焰热辐射伤害对应的死亡率。

同理可得综合重伤率模型和综合轻伤率模型，如式(12-9)和式(12-10)所示：

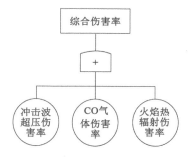

图 12-2　瓦斯煤尘耦合爆炸综合伤害率与单项伤害率之间的关系

$$P_{重伤} = 1 - \prod_{i=1}^{3}(1 - P_{i重伤}) \tag{12-9}$$

$$P_{轻伤} = 1 - \prod_{i=1}^{3}(1 - P_{i轻伤}) \tag{12-10}$$

12.3　瓦斯煤尘耦合爆炸综合伤害后果模型

构建瓦斯煤尘耦合爆炸综合伤害后果模型时,需要进行以下合理假设:

(1) 瓦斯煤尘耦合爆炸影响区域内建筑和设备同时遭受多种形式破坏时,按照最严重的情况进行计算。

(2) 不考虑防爆硐室对人员的特殊保护。

(3) 不考虑瓦斯煤尘耦合爆炸事故的调查处理费用、减产和停工损失。

在瓦斯煤尘耦合爆炸综合伤害率模型基础上,按照图 12-3 所示流程对爆炸伤害后果进行综合计算。

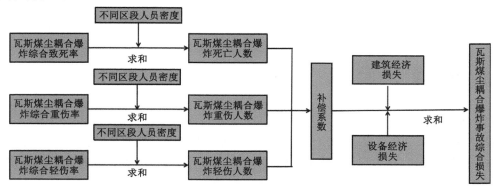

图 12-3　瓦斯煤尘耦合爆炸综合伤害后果模型

将瓦斯煤尘耦合爆炸伤害区域划分为 n 个小区域,每个长度为 L_j 的小区域的巷道断面积为 S_j,每个小区域内作业人员分布密度为 ρ_j,则:

死亡人数:

$$N_{死亡} = \sum_{j=1}^{n} S_j \rho_j L_j P_{j死亡} \tag{12-11}$$

重伤人数:

$$N_{\text{重伤}} = \sum_{j=1}^{n} S_j \rho_j L_j P_{j\text{重伤}} \tag{12-12}$$

轻伤人数：

$$N_{\text{轻伤}} = \sum_{j=1}^{n} S_j \rho_j L_j P_{j\text{轻伤}} \tag{12-13}$$

对应的经济损失：

$$M_{\text{人}} = A N_{\text{死亡}} + B N_{\text{重伤}} + C N_{\text{轻伤}} \tag{12-14}$$

式中　A, B, C——作业人员死亡、重伤和轻伤的财产损失系数，元/人，财产损失系数根据工伤赔偿相关法律法规和行业规定确定。

瓦斯煤尘耦合爆炸伤害范围内，巷道等建筑物对应的财产损失分为四个等级，分别为完全破坏 100%、严重破坏 80%、中度破坏 50% 和轻度破坏 20%，则瓦斯煤尘耦合爆炸造成的巷道等建筑物损失如式（12-15）所示：

$$M_{\text{建筑}} = S_{\text{完全}} L_{\text{完全}} \rho_{\text{完全}} + 0.8 S_{\text{严重}} L_{\text{严重}} \rho_{\text{严重}} + 0.5 S_{\text{中度}} L_{\text{中度}} \rho_{\text{中度}} + 0.2 S_{\text{轻度}} L_{\text{轻度}} \rho_{\text{轻度}}$$
$$\tag{12-15}$$

式中　S——对应区域巷道面积，m^2；

　　　L——区域长度，m；

　　　ρ——财产密度，元/m^3。

同理可得瓦斯煤尘耦合爆炸伤害范围内设备损失，如式（12-16）所示：

$$M_{\text{设备}} = S'_{\text{完全}} L'_{\text{完全}} \rho'_{\text{完全}} + 0.8 S'_{\text{严重}} L'_{\text{严重}} \rho'_{\text{严重}} + 0.5 S'_{\text{中度}} L'_{\text{中度}} \rho'_{\text{中度}} + 0.2 S'_{\text{轻度}} L'_{\text{轻度}} \rho'_{\text{轻度}} \tag{12-16}$$

式中　S'——对应区域巷道面积，m^2；

　　　L'——区域长度，m；

　　　ρ'——财产密度，元/m^3。

瓦斯煤尘耦合爆炸造成的综合经济损失为：

$$M = M_{\text{人}} + M_{\text{建筑}} + M_{\text{设备}} \tag{12-17}$$

12.4　案 例 分 析

（1）事故简介

矿井概况：2009 年河南省平顶山市某矿发生瓦斯煤尘耦合爆炸事故。该矿采用立井开拓方式，中央式通风（有效风量 980 m^3/min），井下共 2 个采区，包含 2 个炮采工作面和 1 个备用工作面。

事故概况：掘进巷道内瓦斯超限（传感器记录瓦斯浓度 6.8%），遇煤电钻电缆短路发火点燃瓦斯，导致爆炸发生。巷道断面积 6 m^2，窝头长 25 m 左右，爆炸冲击波激起 201 机巷的煤尘参与爆炸，如图 12-4 所示。当班入井 93 人，共计 76 人遇难，属于特别重大事故。

（2）爆炸传播特性计算

按照本书所建立的冲击波超压衰减模型，可得此次爆炸事故的冲击波超压衰减公式如式（12-18）所示：

$$\Delta P = 1.106 \, 1/x^{1/2} \tag{12-18}$$

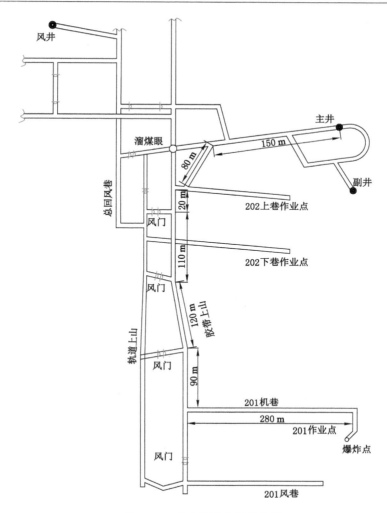

图 12-4　某矿巷道布置示意图

由矿井巷道布置图 12-4 可知,井口距离爆炸点约 875 m,理论超压为 0.037 MPa,该压力不足以造成人员死亡,与事发时井口 5 名作业人员坚持作业的事实相符。

按照本书所建立的 CO 气体浓度衰减模型,可得该爆炸事故 CO 气体浓度随距离衰减公式如式(12-19)所示:

$$c = 5.36 \times 10^2 / x^{2.13} \tag{12-19}$$

按照火焰热辐射通量计算模型,可得此次爆炸事故火焰热辐射通量如式(12-20)所示:

$$q = 4.9 \times 10^6 / (1 + 0.142\ 5x^2) \tag{12-20}$$

当距离爆源 180 m 时,理论计算的热辐射通量为 1.061 1 kW/m²,人员长时间暴露不会严重受伤;当距离爆源 180 m 时,理论计算的 CO 气体浓度为 $8.425\ 9 \times 10^{-3}$,短时间内可致人死亡。事故调查表明,距离爆源 180 m 处死亡的人员除衣服被烧毁外,身上几乎无明显的烧伤,是中毒死亡的。当距离爆源 800 m 时,理论模型计算的 CO 气体浓度为 $3.513\ 7 \times 10^{-4}$,与毒气扩散约 800 m 这一事故勘察结果相符。由此可见,CO 气体浓度和火焰热辐射计算公式与事实相符。

（3）瓦斯煤尘耦合爆炸伤害率模型

将验证过的爆炸特性参数计算模型代入伤害率模型，得到冲击波超压、CO 气体和火焰热辐射对应的伤害率曲线，如图 12-5 至图 12-10 所示。

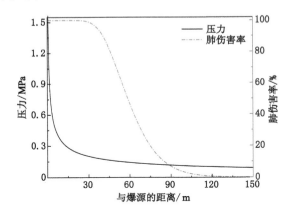

图 12-5　瓦斯煤尘耦合爆炸冲击波超压与肺伤害率曲线

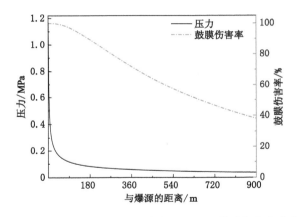

图 12-6　瓦斯煤尘耦合爆炸冲击波超压与鼓膜伤害率曲线

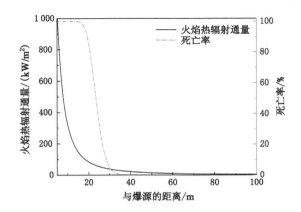

图 12-7　瓦斯煤尘耦合爆炸火焰热辐射通量与死亡率曲线

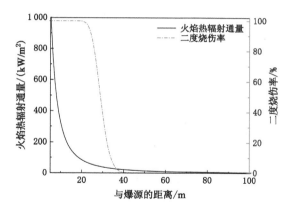

图 12-8　瓦斯煤尘耦合爆炸火焰热辐射通量与二度烧伤率曲线

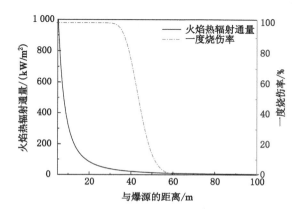

图 12-9　瓦斯煤尘耦合爆炸火焰热辐射通量与一度烧伤率曲线

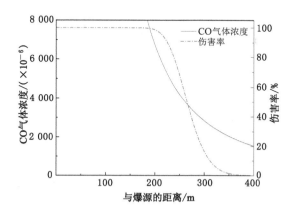

图 12-10　瓦斯煤尘耦合爆炸 CO 气体浓度与伤害率曲线

　　由图 12-5 和图 12-6 可知,当与爆源距离大于 100 m 时,瓦斯煤尘耦合爆炸冲击波超压造成的肺伤害率小于 10%;当与爆源距离大于 700 m 时,冲击波超压不会造成人员死亡,对应的作业人员鼓膜伤害率小于 50%。若考虑巷道分叉和拐弯等因素的影响,理论计算出的鼓膜伤害率会远小于 50％,这与事发时井口 5 名作业人员坚持作业的事实相符,从而表明冲击波超压伤害率模型是可靠的。

由图 12-7 可知,除爆源附近人员死亡率较高外,整个火焰区域热辐射造成的人员死亡率随着距离增大而迅速下降,当与爆源距离大于 40 m 时,火焰热辐射造成的作业人员死亡率小于 5％。由图 12-8 和图 12-9 可知,当与爆源距离大于 100 m 时,火焰热辐射造成的作业人员二度烧伤率和一度烧伤率小于 1％。这与事故现场距爆源 180 m 处作业人员无明显烧伤是一致的,由此可见,火焰热辐射伤害率模型计算结果与事实基本一致,说明火焰热辐射伤害率模型是可靠的。

由图 12-10 可知,当与爆源距离小于 180 m 时,CO 气体造成的作业人员伤害率大于 95％。这与事故现场距爆源 180 m 处多数作业人员中毒死亡的事实相符,由此可见,CO 气体伤害率模型计算结果与事实基本一致,说明 CO 气体伤害率模型是可靠的。

综合对比分析图 12-5、图 12-7 和图 12-10 可知,当与爆源的距离小于 200 m 时,CO 气体造成的作业人员伤害明显大于冲击波超压和火焰热辐射对作业人员造成的伤害。当与爆源距离大于 400 m 时,冲击波超压对作业人员造成的伤害明显大于 CO 气体和火焰热辐射对作业人员造成的伤害。

参 考 文 献

[1] 张盈盈,郭巍,潘志栋.2017 年我国煤矿死亡事故统计分析[J].内蒙古煤炭经济,2018(20):104-107.

[2] 朱云飞,王德明,戚绪尧,等.1950—2016 年我国煤矿特大事故统计分析[J].煤矿安全,2018,49(10):241-244.

[3] 丁宣升,曹勇,刘潇潇,等.能源革命成效显著 能源转型蹄疾步稳:中国能源"十三五"回顾与"十四五"展望[J].当代石油石化,2021,29(2):11-19.

[4] 张映红.关于能源结构转型若干问题的思考及建议[J].国际石油经济,2021,29(2):1-15.

[5] 蓝航,陈东科,毛德兵.我国煤矿深部开采现状及灾害防治分析[C]//第三届煤炭科技创新高峰论坛:煤炭绿色开发与清洁利用技术与装备,北京,2016.

[6] 孙继平.瓦斯综合防治方法研究[J].工矿自动化,2011,37(2):1-5.

[7] 叶兰.我国瓦斯事故规律及预防措施研究[J].中国煤层气,2020,17(4):44-47.

[8] 熊廷伟.煤矿瓦斯爆炸事故树分析[J].内蒙古煤炭经济,2020(13):112-113.

[9] 李润求,施式亮,念其锋,等.近 10 年我国煤矿瓦斯灾害事故规律研究[J].中国安全科学学报,2011,21(9):143-151.

[10] 孟远,谢东海,苏波,等.2010 年—2019 年全国煤矿生产安全事故统计与现状分析[J].矿业工程研究,2020,35(4):27-33.

[11] 周宁.有沉积煤尘的管道内瓦斯爆炸特性的实验研究[D].淮南:安徽理工大学,2004.

[12] 贾智伟.一般空气区瓦斯爆炸冲击波传播规律研究[D].淮南:河南理工大学,2008.

[13] 吴红波.甲烷火焰及其诱导的煤尘燃烧爆炸机理的实验研究[D].淮南:安徽理工大学,2002.

[14] 徐景德,周心权,吴兵.矿井瓦斯爆炸传播的尺寸效应研究[J].中国安全科学学报,2001,11(6):49-53.

[15] 冯肇瑞,杨有启.化工安全技术手册[M].北京:化学工业出版社,1993.

[16] 张国枢.通风安全学[M].2 版.徐州:中国矿业大学出版社,2011.

[17] KUNDU S K, ZANGANEH J, ESCHEBACH D, et al. Confined explosion of methane-air mixtures under turbulence[J]. Fuel,2018,220:471-480.

[18] HIBBARD R R, PINKEL B. Flame propagation. Ⅳ. correlation of maximum fundamental flame velocity with hydrocarbon structure[J]. Journal of the American Chemical Society,1951,73(4):1622-1625.

[19] HASHIMOTO A, MATSUO A. Numerical analysis of gas explosion inside two rooms connected by ducts[J]. Journal of loss prevention in the process industries,2007,20(4/5/6):455-461.

[20] 萨文科,古林,马雷. 井下空气冲击波[M]. 龙维祺,丁亚伦,译. 北京:冶金工业出版社,1979.

[21] SPALDING D B. Mixing and chemical reaction in steady confined turbulent flames [J]. Symposium (international) on combustion,1971,13(1):649-657.

[22] FAIRWEATHER M,IBRAHIM S S,JAGGERS H,et al. Turbulent premixed flame propagation in a cylindrical vessel[J]. Symposium (international) on combustion, 1996,26(1):365-371.

[23] FERRARA G,DI BENEDETTO A,SALZANO E,et al. CFD analysis of gas explosions vented through relief pipes[J]. Journal of hazardous materials, 2006, 137(2):654-665.

[24] MOEN I O,LEE J H S,HJERTAGER B H,et al. Pressure development due to turbulent flame propagation in large-scale methane-air explosions[J]. Combustion and flame,1982,47:31-52.

[25] WAGNER H G. Some experiments about flame propagation[C]//First International Specialist Meeting on Fuel-Air Explosions,Montreal,2002.

[26] PELCE P,CLAVIN P. Influence of hydrodynamics and diffusion upon the stability limits of laminar premixed flames[J]. Journal of fluid mechanics,1982,124:219.

[27] BARENBLATT G L,ZELDOVICH Y B,ISTRATOV A G. On diffusional-thermal stability of a laminar flame[J]. Journal of applied mechanics and technical physics, 1962,4(4):21-26.

[28] DUNSKY C M. Microgravity observations of premixed laminar flame dynamics[J]. Symposium (international) on combustion,1992,24(1):177-187.

[29] 威廉斯. 燃烧理论:化学反应流动系统的基础理论[M]. 2 版. 庄逢辰,杨本濂,译. 北京:科学出版社,1990.

[30] DUROX D. Effects of gravity on polyhedral flames[J]. Symposium (international) on combustion,1992,24(1):197-204.

[31] MENEVEAU C,POINSOT T. Stretching and quenching of flamelets in premixed turbulent combustion[J]. Combustion and flame,1991,86(4):311-332.

[32] JOULIN G,MITANI T. Linear stability analysis of two-reactant flames [J]. Combustion and flame,1981,40:235-246.

[33] BARTKNECHT W. Explosions-course,prevention and protection[M]. [S. l. :s. n.],1980.

[34] SWIFT I. Development in dust explicability testing:the effect of test variables[R]. Montrea,1981.

[35] SIVASHINSKY G I. Diffusional-thermal theory of cellular flames[J]. Combustion science and technology,1977,15(3/4):137-145.

[36] POINSOT T,HAWORTH D,BRUNEAUX G. Direct simulation and modeling of flame-wall interaction for premixed turbulent combustion[J]. Combustion and flame, 1993,95(1/2):118-132.

[37] YETTER R A,DRYER F L,RABITZ H. A comprehensive reaction mechanism for

carbon monoxide/hydrogen/oxygen kinetics[J]. Combustion science and technology, 1991,79(1/2/3):97-128.

[38] 亨利奇.爆炸动力学及其应用[M].熊建国,译.北京:科学出版社,1987.

[39] FRENKLACH M. Reaction mechanism of soot formation in flames[J]. Physical chemistry chemical physics,2002,4(11):2028-2037.

[40] 何学秋,杨艺,王恩元,等.障碍物对瓦斯爆炸火焰结构及火焰传播影响的研究[J].煤炭学报,2004,29(2):186-189.

[41] 王从银,何学秋.瓦斯爆炸火焰厚度的实验研究[J].爆破器材,2001,30(2):28-32.

[42] 杨艺,何学秋,王从银,等.瓦斯爆炸火焰的分形特性[J].中国矿业大学学报,2004,33(1):118-122.

[43] 孟祥卿.气/固两相抑制剂的甲烷抑爆特性研究[D].焦作:河南理工大学,2019.

[44] 林柏泉,周世宁,张仁贵.障碍物对瓦斯爆炸过程中火焰和爆炸波的影响[J].中国矿业大学学报,1999,28(2):6-9.

[45] 林柏泉,张仁贵,吕恒宏.瓦斯爆炸过程中火焰传播规律及其加速机理的研究[J].煤炭学报,1999,24(1):58-61.

[46] 翟成,林柏泉,菅从光.瓦斯爆炸火焰波在分叉管路中的传播规律[J].中国安全科学学报,2005,15(6):69-72.

[47] 高建康,菅从光,林柏泉,等.壁面粗糙度对瓦斯爆炸过程中火焰传播和爆炸波的作用[J].煤矿安全,2005,36(2):4-6,46.

[48] 菅从光,林柏泉,翟成.瓦斯爆炸过程中爆炸波的结构变化规律[J].中国矿业大学学报,2003,32(4):25-28.

[49] 叶青.管内瓦斯爆炸传播特性及多孔材料抑制技术研究[D].徐州:中国矿业大学,2007.

[50] 李祥春,聂百胜,杨春丽,等.封闭空间内瓦斯浓度对瓦斯爆炸反应动力学特性的影响[J].高压物理学报,2017,31(2):135-147.

[51] 许胜铭.复杂管道内瓦斯爆炸冲击波、火焰及有毒气体传播规律研究[D].焦作:河南理工大学,2015.

[52] 陈卫.富氧条件下甲烷燃烧诱导快速相变的实验研究[D].焦作:河南理工大学,2019.

[53] 范宝春,雷勇,赵振平.激波与堆积粉尘相互作用的实验和理论研究[J].实验力学,2002,17(1):77-81.

[54] 范宝春.两相系统的燃烧、爆炸和爆轰[M].北京:国防工业出版社,1998.

[55] 范宝春,姜孝海,谢波.障碍物导致甲烷-氧气爆炸的三维数值模拟[J].煤炭学报,2002,27(4):371-373.

[56] 谢溢月,谭迎新,孙彦龙.湍流状态下甲烷爆炸极限的测试研究[J].中国安全科学学报,2016,26(11):65-69.

[57] 周心权,吴兵,徐景德.煤矿井下瓦斯爆炸的基本特性[J].中国煤炭,2002(9):8-11.

[58] 姚海霞,范宝春,李鸿志.障碍物诱导的湍流加速火焰流场的数值模拟[J].南京理工大学学报,1999,23(2):18-20.

[59] 徐景德,杨庚宇.置障条件下的矿井瓦斯爆炸传播过程数值模拟研究[J].煤炭学报,

2004,29(1):53-56.

[60] 徐景德,徐胜利,杨庚宇.矿井瓦斯爆炸传播的试验研究[J].煤炭科学技术,2004,33(7):55-57.

[61] 余立新,孙文超,吴承康.障碍物管道中湍流火焰发展的数值模拟[J].燃烧科学与技术,2003,9(1):11-15.

[62] 陈先锋,张银,许小江,等.不同当量比条件下矿井瓦斯爆炸过程的数值模拟[J].采矿与安全工程学报,2012,29(3):429-433.

[63] 邵昊,蒋曙光,李钦华,等.真空腔体积对真空腔抑制瓦斯爆炸性能的影响[J].采矿与安全工程学报,2014,31(3):489-493.

[64] 贾智伟,景国勋,程磊,等.巷道截面积突变情况下瓦斯爆炸冲击波传播规律的研究[J].中国安全科学学报,2007,17(12):92-94.

[65] 王发辉.细水雾在瓦斯管道的输运特征及抑爆机理研究[D].焦作:河南理工大学,2017.

[66] 邓军,程方明,罗振敏,等.湍流状态下甲烷爆炸特性的实验研究[J].中国安全科学学报,2008,18(8):85-88.

[67] 李润之,司荣军,薛少谦.煤矿瓦斯爆炸水幕抑爆系统研究[J].煤炭技术,2010,29(3):102-104.

[68] 冯长根,陈林顺,钱新明.点火位置对独头巷道中瓦斯爆炸超压的影响[J].安全与环境学报,2001,1(5):56-59.

[69] 曲志明,刘历波,王晓丽.掘进巷道瓦斯爆炸数值及实验分析[J].湖南科技大学学报(自然科学版),2008,23(2):9-14.

[70] 宫广东,刘庆明,白春华.管道中瓦斯爆炸特性的数值模拟[J].兵工学报,2010,31(增刊1):17-21.

[71] 江丙友,林柏泉,朱传杰,等.瓦斯爆炸冲击波在采煤工作面巷网中传播特性的数值模拟[J].煤炭学报,2011,36(6):968-972.

[72] 林柏泉,洪溢都,朱传杰,等.瓦斯爆炸压力与波前瞬态流速演化特征及其定量关系[J].爆炸与冲击,2015,35(1):108-115.

[73] 余明高,王天政,游浩.粉体材料热特性对瓦斯抑爆效果影响的研究[J].煤炭学报,2012,37(5):830-835.

[74] 赵军凯,王磊,滑帅,等.瓦斯浓度对瓦斯爆炸影响的数值模拟研究[J].矿业安全与环保,2012,39(4):1-4.

[75] 胡铁柱.瓦斯爆炸传播规律数值模拟研究[D].北京:中国矿业大学(北京),2008.

[76] 司荣军.高压环境条件下煤矿瓦斯爆炸特性数值模拟[J].煤矿安全,2014,45(7):1-4.

[77] 郗雪辰,张树海,苟瑞君,等.障碍物位置对瓦斯爆炸火焰传播影响的数值模拟[J].中北大学学报(自然科学版),2015,36(1):61-66.

[78] 马忠斌.20 L爆炸容器内甲烷爆炸特性参数分布规律模拟研究[J].矿业安全与环保,2014,41(4):11-14.

[79] 唐建军.细水雾抑制瓦斯爆炸实验与数值模拟研究[D].西安:西安科技大学,2009.

[80] 梁运涛,曾文.封闭空间瓦斯爆炸与抑制机理的反应动力学模拟[J].化工学报,2009,

60(7):1700-1706.

[81] 梁运涛,曾文. 激波诱导瓦斯爆炸的动力学特性及影响因素[J]. 爆炸与冲击,2010,30(4):370-376.

[82] 梁运涛,曾文. 空气含湿量抑制瓦斯爆炸过程的数值模拟[J]. 深圳大学学报(理工版),2013,30(1):48-53.

[83] 王连聪,陈洋. 封闭空间水及 CO_2 对瓦斯爆炸反应动力学特性的影响分析[J]. 煤矿安全,2011,42(7):16-20.

[84] 刘玉胜,王平春,刘凤芹,等. 封闭空间低浓度 CO 对 CH_4 爆炸影响的数值模拟[J]. 煤矿安全,2013,44(5):14-18.

[85] 高娜,张延松,胡毅亭,等. 受限空间瓦斯爆炸链式反应动力学分析[J]. 中国安全科学学报,2014,24(1):60-65.

[86] 韦双明. 气液两相介质影响瓦斯爆炸球形火焰自加速特性研究[D]. 焦作:河南理工大学,2019.

[87] 贾宝山,王小云,张师一,等. 受限空间中 CO 与水蒸汽阻尼瓦斯爆炸的反应动力学模拟研究[J]. 火灾科学,2013,22(3):131-139.

[88] 刘梦茹. 超细水雾与多孔介质协同抑制瓦斯爆炸特性研究[D]. 焦作:河南理工大学,2019.

[89] 汪泉. 管道中甲烷-空气预混气爆炸火焰传播的研究[D]. 淮南:安徽理工大学,2006.

[90] 苏腾飞. 甲烷/氢气/空气燃烧诱导快速相变及其非稳定振荡特性研究[D]. 焦作:河南理工大学,2019.

[91] ECKHOFF R K. Current status and expected future trends in dust explosion research [J]. Journal of loss prevention in the process industries,2005,18(4/5/6):225-237.

[92] 朱群力. 我国第一座煤尘瓦斯爆炸试验站建成[J]. 煤矿设计,1983(11):49.

[93] CASHDOLLAR K L. Coal dust explosibility[J]. Journal of loss prevention in the process industries,1996,9(1):65-76.

[94] KRAZINSKI J L, BUCKIUS R O, KRIER H. Coal dust flames:a review and development of a model for flame propagation[J]. Progress in energy and combustion science,1979,5(1):31-71.

[95] PICKLES J H. A model for coal dust duct explosions[J]. Combustion and flame,1982,44(1/2/3):153-168.

[96] LEBECKI K T. Gasdynamic phenomena occurring in coal dust explosions[J]. Przegl gom,1980,36(4):203-207.

[97] PU Y K, YUAN S, JAROSINSKI J. Mechanism of flame acceleration along a tube with obstacles[J]. AIAA progress in astronautics and aeronautics,1989,134:38-65.

[98] 景国勋,程磊,杨书召. 受限空间煤尘爆炸毒害气体传播伤害研究[J]. 中国安全科学学报,2010,20(4):55-58.

[99] 景国勋,杨书召. 煤尘爆炸传播特性的实验研究[J]. 煤炭学报,2010,35(4):605-608.

[100] 段振伟,李志强,景国勋. 直线管道煤尘爆炸火焰传播规律的试验研究[J]. 中国安全科学学报,2012,22(3):103-108.

[101] 杨书召,景国勋,程磊.受限空间煤尘爆炸传播的试验研究[J].煤炭科学技术,2010,38(3):35-38.

[102] 宫广东,刘庆明,胡永利,等.管道中煤尘爆炸特性实验[J].煤炭学报,2010,35(4):609-612.

[103] 刘天奇,蔡之馨,曲芳,等.角联空间煤尘爆炸传播特性数值模拟[J].消防科学与技术,2020,39(12):1697-1700.

[104] 张莉聪,徐景德,吴兵,等.甲烷-煤尘爆炸波与障碍物相互作用的数值研究[J].中国安全科学学报,2004,14(8):85-88.

[105] 杨龙龙.煤尘瓦斯爆炸反应动力学特征及致灾机理研究[D].北京:中国矿业大学(北京),2018.

[106] 浦以康,胡俊,贾复.高炉喷吹用烟煤煤粉爆炸特性的实验研究[J].爆炸与冲击,2000,20(4):303-312.

[107] 张江石,孙龙浩.分散度对煤粉爆炸特性的影响[J].煤炭学报,2019,44(4):1154-1160.

[108] 池田武弘,郭润良.影响煤尘爆炸火焰传播速度的若干条件[J].煤矿安全,1984(6):46-49.

[109] 钱继发,刘贞堂,洪森,等.煤尘爆炸固态产物的矿物质特性研究[J].煤炭学报,2018,43(11):3145-3153.

[110] 王陈.小型实验巷道中煤尘爆炸传播特性的研究[J].川煤科技,1980(1):46-55.

[111] 杨书召.受限空间煤尘爆炸传播及伤害模型研究[D].焦作:河南理工大学,2010.

[112] 余申翰,赵自治,杨淑贤,等.煤尘云爆炸下限浓度测量的研究[J].煤炭学报,1965(3):40-49.

[113] 李庆钊,翟成,吴海进,等.基于20 L球形爆炸装置的煤尘爆炸特性研究[J].煤炭学报,2011,36(增刊1):119-124.

[114] 何朝远,张引合.煤尘爆炸特性与挥发分的关系[J].工业安全与防尘,1997(11):24-27.

[115] TAVEAU J R,GOING J E,HOCHGREB S,et al. Igniter-induced hybrids in the 20-l sphere[J]. Journal of loss prevention in the process industries,2017,49:348-356.

[116] CASHDOLLAR K L. Overview of dust explosibility characteristics[J]. Journal of loss prevention in the process industries,2000,13(3/4/5):183-199.

[117] CLONEY C T,RIPLEY R C,AMYOTTE P R,et al. Quantifying the effect of strong ignition sources on particle preconditioning and distribution in the 20-L chamber[J]. Journal of loss prevention in the process industries,2013,26(6):1574-1582.

[118] KUNDU S K,ZANGANEH J,ESCHEBACH D,et al. Explosion severity of methane-coal dust hybrid mixtures in a ducted spherical vessel [J]. Powder technology,2018,323:95-102.

[119] BAYLESS D J,SCHROEDER A R,JOHNSON D C,et al. The effects of natural gas cofiring on the ignition delay of pulverized coal and coke particles[J]. Combustion

science and technology,1994,98(1/2/3):185-198.

[120] 司荣军,王春秋.瓦斯煤尘爆炸传播数值仿真系统研究[J].山东科技大学学报(自然科学版),2006,25(4):10-13.

[121] 司荣军,王春秋.瓦斯对煤尘爆炸特性影响的实验研究[J].中国安全科学学报,2006,16(12):86-91.

[122] 司荣军.矿井瓦斯煤尘爆炸传播规律研究[D].青岛:山东科技大学,2007.

[123] 司荣军.矿井瓦斯煤尘爆炸传播实验研究[J].中国矿业,2008,17(12):81-84.

[124] 司荣军.矿井瓦斯煤尘爆炸传播数值模拟研究[J].中国安全科学学报,2008,18(10):82-86.

[125] 蔡周全,罗振敏,程方明.瓦斯煤尘爆炸传播特性的实验研究[J].煤炭学报,2009,34(7):938-941.

[126] 屈姣.甲烷和煤尘爆炸特性实验研究[D].西安:西安科技大学,2015.

[127] 裴蓓,李杰,余明高,等.CO_2-超细水雾对瓦斯/煤尘爆炸抑制特性研究[J].中国安全生产科学技术,2018,14(8):54-60.

[128] 费国云.独头巷道中瓦斯爆炸引爆沉积煤尘的试验[J].煤炭工程师,1997(4):18-21.

[129] 李润之.瓦斯爆炸诱导沉积煤尘爆炸的研究[D].北京:煤炭科学研究总院,2007.

[130] 李润之.瓦斯爆炸诱导沉积煤尘爆炸的数值模拟[J].爆炸与冲击,2010,30(5):529-534.

[131] 李润之.不同总量沉积煤尘在瓦斯爆炸诱导下的传播规律模拟研究[J].矿业安全与环保,2013,40(1):17-20.

[132] 尉存娟,谭迎新,郭紫晨.瓦斯爆炸激波诱导沉积煤尘爆炸的试验研究[J].煤炭科学技术,2009,37(11):37-39.

[133] 王磊,李润之.瓦斯、煤尘共存条件下爆炸极限变化规律实验研究[J].中国矿业,2016,25(4):87-90.

[134] 宋广朋.瓦斯煤尘共存的爆炸特性与传播研究[D].青岛:山东科技大学,2011.

[135] 黄子超,司荣军.粉体云幕对瓦斯煤尘爆炸隔爆效果的试验研究[J].中国安全科学学报,2020,30(3):74-81.

[136] 魏嘉.煤矿瓦斯煤尘爆炸数值模拟研究[D].太原:中北大学,2015.

[137] 魏嘉,闻利群.瓦斯与煤尘混合物爆炸特性数值模拟仿真[J].中北大学学报(自然科学版),2015,36(2):208-213.

[138] 李振峰,王天政,安安,等.细水雾抑制煤尘与瓦斯爆炸实验[J].西安科技大学学报,2011,31(6):698-702.

[139] 刘义.甲烷、煤尘火焰结构及传播特性的研究[D].合肥:中国科学技术大学,2006.

[140] 刘义,孙金华,陈东梁,等.甲烷-煤尘复合体系中煤尘爆炸下限的实验研究[J].安全与环境学报,2007,7(4):129-131.

[141] 姜海鹏.煤尘浓度对瓦斯爆炸极限的影响研究[D].北京:煤炭科学研究总院,2014.

[142] 李杰.CO_2-超细水雾抑制不同煤种煤尘/瓦斯爆炸衰减特性[D].焦作:河南理工大学,2019.

[143] 许航.水平管道内甲烷—煤尘复合爆炸压力研究[D].太原:中北大学,2013.

[144] 侯万兵. 煤尘—瓦斯混合物爆炸压力研究[D]. 太原：中北大学,2010.

[145] 刘贞堂. 瓦斯(煤尘)爆炸物证特性参数实验研究[D]. 徐州：中国矿业大学,2010.

[146] BUSCHE M N,GOHRITZ A,SEIFERT S,et al. Trauma mechanisms,patterns of injury,and outcomes in a retrospective study of 71 burns from civil gas explosions [J]. The journal of trauma,2010,69(4):928-933.

[147] REZAEI A,SALIMI J M,KARAMI G,et al. A computational study on brain tissue under blast：primary and tertiary blast injuries [J]. International journal for numerical methods in biomedical engineering,2014,30(8):781-795.

[148] REZAEI A,SALIMI J M,KARAMI G. Computational modeling of human head under blast in confined and open spaces：primary blast injury [J]. International journal for numerical methods in biomedical engineering,2014,30(1):69-82.

[149] CHANDA A,CALLAWAY C. Computational modeling of blast induced whole-body injury：a review [J]. Journal of medical engineering & technology,2018,42(2):88-104.

[150] VAN DER VOORT M M,HOLM K B,KUMMER P O,et al. A new standard for predicting lung injury inflicted by Friedlander blast waves [J]. Journal of loss prevention in the process industries,2016,40:396-405.

[151] XU Y X,BAI Y,PAIK J K,et al. An improved method for quantitative risk assessment of unconfined offshore installations subjected to gas explosions [J]. Structures,2020,25:566-577.

[152] ROTH S. Three-dimensional numerical study of the influence of the thorax positioning submitted to blast loading：consequences on body trauma[J]. Mechanics of advanced materials and structures,2020,27(5):396-402.

[153] LIU W,CHAI J K,QIN B,et al. Effects of blast wave-induced biomechanical changes on lung injury in rats[J]. Biomedical and environmental sciences,2020,33(5):338-349.

[154] CHANG Y,ZHANG D H,LIU L Y,et al. Simulation of blast lung injury induced by shock waves of five distances based on finite element modeling of a three-dimensional rat[J]. Scientific reports,2019,9:3440.

[155] TONG C C,LIU Y N,ZHANG Y B,et al. Shock waves increase pulmonary vascular leakage, inflammation, oxidative stress, and apoptosis in a mouse model [J]. Experimental biology and medicine,2018,243(11):934-944.

[156] YUE C J,CHEN L,XIANG H B,et al. Assessment of cascading accidents of frostbite,fire,and explosion caused by liquefied natural gas leakage[J]. Advances in civil engineering,2020,2020:8867202.

[157] WANG K,HE Y R,LIU Z Y,et al. Experimental study on optimization models for evaluation of fireball characteristics and thermal hazards induced by LNG vapor cloud explosions based on colorimetric thermometry [J]. Journal of hazardous materials,2019,366:282-292.

[158] WANG K,QIAN X M,HE Y R,et al. Failure analysis integrated with prediction model for LNG transport trailer and thermal hazards induced by an accidental VCE: a case study[J]. Engineering failure analysis,2020,108:104350.

[159] DING L,KHAN F,JI J. A novel approach for domino effects modeling and risk analysis based on synergistic effect and accident evidence[J]. Reliability engineering & system safety,2020,203:107109.

[160] DING L,JI J,KHAN F. Combining uncertaintyreasoning and deterministic modeling for risk analysis of fire-induced domino effects[J]. Safety science,2020,129:104802.

[161] SHAN K,SHUAI J,YANG G,et al. Numerical study on the impact distance of a jet fire following the rupture of a natural gas pipeline[J]. International journal of pressure vessels and piping,2020,187:104159.

[162] 李玉民,胡峰.井下爆破空气冲击波对生物危害作用的研究[J].煤炭学报,1987(2): 33-39.

[163] 宇德明,冯长根,曾庆轩,等.爆炸的破坏作用与伤害分区[J].中国安全科学学报, 1995(增2):13-17.

[164] 宇德明,冯长根,曾庆轩,等.热辐射的破坏准则和池火灾的破坏半径[J].中国安全科学学报,1996,6(2):8-13.

[165] 宇德明,冯长根,徐志胜,等.炸药爆炸事故冲击波、热辐射和房屋倒塌的伤害效应[J].兵工学报,1998,19(1):33-37.

[166] 宇德明,徐德蜀.火灾烟气伤害机理和伤害模型[J].中国安全科学学报,1996(增1): 124-128.

[167] 宇德明,冯长根,徐志胜,等.炸药爆炸事故的综合后果模型[J].兵工学报,1998, 19(2):122-125.

[168] 李铮.空气冲击波作用下人的安全距离[J].爆炸与冲击,1990,10(2):135-144.

[169] 孙艳馥,王欣.爆炸冲击波对人体损伤与防护分析[J].火炸药学报,2008,31(4): 50-53.

[170] 余建星,唐必意,梁静,等.FPSO蒸气云爆炸事故人员风险评估[J].油气储运,2015, 34(6):590-594.

[171] 田辉.天然气管道泄漏爆炸动力效应研究及危险区域的划分[D].淮南:安徽理工大学,2012.

[172] 张甫仁,景国勋.矿山重大危险源评价及瓦斯爆炸事故伤害模型建立的若干研究[J].工业安全与环保,2002,28(1):42-45.

[173] 景国勋,贾智伟,程磊,等.复杂条件下瓦斯爆炸传播规律及伤害模型[M].北京:科学出版社,2017.

[174] 景国勋,乔奎红,王振江,等.瓦斯爆炸中的火球伤害效应[J].工业安全与环保,2009, 35(3):37-38.

[175] 乔奎红.巷道内瓦斯爆炸事故热辐射与冲击波伤害模型研究[D].焦作:河南理工大学,2009.

[176] 吕鹏飞,庞磊.不同曲率弯曲巷道弯角近区爆炸冲击波传播特性研究[J].安全,2017,

38(5):34-36.

[177] 吕鹏飞,庞磊.不同曲率弯曲巷道爆炸冲击波传播特性数值模拟研究[J].中国安全生产科学技术,2016,12(12):37-41.

[178] 沈虎.针对瓦斯煤尘爆炸的煤矿紧急避险系统应用研究[D].西安:西安科技大学,2015.

[179] 王海宾,赵英虎,高莉,等.甲烷爆炸冲击波作用下密闭管道内动物损伤效应试验研究[J].兵工学报,2018,39(8):1639-1647.

[180] 王海宾.甲烷爆炸冲击波对动物损伤研究[D].太原:中北大学,2015.

[181] 许浪.瓦斯爆炸冲击波衰减规律及安全距离研究[D].徐州:中国矿业大学,2015.

[182] 赵永耀.可燃气体火焰加速及爆燃转爆轰的机理研究[D].北京:北京理工大学,2017.

[183] 赵雪娥,孟亦飞,刘秀玉.燃烧与爆炸理论[M].北京:化学工业出版社,2011.

[184] 付强,魏岗,关晖,等.高等流体力学[M].南京:东南大学出版社,2015.

[185] 朱爱民.流体力学基础[M].北京:中国计量出版社,2004.

[186] 刘方,翁庙成,龙天渝.CFD基础及应用[M].重庆:重庆大学出版社,2015.

[187] 任玉新,陈海昕.计算流体力学基础[M].北京:清华大学出版社,2006.

[188] 郑庆功,吴宛青,宋明.内河LNG动力船机舱NG泄漏爆炸对人员的损伤后果[J].中国航海,2019,42(4):51-58.

[189] RICHMOND D R,YELVERTON J T,FLETCHER E R. New air blast criteria for man[R].[S. l.],1996.

[190] 孔祥韶.大型水面舰艇舷侧防护结构内爆的数值模拟研究[D].武汉:武汉理工大学,2009.

[191] 徐双喜.大型水面舰船舷侧复合多层防护结构研究[D].武汉:武汉理工大学,2010.

[192] 王思奥.舱室内爆和泄爆下载荷特性研究[D].武汉:武汉理工大学,2017.

[193] 金晓宇.针对爆炸袭击的火车站人员伤亡分析与防范策略研究[D].北京:中国人民公安大学,2019.

[194] 李峰.城市地下交通空间爆炸人员及结构毁伤研究[D].西安:长安大学,2014.

[195] 张永强,刘茂,张董莉.多米诺效应定量风险分析[J].安全与环境学报,2008,8(1):145-149.

[196] COZZANI V,SALZANO E. The quantitative assessment of domino effects caused by overpressure. part I. probit models[J]. Journal of hazardous materials,2004,107(3):67-80.

[197] 王凯,蒋曙光,马小平,等.瓦斯爆炸致灾通风系统实验及应急救援方法[J].中国矿业大学学报,2015,44(4):617-622,643.

[198] 栾绪全,李海云,禹长兰.职业性一氧化碳中毒机理及防治措施[J].中国药物经济学,2014,9(8):256-257.

[199] 王广亮,俞雪兴,李运才.企业防爆安全[M].成都:四川科学技术出版社,1997.

[200] 李芸卓,季淮君,苏贺涛.瓦斯爆炸冲击波扰动后毒害气体云团运移特性[J].中国矿业大学学报,2021,50(4):667-675.